經營顧問叢書 ⑳

總 經 理 手 冊

黃憲仁　編著

憲業企管顧問有限公司　發行

《總經理手冊》

序　言

哈佛大學是美國最古老、最著名的大學之一，自創建 300 多年以來，為美國乃至世界培養了無數的政治家、科學家、作家及學者等優秀人才。迄今為止，有 8 位美國總統出自哈佛大學，已有 33 位哈佛畢業生是諾貝爾科學獎的獲得者，數十家跨國公司的總裁。

哈佛大學無疑取得了輝煌的成就，身處其中的哈佛商學院更是令人稱道。

在美國教育界，有這樣一個說法：哈佛大學是全美所有大學中的一頂王冠，而王冠上那奪人眼目的寶珠，就是哈佛商學院。哈佛商學院(簡稱 HBS)創辦於 1908 年，是美國培養企業人才最著名的學府，向社會輸送了無數的優秀人才，被美國人稱為商人、主管、總經理的「西點軍校」。美國許多知名企業家都在這學習過，在美國 500 家大公司裏擔任高級職位的經理中，有 1/5 的人畢業於這所學院。正是這些畢業生在社會上的卓越表現，才使哈佛商學院揚名世界。

哈佛商學院是享譽全球的名校，建校以來，培養很多世界著名的商界鉅子、企業家，哈佛商學院聲名遠播。

哈佛商學院擁有自己獨特的教學課程，其中，哈佛工商管理碩士學位更是權力與金錢的象徵，成為許多企業家夢寐以求的黃金學位。哈佛商學院的教學十分貼近現實。每天在課堂上，老師都會向學生提問：你如何解決這個企業面臨的具體問題？透過這些問題，極力培養學生分析及應對問題的能力。

哈佛商學院每年招收約 750 名兩年制碩士研究生、30 名四年制博士研究生和 2000 名各類在職高階經理進行學習培訓。

然而，眾多的企業經營者因事務纏身無法前往哈佛商學院，坐在課堂上親耳聆聽教授們精彩的授課。無暇遠赴大洋彼岸走進哈佛商學院的課堂，對於渴望提升自己的企業經營者來說，可謂一大憾事。針對這一現象，我們結合哈佛商學院教學內容，針對企業領導者應俱備的技能，編寫了這本書《總經理手冊》。

早上，你走進一間門上釘有「總經理」頭銜的辦公室。你知道你必須做一些事情，你必須「採取行動」。可是做什麼？怎麼行動？公司的所有人對你有所期望，他們期望什麼呢？這本書可以或許答覆這個問題。

被提升爲總經理的關鍵，就是要讓那些擁有任命權的人認爲你是個總經理人才。要讓他們相信，你的能力遠逛過你以往傑出的表現。首先要讓他們相信，你可以順利地由部門經理轉任總經理。他們心中的關鍵問題是：你能不能將你的才智由達成「部門目標」，轉移到達成「公司目標」。要讓他們信服，最有效的方法就是「證明」你能做得到。

董事會、部門經理、公司員工都在期望著你，所以你的思想和行動愈像總經理，就愈可能被視爲總經理；你要樂於承擔更重的責任，以自信的態度邁向成功之路。

有效的領導，意味著你必須說明該做什麼？何時該做。總經理要多一些領導，少一些管理。告訴部屬你希望他達到的目標，並加以適當的輔導與督促，一旦你不能授權，你會把自己由總經理降級成工作者。成功的總經理都擁有絕佳的團隊，愈早擁有成功團隊，就能早一步成功。

一個企業的成敗興衰，總經理的領導能力和決策能力，是關鍵性的因素，中外企業概莫能外。

傑出的總經理，不僅能使企業發展壯大，還能使瀕臨破產、將倒閉的企業起死回生，重鑄輝煌。無數實例證明，傑出的總經理，不僅能夠統攬全局，指揮若定；也能夠技如雕蟲，洞察入微；更能夠防患未然，未雨綢繆。

傑出的總經理是企業的領導者，首先，他是一個戰略家，具有高瞻遠矚的膽識和氣魄，在戰略運籌中能把握全局，先人一步；其次，他是一個思想家、宣傳家，能傳播他的偉大理念與理想，說服別人產生共識，一致向目標前進；而且，他還是一個戰術家，能够在激烈的商戰中匠心獨運、出奇制勝，使企業在市場中發展壯大，立於不敗之地。

美國通用電器公司的前首席執行官傑克· 韋爾奇曾說過：「把梯子正確地靠在牆上是部門管理的職責，總經理領導的作用在於保證梯子靠在正確的牆上。」

我們也可理解：「你是將軍，不是士兵。士兵是戰爭的執行者，而我們卻是戰爭的策劃者。如何保證這場戰爭的勝利，惟一的希望就是要保障執行者能夠按照決策去正確地執行。」所以，作為「將軍」的你最重要的事情不是去管理你的團隊，而是去真正地領導你的團隊，把權力正確地下放給下屬，並讓下屬按照你的決策去執行。

成功的領導者不在於自己有多強，關鍵在於他懂得運用企業組織的其他人。總經理要善於用人，敢於用人，領導效能才會事半功倍。時間是最重要的資產，不要把你有限的時間浪費在只能帶來極少報酬的事情上。

作者擔任企管顧問師工作 20 年，著作有<企業診斷實務>、<店長操作手冊>、<低調才是大智慧>等書，這本<總經理手冊>是作者針對總經理應做的重點工作，指出具體的工作方法與執行步驟，並舉出企業實例加以驗證說明，此書內容定符合你的喜愛。

這套系列叢書是我和顧問師好友共同執筆，一共 6 本書。第一本書是《總經理手冊》，專門針對企業總經理的重點工作、如何執行工作，強調爲帥之道，如何領導企業。

身爲總經理，只有統率領導是不夠的。你還必須有「陸、海、空」軍的部門幹部出來幹活，你這位總司令才算是成功的。因此，第二本書是《部門主管手冊》，強調如何擔任一個成功的部門主管。第三本書是《總經理如何管理公司》，介紹總經理的管理統御技巧。第四本書是《主管必備的授權技巧》；第五本書是《贏在細節管理》；第六本書是《企業執行力》。

2016 年 9 月

《總經理手冊》

目　錄

第一章　總經理的特質 / 15

總經理對企業的營運負有最高責任，擁有日常經營管理的最高權限，總經理作爲一個公司的領導者，對董事會負責，領導企業，爲企業確定明確的經營目標和方向，並根據經營方向調整所有的經營體制以及領導員工爲共同的目標貢獻力量。總經理獨特的性格特徵或作風，可從其工作中體現出來。

第二章　總經理的願景 / 56

總經理是組織的最高領導人，需要不斷向員工提示和警告，要爲成員們「指導方向」，「領而導之」，要讓他們明白事情的重要性，讓他們看到自己的將來，要保證你所確定的前景，是你和員工的目標。

一、總經理要善於指明方向……56
二、總經理的願景管理……57
三、將部屬的期待具體化……58

第三章　總經理的領導 / 62

總經理的職責就是領導一個企業，必須考慮長遠的、宏偉的目標，總經理應該多一些領導、少一些管理。

一、領導與管理的區別……63
二、總經理必須領導企業……66
三、總經理的領導方式……67
四、總經理要多一些領導，少一些管理……73

第四章　總經理要建立高效領導團隊 / 78

企業發展到一定的規模，便要有領導機構來承擔整個企業的經營領導任務，組織團隊能長久存在，要正確授權，有效地激勵員工，讓部屬樂於為你做事，做一個令人信服的總經理。

一、塑造員工共識……80
二、提高員工的積極性……81
三、有效地激勵員工……82
四、讓你的員工去做吧……83

第五章　總經理的目標 / 92

總經理是根據總任務確定自己的行動目標，一旦確定目標，付諸行動，就應該「獨斷專行」，堅持到底，讓員工明白公司目標是員工管理的首要任務。運用化整爲零術，將公司目標分解細化，便於落實執行。

第六章　總經理的執行力 / 106

對總經理而言，執行是一套系統化的運作流程。總經理必須是一個執行指揮官，要能夠推動戰略落實到細枝末節，能夠把「執行」貫徹到日常的工作中，並找到執行各階段的具體情況與預期之間的差距，進一步對各個方面進行正確而深入的引導，責任重大。

第七章　總經理的戰略 / 123

戰略就是為企業在市場中勾畫出一塊領地，力求在這一領地佔據優勢，總經理必須為準備達到目標設定一個明確的界限，正確地制定戰略的方法，瞭解、研究企業的過去，全面、深刻地把握企業的現在，高瞻遠矚地規劃企業的未來。

一、戰略規劃是為企業指明航向 ---- 124
二、總經理的戰略管理過程 ---- 125
三、多元化或專業化 ---- 127
四、專業化不可偏廢 ---- 132
五、集中力量經營核心業務 ---- 133
六、怎樣的商業模式能成功 ---- 137

第八章　總經理的決策 / 142

在實際的管理工作中，做決策是總經理的首要工作。正確的行動來源於正確的決策，一個成功的總經理，不在於他做了多少瑣碎的具體工作，而在於他做了多少好的決策。

一、決策是第一要務 ---- 142
二、總經理的決策素質 ---- 144
三、總經理決策的步驟 ---- 146
四、總經理的決策要靠資訊 ---- 149
五、總經理的決策要果斷 ---- 151

第九章　總經理的授權 / 153

把職務、權力、責任、目標授給合適的負責人，這是用人要訣。面對現代企業複雜的生產經營管理，即使再高明的總經理，

也不可能面面俱到，包攬一切。那麼，聰明之舉即是合理的授權。將其所屬部份權力授予直接部屬，使其在指導和監督下，自主地對本職範圍內的工作進行決斷和處理。

第十章　總經理的協調 / 174

只有對產生問題或矛盾的根源瞭解得全面透徹，才能協調。面對工作中經常出現的各種矛盾與分歧，總經理要正確分析與判斷，傾聽下級的意見，徹底解決，必須深入到矛盾或問題的內部，找出問題的根源，對症下藥。通過協調，把企業管理完善，把企業經營活動推進一步。

第十一章　總經理的創新之路 / 186

持續的成功，需要新的競爭優勢，而它來源於不間斷的創新。企業要根據自身的遠景和實力檢驗變革的可行性，測量風險，並把變革當作企業發展的機遇。

第十二章　總經理的經營理念 / 199

經營理念是企業的指導思想，是企業走向成功的必要因素之一。創立和塑造優秀企業文化，需要時間、耐心和不懈的努力。總經理應認真研究企業文化的實施要點，堅持推行自己的經營理念，絕不放棄自己的經營理念。

第十三章　總經理的任用人才 / 211

總經理應善於、敢於用人，會不會用人已經成爲衡量總經理是否稱職的重要標誌。用人是執行決策的保證。總經理必須有超人的用人才幹，使人才和專家都能各得其所，各盡其能，這樣企業才能取得市場競爭的優勢。

第十四章 總經理改善企業組織 / 224

企業總經理要使領導、指揮有效，必須建立起一套健全、高效的組織機構，注重對組織機構本身的設計，整合並有效運用資源，對組織形式進行適時改革，合理劃分各部門工作職責，簡化組織層次。

第十五章 總經理的營運資金週轉 / 243

資金是企業經營的血液，總經理在實際管理工作中，應重視資金週轉狀況，對現金流的有效掌控，並降低企業成本費用，更進一步地強化管理，賺取利潤。

第十六章　總經理的成本管理之道　/ 257

企業只要找出低效率的死角，就能提高效率，降低成本。建立嚴格的管理制度，節約成本開支，這是提高競爭力、改善經營效益的關鍵所在。

第十七章　總經理的併購運作　/ 276

市場經濟環境下，企業要做大做強，就必須進行資本的運作，併購就是其中一項有力措施。企業併購的形式多種多樣，並非所有的併購都能得到令人滿意的結果，為保證併購的成功，企業在併購過程中應十分小心謹慎。

第十八章　總經理的品牌管理 / 292

品牌爲公司提供了競爭優勢。品牌管理是保證公司核心價值的關鍵。總經理對品牌的管理必須從具體部門開始，保證公司品牌形象在各個層次得到保護和維持。

一、品牌權益……292
二、品牌强化管理工作……293
三、品牌管理……294

第十九章　總經理的制度化 / 298

現代的企業，如果沒有制度做保證，就很難維持企業正常運轉。企業總經理，依據規律和要求，運用一系列的制度來加以適時地調整和控制，制度正確執行才會發揮作用，才能使企業高速協調地運轉。

一、企業需要制度化……298
二、企業的人治與法治……300
三、企業管理制度的內容……301
四、管理制度的關鍵在於實施……303
五、業務流程要標準化……307

第二十章　總經理的危機 / 314

「防患於未然」，危機管理的功夫首先在於預防。對於企業而言，明智之舉是及早發現危機的某些早期徵兆，將危機消除在萌芽狀態。優秀的企業都有很強的危機預防意識、危機消除對策。一旦面臨危機、遭受失敗，無論影響多麼嚴重，總經理必須在任何時候都要冷靜，才能沉著應對危機。

第 1 章

總經理的特質

重點工作

一、認清自己作為總經理的職責

作為企業的最高管理者，總經理能否扮演好自己的角色，在很大程度上決定著企業經營的成敗得失。因此，總經理首先應該瞭解自己扮演的角色。只有擺正自己的位置，認清自己的職責，才能更好地履行責任，進而促進企業的發展。

1. 何謂總經理

想要瞭解總經理的角色定位，從「總經理」這三個字裏即可窺見一斑。

總經理的「總」可以理解為「總攬」。也就是說，能夠總攬全局、統籌兼顧是勝任總經理的一種基本能力。這便要求總經理應做企業的「總管家」，他不僅要熟知企業經營的各個環節，將各方變化都掌握於心，還要能夠制定具有指導性的戰略方針，把企業管理得井井有條。

總經理的「經」可以理解為「經營」。當好總經理，必須懂得經營，善於經營。要想管好一家企業，總經理必須是經營方面的通才。就一家工業企業來說，總經理必須瞭解該企業生產、經營的整個過程，包括市場調查、原料供應、生產加工、技術開發、廣告宣傳、組織銷售、公關推廣、危機處理等環節。在這一過程中，總經理應該適時做出正確的決策。一個正確決策，可能為企業帶來巨大的利潤；而一旦決策失誤，便有可能給企業帶來毀滅性的打擊。

總經理的「理」也可以理解為「管理」。總經理不僅要懂經營，還要精通管理，懂得管理藝術，善於溝通和激勵，知道怎樣有效授權，深入瞭解用人之道。作為企業的最高管理者，總經理必須善於根據企業經營發展全過程的需要，充分管理好人、財、知識、技術、信息等關鍵要素。

2. 總經理的兩種角色

(1)舵手

總經理要扮演的第一個角色是「舵手」。如果把企業比作一艘航船，那麼，總經理就是這艘航船的舵手。如果舵手不稱職，弄錯了航行的方向，就會使航船多走彎路或面臨觸上暗礁的危險，也無法對潮汐、氣象、海流等種種潛在因素進行準確的預計和把握，因此，可能會導致航船遇上大風大浪而顛覆，甚至有可能造成船毀人亡的悲劇。在愈演愈烈的市場競爭中，企業所面臨的市場環境千變萬化，呈現出越來越複雜的態勢，如果總經理沒有敏銳的戰略性眼光和較為準確的預見性，對身處的市場環境和競爭對手缺乏敏銳的洞察力，就很容易引領企業駛向錯誤的方向，陷入競爭對手布下的陷阱，由此，企業便會面臨被競爭對手淘汰、被市場淘汰的危險。作為企業的舵手，總經理的一言一行、觀念，都會深入地影響著企業的盛衰榮枯。總經理必須扮演好舵手這一角色，操縱好手中的方向盤，引領企業駛向成功的彼岸。

⑵伯樂

為企業選用合適的人，是總經理要承擔的一個很重要的任務。因此，總經理要扮演的第二個角色就是「伯樂」。

管理工作能否順利完成，關鍵因素就在於人。總經理在企業運營過程中，不需要、也不可能事必躬親，但必須善於彙聚眾人的智慧，具有識別人才、選用人才的能力，讓下屬在工作中能夠充分發揮他們的才能，只有這樣，才能使企業運轉良好，永遠充滿活力。

總經理作為企業的領導者，其最重要的工作並不是制定目標，也不是馬不停蹄地修改規章制度，而是找到適合本企業的「千里馬」。如果這一工作做不好，所有的目標和設想都將是海市蜃樓。

二、成功總經理的特質

總經理對企業的營運負有最高責任，擁有日常經營管理的最高許可權，並對董事會負責。

總經理，其責任是利用有限的資源：人力、財力、物力、機器設備、技術和方法、時間、資訊為企業帶來最大的成果——市場信譽、市場佔有率、盈利性、企業狀態、投資報酬率、規避風險等。成功的總經理總是最有效地利用資源。去完成企業的目標，總經理絕不能事必躬親、逢事必管。

成功的總經理總是受到社會大眾的尊敬，因為他是創業者，使企業化無為有、化小為大、從差到好、從弱到強；他也是風險的承擔者，盈利必有虧損的風險，總經理必須預見未來，規避各種風險，或在風險到來時使企業遭受最少的損失；他也是財富的創造者，他要率領全體員工敬業守法，為社會、投資者、顧客、和員工創造財富。為完成以上目標，總經理不但要履行其職責，還要扮演如下角色：

其一，作為決策者，總經理的任務在於決策，即決定該做什麼；為此他要運用各種資源，排除各種障礙，與內部和外部的各類人員和集體打交道。

其二，人際關係方面，作為總經理，起到身先士卒、先公後私的作用；作為組織的代表，扮演組織的代表，扮演聯絡員的角色。

其三，資訊方面，資訊接受、傳播者；對公眾而言，總經理是企業的發言人。

為扮演這些角色，總經理必須具備運用並發展三種基本技能：概括分析能力，人際關係能力和業務技術能力。相對而言，這三種能力的重要程度依次序降低。

成功的總經理，其管理風格不盡相同：有些堅信嚴格控制的力量；有些相信在輕鬆的環境中，部屬們會做得更好；有些喜歡自己做決定；有些人廣泛發動群眾，發揮集體智慧，等等。但每種風格，只要能保持適當的平衡，都是有效的。

成功的總經理也有很多的共同之處。他們對公司情況都有深刻的瞭解，否則，會失去部屬們的尊敬或者很容易犯致命的錯誤。最主要的是，他們非常關心公司的命運。除了這些基本的之外，成功的總經理還具有下面這些明顯的特徵：

· 為實現美好的理想而努力奮鬥；

· 是企業的創造者，而不是財富的追求者；

· 既有集體合作精神，又有獨立工作能力；

· 精打細算的冒險家，善於把握機遇。

……

1. 堅持不懈的毅力

成功公司的總經理都具有獻身精神，為達目標而堅持不懈的毅力。

鮑勃·埃利奧特就是一個典型的例子。當商品調查時，他在大約 20 個州內擁有近百個零售貨棧，而鮑勃充分瞭解每個貨棧的存貨、財務、工資，甚至佈局和推銷情況，這需要多大的精力和時間，大家可以想像。

安全清洗劑公司的唐·克林克曼，花很多時間用來維持和客戶的密切關係，瞭解銷售動向和地方、區域及個體商店的經營管理情況。他對公司業務深入的工作作風不僅表明他對公司的關切，而且他對公司命脈的密切注意，大大鼓舞了服務人員、推銷員和市場管理人員。

2. 事業的創造者，而不是財富的追求者

總經理一旦成功之後，錢對他們來說就不是那麼重要了。成功總經理很少在退休時沒有成為富翁的，如果把持有的股票和證券賣掉的話，他們會更富有，但他們這時不需要錢，他們真正需要的，是給後來人留下這樣一種信念：建立起一個有領導威信的強大企業，這樣他們就心滿意足了。

成功公司的高度創造性和適應性，是他們滿足於現狀的結果。這些總經理不是問：「我們怎樣才能掙更多的錢」，而是問「我們應怎樣為客戶服務得更好」。這些人都是天生的戰略家，他們喜歡開創新事業。

3. 善於合作，注重組織建設

成功的總經理注意多方面培養他們的工作人員，提高他們的技能和健全管理制度。

桑德拉‧庫爾基本上可以退休去過舒適安逸的生活，但是為了發展 ASK 電腦系統，她卻用了大量的時間四處奔波。

鄧肯甜麵圈公司的鮑勃‧羅森堡說:「我的第一優先就是創造一個有才能的職員能安心工作的良好環境。」

成功的總經理具有一種最堅強的特質，與組織建設有關。一方面，他們有頑強的個人主義精神，另一方面，喜愛合作者共事，並堅信集體合作的力量。他們都意識到，公司成長的複雜性要求總經理具有多種高超的技能，單靠他們自己是不能達到這種要求的。一般說來，如果一個總經理的對外工作能力很強，他會與一兩個擅長內部工作的人一起合作。如果一個總經理人非常隨和，他很可能會選擇一個組織紀律性強的人作為搭檔，以彌補他的不足。大多數總經理可以在組織合作關係中找到平衡自由和紀律的要素。

「依賴」是成功總經理的明顯特徵。這種信號經常表現在集體管理小組內部，有時表現在兩個人之間。不管是那一種，它都給人們一種團結合作相互瞭解的感覺。如像在體育隊和百老彙的舞台上一樣，超級明星可決定勝負，但他們永遠不能唱獨角戲。公司也一樣，要靠全體員工決定成敗。因此，在美國許多大公司的年度報告裏，最高管理者的照片是集體照，而不是個人照。

4. 敢於冒險

成功的總經理都認識到有膽量的重要性——他們知道什麼時候可以計劃冒險。

據調查，90%以上的人說，他們把冒險看作是高速發展公司的必要手段，而74%的人說，冒險對他們公司的成功是非常重要的。

成功總經理是大膽變革和對公司進行賭注投資的發起人。

唐・克林克曼決定安全清洗劑公司要向全美國發展，於是8個月內在全美國開設了100個網點，以搶先佔領國內市場。

吉姆・麥克利爾願意對電腦系統大量投資，在合作醫療公司成立的頭兩年內，他用90%的資本投資於鞏固同重要客戶的關係和提高服務能力上。

另外有一些公司，當前進到十字路口時，會毅然冒險做出決定，改變原來前進的方向。

迪・戴爾勃洛夫決定兼併水質合作公司，並在此基礎上建立了米利坡公司，使其成為材料分離技術方面的最佳公司，另外，米雷迪斯有限公司和尤尼菲公司在競爭對手猶豫不決時，他們搶先進行鉅額投資，買下了昂貴的、高效率的生產設備。

5. 把握機遇

對於成功的總經理來說，掌握冒險機會，和願意冒險同樣重要。

在採取冒險行動之前，大部份總經理都會深入市場、深刻瞭解競爭者的反應，徹底掌握外部環境的影響，以便預先估計可能出現的不利形勢。更重要的是，這些總經理的頭腦能保持清醒，有應急的計劃來處理失敗的可能性，並爭取使不利形勢變為有利形勢。

成功的總經理之所以樂意冒險，部份原因是因為他們覺得會交好運。調查中，21%的總經理認為他們比競爭對手幸運一些，60%的總經理認為，碰到好運氣在他們的成功裏起了一定作用，甚至是非常重要的作用。

所有公司都是同樣幸運的，上帝不虧待每一個人，區別在於，當這種機遇來臨的時候，他們是否具有馬上識別出它的靈感和利用它的堅忍不拔的精神。某些總經理的成功，是因為他們有抓住良機的能力，並且有抓住機會不放的魄力，所以幸運之神總是對他們特別眷顧。

6. 擁有信心

新總經理上任伊始，新來乍到，能否像練拳一樣踢開場子，打開局面，這就要看你的本事了。

員工們總是格外注意新任總經理的一舉一動，他們持觀望態度，對待你不冷不熱，不即不離，好像是舞台下的觀眾，在靜悄悄地觀看演出的開始，等待的是劇情的變化，高潮的到來。到那時你的音容笑貌、風度氣質、舉手投足都會給人們留下難以忘懷的印象。

這「第一印象」如何，對新總經理以後的工作會產生長久的影響，所以，你到任之初，一定要給員工留下一個良好的印象。即使你後來表現得差一點，也較容易取得人們的諒解，不至於一下子全被人否定了。既然上任就要充滿信心地去上任，千萬不能有怯陣怯場、畏畏縮縮的表現。要有完成某一目標，不惜任何代價，把工作進行到底的精神，滿懷必勝的信念，去迎接新的戰鬥，在員工面前樹立起一個精力充沛、開朗樂觀、勇往直前的形象。

美國著名女經理瑪麗・凱・阿什對此深有體會，她認為：經理必須能激起部屬的熱情。要實現這一目標，經理本人必須首先要有熱情。也就是說，要充滿熱情地去幹一切事情。

熱情就是一種不達目標誓不罷休的精神。她在談到領導者精神狀態不佳對部屬會有消極影響時，說：「假如一個經理牢騷滿腹、情緒消沉地來上班，他的這種消極情緒必定會影響週圍的人，這些人又有可能把這種消極情緒傳播給自己週圍的人。」

譬如，企業總經理對於一些本來很重要的事情表示冷淡，好像不感興趣，或者流露出一些不以為然或不滿意的情緒等等。這種情緒很快就會感染部屬，並像瘟疫一樣流傳開，再想挽回，就需要花很大氣力和時間。反之，總經理鬥志高昂、信心百倍，部屬也會跟著振作起來。特別是在企業遇到嚴重困難、工作出現挫折時上任，面臨眾說紛紜，混亂的時候更需要總經理堅定信心，用自己高昂的情緒和樂觀的精神去鼓舞士氣，打開局面。相信你的部屬也會平添無窮的力量，能增加對你的信任感，齊心協力辦事，共同去克服困難。

新任總經理，要相信自己的能力可以勝任所擔負的工作；要相信自己所在的團隊有力量實現既定的目標。只有這樣才能在工作中取得重大成就。所以，在上任之際，一定要使自己處於良好的「競技狀態」，杜絕任何猶豫和膽怯。要精神飽滿，鬥志旺盛，勇敢堅定，以義無反顧、所向披靡的衝擊力，信心百倍地從事工作。這樣，繼之出現的，才會是一個蓬勃向上的工作新局面。

新任總經理，成為企業的最高管理者，自然會引起員工的特別注意，工作要有好的開端，就要樹立良好的形象。總經理注意形象，還要塑造風度。但風度的背後，往往要靠知識才華來支撐，否則就是徒有虛表。

有學問的企業家稱「儒商」，能提出自己的思路，樹立並實踐獨特的理論，收效宏大者，則稱「商儒」。可以這樣說，大手筆總經理的風度，應該是「商儒」。

如果剛上任的總經理喜歡擺架子，總覺得比別人懂得多，高明得多，別人來反映情況，顯得不耐煩，經常打斷人家的談話，自己發一通高論，這樣不但掌握不到實際情況，反而會打消部屬反映情況的積極性。可見，新任總經理虛心好學是十分必要的。應向原管理團隊的成員學習，切忌許大願、講大話來博取員工好感，尤其不能以「救世主」的姿態包攬一切，而應該認真瞭解實際情況，狠抓政策落實。部屬只有看到你的決心變為現實，才會真正相信和擁護你，要嚴格要求自己，保持廉潔，要自己走得正、行得端，特別是在處理公與私的問題上，絕不能為個人或團體牟取私利。用實際行動去影響員工，取得廣大員工的信賴，為部屬做出表率。要具有幹事業的精神，用自己的勤政和踏實作風去拼搏，建立新的業績，真正為員工辦一些實事。

三、總經理的素質

總經理的資質除了有天賦的成份外，主要是培養出來的，不僅包括了思想、知識、智慧、經驗、技能、品格、氣質和風度，更重要的是做人的品行、人格、心態和為人的心胸。

每個總經理都應該有下列的獨特素質：

1. 總經理必須有非常清晰的使命感和遠景目標

一個沒有方向的總經理是沒有辦法成功的，所以使命和目標是總經理成功的第一步。總經理必須有能力回答，我從那裏來，現在在那裏，將要去那裏。也就是，要有一個清晰的企業發展和事業成長的藍圖，同時要有能力制定實現目標的戰略和途徑。

2. 總經理必須有影響他人的能力，即感召力

每個總經理都有自己的理想，但如何讓其他人可以心甘情願地跟隨自己去為理想而奮鬥呢？只有感召力和影響力才可以激勵團隊和自己一起前行。沒有這種能力的總經理，成功的機會是不大的。

3. 總經理必須具有激勵他人的能力

一個可以激起團隊潛能的總經理，才可以使團隊振奮人心，才可以使每個人為能參與到偉大的事業中來而感到自豪。只有這樣的團隊才有生命力和活力。

4.總經理需要有非凡的決策能力

總經理必須面對來自全球的競爭和挑戰，光是把事情做好或把企業管理好已經遠遠不夠了。考驗總經理成敗的關鍵是能否做正確的事情，也就是必須做正確的決策。外面的誘惑很多，機會也太多，一不小心就可能掉入盲目決策的陷阱。面對的決策環境和影響因素變化很大，決策的關鍵，是總經理的魄力、膽量，就像航海一般，起航時的方向差之毫釐，到目的地時就可能差之千里了。

5.總經理必須有整合資源的能力

未來企業的資源除了人、財、物以外，還包括了知識、時間、人際關係網路、智慧組合、公共關係等無形的要素。總經理如果沒有把資源整合在一起的能力，就會失去競爭的優勢和先機。

6.總經理必須具備應付挑戰和變革的能力

在「變是惟一不變」的全球競爭環境下，總經理要跳出原有的思維定式，突破自己的固有的思維局限，挑戰自己以往的成功模式和戰略手段，是考驗總經理心理素質和魄力的重要環節。一個有前瞻性的總經理不會躺在過去輝煌的床上睡大覺，一定會不斷否定自己，突破自己，戰勝自己，向自己挑戰，向明天挑戰，向未來挑戰，只有這樣的總經理才有機會成為未來的佼佼者。

7.總經理必須有無與倫比的個人信譽

信譽不僅是企業的靈魂，也是總經理是否成功的試金石。沒有信譽的人是沒有辦法長久獲得成功的，也不可能把不同的人團結在自己的週圍，也沒有辦法得到客戶、股東、合作夥伴、員工的信賴和愛戴，就沒有辦法實現企業的永續經營。

信譽是總經理的靈魂，是人格魅力的核心。

8.總經理必須有腳踏實地的工作作風

務實的態度和步步為營的心態，對總經理非常重要。沒有天上掉餡餅的僥倖，只有艱苦和不懈的奮鬥，才可能使企業的發展一步一個腳印地去實現。

9.總經理需要有非常強的溝通能力

溝通是總經理的第一任務，不能溝通的總經理是不會受眾人認同和引起共識的。

企業的目標需要所有人同心協力才可以實現，但如果不能把目標溝通清楚，沒有通過溝通激勵和鼓舞團隊幹勁的能力，要實現事業理想幾乎是不可能的。溝通也包括了同公眾、政府、媒體、客戶、經銷商、代理商、合作夥伴和員工等的全面溝通。為了更好地溝通，總經理有時也要充當企業代言人的角色，所以公共演說和演講的能力是一定要具備的。

10.總經理需要有雙贏的心理素質

未來產品或服務的同質性將非常普遍，企業只有不斷推出有特色的產品或服務才可以有機會成功， 同業不是真正的敵人，自己才是發展的最大障礙。沒有永久的競爭對手，商場也沒有經久的敵人，所以凡事留分寸，為將來的合作鋪平道路才是上策。因為沒有人可擊敗你，除了你自己。

11.總經理也要有對不同文化的敏感性

未來的市場是全球的，沒有全球心的總經理將很快被淘汰。進入國際市場需要用不同文化和不同市場的視野來制定個性化的戰略，總經理必須有心胸包容不同的民族以及不同民族文化的差異，並重視與不同市場的夥伴合作的機會，爭取把自己的企業真正做成跨國度的世界型企業。

12.總經理需要有一定的專業知識

特別是對新經濟和科技管理手段有認知。未來的企業管理需要使用現代的技術手段來提高效率。總經理如果還把自己放在傳統的大門內，拒絕接受新知識，將沒有辦法迎接新的挑戰。

13.總經理需要具備開放、寬闊的心胸

能夠有說真話的人在身邊是總經理的福氣。總經理必須鼓勵異見和批評。如果只是需要聽恭維的話，只是願意得到奉承，就沒有辦法全面瞭解企業發展的全貌，就會有偏聽偏信的可能，可能做出錯誤的判斷，導致企業的失敗。

總經理需要有大海一樣的胸懷，對有不同意見的人應該給予獎勵，並用機制確保可以有暢通的溝通和資訊通路，只有這樣，總經理才可以樹立個人的威信並得到大家的認可。

總經理也有弱點，經常瞭解企業不同層面人的心聲和想法，也包括客戶的想法，才可以為總經理制定正確的戰略和決策提供前提。

14.總經理要有指揮、領導的素質

如果一個總經理沒有能力在挑戰面前沈著冷靜，帶領團隊從容應戰，就不配作為一個優秀的總經理。未來的企業經營和打仗差不多，總經理應該是戰地指揮家。

15.總經理要做企業文化信念的傳播者

未來的企業更需要善於建設協和團隊的企業文化，並能夠以最有效的方式把信念進行傳播的總經理。這樣的總經理不僅知道如何與團隊成員建立良好關係，並能夠同他們真誠地分享企業的使命、遠景、目標、企業精神、職業道德、團隊精神等。相信人們願意跟隨的是有這種理念和理想的總經理，而不是簡單的命令或工資報酬。

16.總經理要信守承諾

未來的企業需要有感染力和凝聚力的總經理，他們知道如何靠言傳身教和身體力行來不斷增強感染力和凝聚力。這樣的總經理相信一諾千金的力量，他們不是把信任建立在地位所帶來的權威之上，而是用自身對承諾的兌現所產生的感染力來影響大家，以此堅定人們的信念。

17.總經理要有遠大的視野

如果連想的勇氣都沒有，實現就更加遙遠。總經理需要不斷把握未來發展的趨勢，並快速提出新的想法、建設性的意見或建議，同團隊一起確立前進的方向，不斷培養自己帶領大家超越現實、突破今天、面向未來的能力。

18.總經理要有創新精神

我們處在一個變化的環境裏，只有創新才可以打破常規，才可以突破自己的傳統思維。創新的基礎不是同競爭對手比，而是同自己比，同自己競爭，向自己的過去成績挑戰，只有這樣才可以不斷推出適合客戶需求的產品或服務，才可以更上一層樓。

四、總經理的積極心態

成功的總經理總是受到社會大眾的尊敬，因為他是創業者，使企業化無為有，化小為大，從差到好，從弱到強；他也是財富的創造者，保證企業的永續發展。

1. 總經理必須明白「創業難，守成更難」的道理

唐太宗是中國歷史上名聲顯赫的君主，他不僅開闢了唐帝國的遼闊疆土，建立了大唐王朝，將唐王朝推到歷史上興盛的頂峰，

而且其人格的清正廉明、納諫用人等為歷代君主的楷模，也為國人提供了借鑑與啓示。唐太宗得天下後經常與大臣議論創業與守成的關係。貞觀十年(636)，唐太宗有一次問大臣：「帝王的霸業，創業與守成，那一個更難呢？」房玄齡回答說創業更難，而魏徵則說守成更難。於是太宗說：「玄齡和我一起打天下，嘗足了種種艱辛，出生入死，所以見到了創業的艱難，而魏徵和我一同治理國家，常常擔心如果驕傲自滿，則必然陷於危險的境地，所以看到守成的艱難。現在創業時期既然已經過去了，那麼今後我們更多地是應該看到守成的艱難，不可不謹慎對待呀！」

唐太宗這一番話語是非常有見地的，所以唐太宗才會成就其帝王之業，並且開創了貞觀之治，成為中國歷史上少有的賢達開明之君。

這種「創業難，守成更難」的傳統觀念對今天的總經理而言是有非常重要的現實意義的。總經理對企業的營運負有最高的責任，擁有日常經營管理的最高許可權，而且我們常常將總經理分為創業型總經理和守成型總經理兩種最主要的類型。因此，從「創業難，守成更難」的深刻內涵來思考自己所肩負的責任和重任，這正是成長為一名成功的總經理的基本前提。

惟有認識到「創業難，守成更難」，總經理才能不斷地反思自身，尋找自己與一名優秀總經理的差距，並且彌補這種差距；才能不斷地審視自己的經營與管理，不至於在經營或管理上出現重大的錯誤，做下令人遺憾的決策；才能不斷地學習和進步，在企業進步和持續發展的過程中，保持進取和創新的心態和意識，真正使自己與時俱進；才能徹底地做到制度大於個人裁斷，不因個人變動而朝令夕改，或讓企業因總經理個人原因而喪失發展的時機與動力。

中國的大聖人孟子曾疾呼：「生於憂患，死於安樂。」

作為新時代的中國總經理必須有比古人更高的認識，在對企業創業與守成之難有正確認識的基礎之上，一步步地去開拓屬於自己的偉大事業。

2.總經理必須有「熱忱，積極」的心態

熱忱是一種心理狀態，能夠鼓舞和激勵一個人對手中的工作採取行動。不僅如此，它還具有感染性，不只是對其他熱心的人士產生重大影響，所有和它有過接觸的人都會有所感應。

把熱忱和你的工作混合一起，那麼，你的工作將不會再令人感到辛苦或單調。它會使你的身體充滿活力，使你只需平時一半的睡眠，卻達到二倍甚至三倍的工作量，而且不會覺得疲倦。

五、總經理的性格

總經理獨特的性格特徵或作風，可從其工作中體現出，主要包括其獨特的性格與行為特點。

總經理獨特的性格，是指其要具有強烈的事業進取心；相信命運可以掌握在自己手裏；不願依賴於任何感情上的支援；非常有主見，能夠自我激勵；著眼於長遠利益，不屑於做日常瑣碎的組織工作。

1.個人魅力十足

總經理的獨特性格特徵之一是「個人的吸引力」。

總經理的個人品質包括：

⑴使命感。有強烈的使命感，無論遇到什麼困難，都要有完成任務的堅強信念。

⑵信賴感。同事之間，上下級之間保持良好的關係，互相信任與支援。

⑶責任感。對工作負責任，充分發揮作用。

⑷積極性。對任何工作都主動以主人翁的態度去完成。

⑸進取性。在事業上積極上進，不滿足現狀，始終保持勇往直前的精神。

⑹誠實。在上下級之間和左右關係中，真心實意，以誠相待。

⑺忍耐。具有忍耐力，不能隨意在群眾面前發脾氣。

⑻熱情。對工作認真負責，對同事與下級熱情體貼。

⑼公平。對人對事秉公處理，不徇私情。

2. 有強烈的進取精神

總經理的重要性格之一，是有強烈的進取心，渴望獲得事業的成功。有了這種強烈的進取心，當遇到具有挑戰性的問題時，他們願意與那些專家一起工作。他們常常會從長遠的角度看問題，往往著眼於事業發展的長遠利益，而不是只應付眼前問題。

3. 敢於承擔風險

總經理不懼怕承擔風險。他們喜歡去冒風險，並盡力避免大危險。他們清楚，要實現奮鬥目標，就要勇於承擔風險，這樣才有可能獲得巨大成功。

4. 善於解決問題

總經理是企業的領導人，往往也是第一個發現問題的人。如果他們所採取的辦法確實解決不了問題，他們馬上會改變解決問題的思路。

5. 不看重個人地位

總經理往往更重視企業成功所帶來的滿足。他們希望自己所建立的企業受到表彰，而並不重視別人對其自身的評價，因此，人們經常見到那些獲得巨大成功的企業家開著一輛舊車，就不覺奇怪了。

6.具有充沛的精力

總經理要具有健康的體魄和較強的耐力，這樣在艱巨的工作階段，他們也可以長時間地工作而不致因此病倒。

7.充滿自信

總經理一般非常自信，相信自己的經驗和能力，相信自己的所作所為可以改變一切，確信自己能把握命運；相信會有外界事物能夠阻礙他們去追求並獲得事業的成功。

8.要避免陷入個人感情糾葛

總經理往往不願與他人建立很深的個人感情，因此他們與朋友和親屬的感情都比較淡薄。因為如此，他們才能夠全身心地投入到工作中去；能夠擺脫人與人之間的感情糾葛而專心致志於自己的事業。有些人甚至將他們的事業看作有生命的東西，並傾注他們的全部心血。對這樣的企業家來說，長時間的工作，根本不是一個負擔，而是一種樂趣。

六、總經理的行為

不論在什麼情況下，總經理都要清楚自己的弱點和不足，以使自己切實擁有成功運作一個企業應有的素質和能力。同時要弄明白企業不同部門如何組合才能形成一個完整的效益實體。

總經理確信自己比同事都更能幹，這是他們最突出的行為特點。他們堅持用自己的方式去做自己的事，知道應該怎樣做才能獲得成功，而正是根據這種直覺來做出決定並採取行動。在這方面，他們通常表現出以下特點：

1. 希望自己支配自己的工作

當有權支配自己的工作，或獨立進行工作的時候，他們總是充滿自信。他們帶著這種自信解決他們所遇到的困難，矢志不渝地追求他們的目標。大多數總經理處於逆境而能夠泰然處之，靠的正是這種自信。

2. 喜歡有事情做

企業家們總有一種去實現自己想法的衝動，無事可做往往使他們不自在。他們熱衷於各種公務，而不希望別人看到他們坐在河邊釣魚。

3. 有較強的自我把握能力

成功的總經理喜歡在比賽中用自己的體力與腦力直接影響比賽的結果和進程。他們拼搏進取，顯示了旺盛的精力和強烈的事業進取精神，永不疲倦地追求著他們的目標。

4. 善於進行目標管理

總經理能夠把握錯綜複雜的工作局面，包括制定計劃，決定企業發展戰略，同時開展各項經營活動。對一些重要的細節他們總是了若指掌，並不斷地進行回顧以發現每一個能夠實現事業目標的機會。

5. 善於分析機會

在投身到經營領域或經營項目之前，成功總經理總要仔細地分析機會，當確信風險很小時，就會採取行動。所以別人失敗時，這一個特點卻使他們走向成功。

6. 善於把握自己的時間

成功總經理往往花在工作上的時間很長，以至影響到他們的生活。總經理並不在意每週工作 60~70 個小時，但只要可能，他們會盡一切努力保留他們個人生活的空間。他們盡量將重要的會議安排在正常工作時間內，留出週末和家人團聚。

7. 善於創造性思維

創造性的反面是墨守成規，成功總經理如果聽到有人說：「我們之所以這麼做，是因為過去一直這樣做。」他們就會發火。如果循規蹈矩，墨守成規，他們就不會找到企業正確發展的新辦法和新方向。

8. 善於解決問題

總經理清醒地知道他們正在追求的目標，會及時發現和解決那些擋在前進道路上的各種障礙。他們知道該如何評價和選擇解決這些問題的方案，以使問題容易解決。

例如，當擺在面前的問題是需要擴大佔地面積時，他們會首先提出為什麼需要這麼大的地方，然後分析各種各樣的解決方案。確定選擇一種方案後可能會引出一大堆新問題。但只要能解決原有的矛盾，他們還是會採納的。

9. 堅持客觀地看待問題

當總經理們找到解決問題的某種方法時，他們會請來盡可能多的專家來進行探討，以避免判斷失誤。只要提得有道理，他們就會對原方案作修改和完善，或者採取一個全新的、更好的方案。成功總經理們決不會因某個人的見解而妨礙他們看待問題的客觀性。

一位啤酒廠總經理曾有下列感想：

有人問我，在當 7 年總經理的經歷中，最深的體會是什麼？我說，那就是我的「權力」越來越小了。很多朋友也都奇怪地問我：為什麼我能夠在外面出差，半天卻連一個請示彙報的電話也沒有，作為 3 萬人的大企業總經理，我是怎麼做到舉重若輕的？

最近，我剛剛從大學拿到理學博士的學位，別人也經常問我，那麼忙怎麼讀書啊？

其實這正是我檢驗自己管理水準的機會，如果事事都離不了你，那麼說明你的企業管理、經營系統有問題。可是幾年前，他們的困惑和問題也曾經是我的苦惱。

我剛上任前兩年的時間裏，公司裏懷疑的聲音逐漸有所減弱，但是我心裏知道，尚未得到全公司上下一致的充分信任。那兩年，我在總部主要是充當一個宗教牧師的角色，給大家洗腦，在基層我是充當了一個教練的角色，教大家方法。按常理來說，一個總經理到基層充當教練有點越權，但是當時公司需要的不僅僅是洗腦，提高認識，更要有理論和管理實踐的結合，通過實際操作方法讓基層的人看到現實的進步。所以說，那時候我其實70%的時間是在幹別人的活，30%是幹總經理的活，但是，公司的文化、組織、使命、方法都得到調整之後，現在我可以說真正回歸到了總經理的位置，終於有70%的時間是做自己的工作了。這得益於管理方法和管理風格的改變以及系統的建設。

自從我擔任總經理後，就一直感覺管理上存在一些疑難問題——以前什麼事情都要找公司管理的一把手，任何事情都要向你請示。我上任後很長時間覺得自己工作很忙、很累，副手排著長隊等著解決問題，離開公司之後，電話也會隨時隨地追著你；一把手忙死，而賦職閑著。

於是有人說，你這些副職能力不行，幫不上忙，看把你累的。但我不這樣看。我說：我們選拔幹部的標準還不至於這麼低吧？沒有頭腦、無能的人會選上來嗎？他們為什麼沒有活幹或者不積極地幹，是因為一把手越位了，一把手幹了他們的活，那他們還幹什麼？所以從我的角度出發，必須解決一個管理的問題。

第二個困擾就是不斷地有人來找我，把我這個辦公室當成了綜合門診院，外面排著隊來看病，每一個病號都要快速地診斷，而且什麼病都得看。因為你不會是各方面的專家，不可能什麼都懂，這種診斷的失誤率就會很高。實際上，這些人來請示工作是把問題扔給了上級，而且逼著上級現場做作業，同時也把責任上交給了總經理。

這種請示問題的人實際上有兩種心態：一種心態是迎合上級管理風格，我提出問題來，讓上級給出一個方案，即使我做錯了，也可以說是按照上級指示去做的。這樣，部屬拿不出方案卻叫上級去做方案，部屬就成了上級，上級反成了被領導。

第二個心態是大事兒小事兒、有事兒沒事兒都去找上級，一是讓上級看到我在幹活，二是我做錯了，上級你知道，你也承擔責任。無非就是這兩種心態。

這就是人治。企業的流程混亂、企業的職能不清。所以我首先要把企業職責先界定清楚，誰管什麼？管到什麼程度，誰可以到我這兒來請示工作？我規定副職和部門的一把手(經理)可以來請示工作，但是必須帶著作業來。我是批作業的，不是做作業的，下級來請示，我可以給予建議或幫你整合資源去研究它，但是你不能把題目給我叫我做作業，帶著問題來的時候同樣也得帶著解決方案，那怕是做出幾個方案讓我來選擇。第三，如果是你職能範圍內的事卻來請示我，我告訴他們，我絕對不認這個帳，我會把文件都給你摔出去，讓你拿走，並且不會做任何解釋。我認為，一個管理者在這個崗位上，那麼職責範圍內的事務，你應該有能力處理好，如果沒有處理好說明不稱職。

這幾個標準佈置下去，來找我「做作業」的人立刻減少了。

這幾年，在公司會議上我也一直這樣強力要求，彙報者只有問題沒有解決方案不能上會，不在大會上討論解決方案，只決定解決方案。因為在會上進行討論，那麼四五個議題，開一天會也研究不完。

現在，我的幹部都被我的這種風格訓練出來，牢記了這個規則，不做好一個自己滿意的作業，不敢上會討論，不敢找我請示，中層幹部的發現問題、解決問題、預防問題等能力都大大提升，專業水準也很高，減輕了我很多繁忙的事務性工作。

我把自己解放了，我成了公司裏管理權力最大、卻在做事上權力最小的人。我不在公司，公司照樣可以運轉，因為管理系統建立好了，權力分配到位了，我可以用更多的時間研究戰略、調研市場，做我應該做的事情。

七、新官上任「三把火」

1. 明晰形勢與職責

對於新上任的總經理來說，走馬上任後燒好「三把火」，必須準備充足的「柴草」，即需要充分掌握並瞭解情況。瞭解情況是企業總經理領導成功的基礎。那麼為了燒好「三把火」，應當備什麼「柴」，即瞭解那些情況呢？具體地說，應抓好以下幾方面的工作。

一般來說，新任總經理想更好地做好工作就要做到：情況要明，決心要大，方法要對。

雖然新任總經理從事原來的工作可能如魚得水，各方面比較適應，如果是升職上任，會面臨著很多不適應：一是被提拔或推選擔任新的職務後，職權範圍擴大了，工作更重要了，會在想法上不適應；二是對企業的情況不太清楚，行業管理生疏，在業務上不適應；三是要求必須很快適應環境，上了馬就出征，在工作上不適應等。這一連串的不適應，會造成新任總經理過去的長處無法發揮，甚至變成短處；過去得心應手的工作經驗可能在新的崗位上無能為力。

在新的要求面前，就要按照新的標準重新進行自我分析。經過分析找出自己的長處和不足，對自己不熟悉的事物在就職前要先進行學習和研究。這些情況包括總經理將要身處其中的環境、組織結構、人員配備、原來工作的基礎、員工的狀況、業務進展情況等等。

瞭解的方式首先應從外部入手，即從外部瞭解企業的狀況，它在同行業中處於什麼地位，是優勢還是劣勢？上級對它的看法如何，有什麼期望和要求？同行業及有關單位對它有什麼印象和評價？該企業與上下游的關係如何？企業與同行的關係如何？它的發展前景怎樣？

諸葛亮在未出茅廬之前，就做出了「隆中對」，精闢地分析了當時的天下大勢及其對策，描繪了劉備及其本人事業的藍圖。

美國有家大公司由於經營不善而長期不景氣，後來用重金聘用了一位總經理。這位總經理在上任前，用了3個月的時間對公司進行調查研究，到任後就提出了新的經營目標和方案，不久就扭轉了局面。

2.在前任的不足之處下手

詳細的瞭解公司情況之後，若能把前任總經理的短處，變成自己的長處，就能很快打開局面。

美國有一家家電公司，因經營管理無方，已面臨倒閉的危險。後來請一位日本人來做總經理，他上任以後，做的第一件事就出乎所有人的意料——邀請所有員工聚首喝咖啡，吃炸麵餅圈，還贈送每人一台半導體收音機。大家一邊吃，新總經理一邊對大家說：廠裏灰塵滿地，髒亂不堪，怎麼能在這種環境裏工作呢？於是大家一齊動手，把工廠清理得煥然一新。第二件事也使人意外，新總經理一反廠方與工會互相對立的傳統，而是親自出面會見工會代表，表示「希望得到工會的支援」，這樣一來，員工們紛紛向新總經理靠攏，精神面貌大變。第三件事也是人們沒想到的，他們招聘新員工不是挑選年輕力壯的待業青年，而是把原來被這家解僱的老員工接了回來，他們回來後對新總經理感激不盡，拼命幹活。經過這些事後後，公司的生產效率和產品質量大大提高，管理效果之好令人瞠目結舌。

為什麼新總經理做的這三件事如此奏效呢？原來，這個公司過去的老闆只注重財和物的管理，而不注重人的管理；只知道用規章制度卡員工，而不懂得怎樣理順人際關係和激發員工的積極性，所以員工對抗情緒嚴重，勞資關係對立嚴重，新總經理針對前任之短，揚已之長，從「員工對立」處下手，對症下藥，自然收到了奇異的效果。

3.新官上任

「新官上任三把火」，已經成為人們對待新「官」上任時的一句口頭禪，說明新任主管想開創一番事業的決心，這似乎已成為規律，作為一名新上任總經理，無不想儘快打開局面，站穩腳跟。這種急於做出成績，勁頭十足的心理，是可以理解的。假如新任總經理就任後，一把火也燒不起來，那就休想在以後幹出成績，因為「良好的開端是成功的一半」，開始打不起精神，「踢不開前三腳」，工作就可能會越幹越鬆越垮。

燒好三把火，不是說無目的，無成效的「瞎燒」、「亂燒」，更不能為了「燒」而「燒」，忙於走形式，做給大家看。這樣往往會脫離實際，暴露出急功近利的心態，效果自然是不理想的。

有些總經理上任後，習慣固定地把燒「三把火」當作一個流程，於是不管三七二十一，先「燒」它一把再說，而且，什麼事情有轟動效應，什麼事情做出來最熱鬧，他就去燒那一把，而不注重內容和實效，只求外表和形式，「燒」得無人不知、無人不曉，似乎才達到了目的。這種做法常會招來部屬的反感，不能令人信服。對於總經理自身來說，自然造成不好的影響。

成功的總經理是如何運用「三把火」的呢？例如，上任後根據企業的情況，提出了用 3~5 年的時間，達到同行業第一名的水準，同時提出了對策，點起了「三把火」。

第一把火是迅速調整經營格局，加速進行市場開發。先後成立幾大網點經營部，加強了區域經營的力度，變「遊擊戰」為「陣地戰」，使市場開發達到了「無堅不摧」。第二把火是推進專案管理模式，實施專案經營負責制。打破工程管理重疊帶來的內耗與低效，保證生產指揮系統優質、高效，使生產指揮達到「無往不勝」。第三把火是強化財務管理職能，建立靈活有序的財務管理系統，實施財務管理集權制、財務主管委派制，合理運用國際通用的「黃金原則」早收晚付，使財務管理達到「無懈可擊」。三把火後，企業很快走向了良性發展的道路，在一些管理領域馬上實現了同行業「數一數二」。

燒好三把火，的確有它非常重要的作用。不過，燒好它要選擇必要的途徑和手段，要有計劃，注重結果，不要把燒好三把火當作向上邀功的第一份成績單，否則，你的所作所為有時就會失去理性的思考，陷入急功近利的「泥潭」，工作也就無法按規律去正常開展。只有努力根據實際情況開展工作，才會收到實效，到時讓上級瞭解你的成績，會更好一些。

那麼，這「三把火」該怎樣燒呢？新任總經理只有經過一段時期的瞭解和工作，各方面情況比較清楚後，才可以大刀闊斧地、有計劃、有步驟地放它幾把「火」。拿出新思路，使出新招法，打開新局面。到底三把火如何燒法，沒有固定的模式，全靠新任總經理根據本企業的實際情況，對症下藥，量體裁衣。既然你當上了總經理，就應該提出自己的方針，否則就不會有所發展，另外，部屬會拭目以待，看新總經理究竟提出什麼樣的方針，他們最感興趣的是希望新總經理拿出像樣的「施政方針」。那麼應該提出什麼樣的方針為好呢？你也可以這樣說：「……我基本上打算按前任總經理的方針去做，只是提出以下幾點，想按我的方針辦。」所說明的那幾個方針，其實才是重點工作，作為新任總經理，應該向大家闡明自己的抱負。

八、總經理的影響力

在日本，有一位企業家叫平岩外四，運用自己「平岩式經營」的方法，挽救了因連年虧損而瀕臨破產的企業，使其成為世界上最大的民間電力公司。平岩在經營上取得成功，除了具有長遠週密的經營思想，能處理一些棘手問題外，還與他的廣博學問分不開。平岩在日本財政界享有「岩書家」和「讀書家」的美譽。他對中國的《論語》、《韓非子》等書也頗有心得，並將古代的著名思想應用於現代企業的經營管理之中，在日本企業界堪稱獨樹一幟。

1. 總經理的外在影響力

總經理的影響力，是指總經理有目的地影響和改變部屬心理與行為的能力。權力是總經理對部屬施加影響，率領和引導員工為實現企業目標而努力的基本條件。現代企業總經理的影響力不再僅僅依靠總經理的權力，而更多地依靠總經理的人格魅力產生的高大形象聚集人心，形成合力，從而更有效地進行計劃、組織、指揮、協調和控制等管理工作。

總經理的影響力可分為內在影響力與外在影響力，總經理的外在影響力，主要是利用總經理的職位權力，採取推動、強制等方式發生作用，對部屬的影響帶有強迫性和不可違抗性。總經理必須在規定範圍內行使權力，依法辦事；部屬必須服從總經理的命令、指揮和意志，二者之間是命令與服從的關係。總經理憑藉職權可以左右部屬的行為處境、前途以至命運，使部屬產生敬畏感。地位越高，權力越大，別人對你的敬畏感就越大，你的影響力也越強。外在影響的要素主要包括：傳統觀念、利益滿足、恐懼心理三個方面。

2. 總經理的內在影響力

總經理的內在影響力，主要是利用總經理自身的素質，採取吸引、感化等方式發生作用，對部屬的影響是以潛移默化、自然漸進的方式發生作用。透過激發部屬的內在動力，對他們心理和行為產生影響，引發他們的尊敬、信服、敬佩乃至崇拜感，從而能遵從、接受其領導。總經理與部屬之間是影響和依賴的關係，總經理靠自身的素質影響部屬，素質越高影響越大。

內在影響的要素主要包括：品德、才能、知識、感情 4 個方面。

(1)品德影響力

品德主要是指品格和道德品質。除了要有堅定的信念、正確的方向、鮮明的立場、敏銳的眼光外，還要堅持原則、秉公執政、辦事公道、賞罰分明，嚴於律己、以身作則、言行一致、表裏如一等等。如果總經理能在這些基本方面做出表率，就會成為部屬的楷模，比任何東西都有說服力和影響力。

古人云：「其身正，不令而行；其身不正，雖令不從」，說的真是又簡明又透徹，一語道破品德的重要性。如果總經理利用職權，違法亂紀，損公肥私，他的威信就會蕩然無存。俗話說：「無私功自高，不矜威更重」。一個品德高尚的總經理，肯定會得到別人的尊敬佩服，其影響力也會越來越大。

《孫子兵法》：「不戰而屈他人之兵，乃上上策」，這和現代企業管理有異曲同工之妙。同理，企業總經理的品德高尚，即使不發號施令，也會在部屬中產生較大的影響力。作為總經理，要處處為公司著想，當年松下幸之助、盛田昭夫身為大企業家，卻仍然克己奉公，甚至連私人汽車都買不起。

⑵才能影響力

才能主要是指總經理的領導才幹、領導能力，它關係到企業的生存和發展。具備了一定的才能就會產生一定的影響力。

一個才華橫溢、才能卓越的總經理，可以使人產生一種信賴感和安全感，即使在非常困難和極端危急的情況下，部屬也會同心同德地跟著他去克服困難。

總經理的才能，是通過總經理的一言一行、一舉一動表現出來的。就拿做報告來說，如果一個總經理的報告很成功，語言生動、流利、簡練，邏輯性、說服力、感染力也很強，員工就會認為他是一個思想深刻、知識豐富、水準很高的總經理。如果他的講話既膚淺又枯燥，言之無物、拖泥帶水，甚至前言不搭後語，常常說錯話，念錯字，不僅不能給人以任何啓發和鼓舞，反而覺得聽他講話簡直是活受罪，他就會給員工留下不好的印象，使人感到這個總經理水準太低。做一場報告尚且如此，處理一個重要問題，做一次重要決策，就更能反映出總經理能力的高低優劣了。所以，要想贏得威信，擴大影響力，誰就必須刻苦鍛鍊，在增長才幹上下功夫。

總之，無論是企業生存的一系列決策，或是做一場報告，都體現著總經理的才能。可以這樣說，沒有才能的總經理，是不可能產生影響力的。

⑶知識影響力

知識是指總經理的文化水準、專業知識以及見識和膽識等的總稱。具有豐富的知識，見多識廣的總經理，不僅可以運用自己的知識去推進工作，而且還可以與部屬有更多的共同語言，增進心理溝通，容易得到大家的信任，並且由此產生一種信賴感，從而轉化為一種影響力。相反，如果一個總經理知識面狹窄，對新鮮事物不敏感，甚至一無所知，與部屬極少溝通，這樣勢必人云亦云，莫衷一是，想當然，瞎指揮，難以讓部屬信服，其影響力就很低。更有甚者，一些總經理不學無術，還要在有專長的部屬面前指手畫脚，很難設想會有多少人佩服他，他的威信從何而來？影響力又從何產生？

知識就是力量。知識不但是企業總經理事業成功的基礎，而且與總經理影響力的產生密不可分。

⑷感情影響力

人是富有感情的，人的感情是對外界刺激產生的一種較強反應的心理過程，是對人或事物關切、喜愛的一種心情。總經理與部屬之間的感情是在長期的共事和生活中逐步建立起來的，是雙方互相瞭解、相互信任、相互體貼的表現。有了這種感情，總經理與部屬就能同甘共苦，甚至生死與共。有了這種感情，部屬才願意接近你，肯把心裏話對你說，從心裏願意聽從你的指揮；你佈置的工作，他們就會痛痛快快地幹起來。這種上下之間感情的融洽，可以大大推動工作的進展，這就是感情產生的影響力。

人人都希望別人能理解和尊重自己，在企業裏，尤其是來自總經理的更多理解、同情、尊重、信任和關心，更會使部屬受到鼓舞和振奮。那怕是總經理一個主動的招呼，一句親切的寒暄，一次溫暖的詢問，都會使部屬感到這是總經理對自己的關心，從而達到心理相融，感情相通，激發出「好好幹，不辜負總經理的期望」的決心。這正是總經理運用感情產生的影響力。

凡是謙虛謹慎，聯繫部屬，作風民主、體察下情、待人寬厚、平易近人、通情達理、和藹可親的總經理，一般威信都比較高，自然影響力就比較大。而那種對部屬冷冷清清、麻木不仁，把自己看作是主人，把部屬視為僕人，擺架子、逞威風的總經理，部屬對他自然就沒有什麼感情，他也就難以贏得威信，更別提影響力了。

九、總經理的職責及工作內容

總經理作為一個公司的領導者，對董事會負責，領導企業，為企業確定明確的經營目標和方向，並根據經營方向調整所有的經營體制以及領導員工為共同的目標貢獻力量。對於像總經理這樣的高級職位，職責就意味著權力。

企業的總經理職責，向來規定不清，大多只含糊地以「綜合管理全公司業務」的詞句，載於公司章程或組織規則之內，對總經理本人缺乏明確而積極的指導作用。

總經理向董事會負責全公司的內部作業成果，但對外並不代表公司法人資格，除非他也兼任董事長。從董事會的立場來看，總經理是「行動人」及「先鋒」；而董事會扮演公司政策的「發問人」、「批准人」，經營成果的「檢討人」。換言之，董事會所要討論的東西，都必須先在總經理處消化過，所以總經理的工作負荷甚為繁重。

1. 總經理的職責

⑴職責義務方面

①遠期職責——負責一個企業全部或部份基本目標規劃、發展方向和重點工作的制定。其中包括對某項或某些產業性開發、關鍵資源性原材料供應有保障方式等方面進行決策。

②中期職責——負責在如何將資源原材料有效配置於某一和某些產業方面進行決策，以便達到預期的目標規劃。

③短期職責——負責某一產業和某些產業中勞動力、材料物資的配置和利潤收益的實現。

⑵上下級關係方面

①上級關係——負責向董事會報告。

②平級關係——常常（並非總是）負責橫向尋求其他部門（即企業其他成員）的協作，或協調與該產業相關而並非自己負責的企業內部其他部門的生產經營行為。

③下級關係——管理通常由各種人才組成的下級僱員。

2. 總經理的工作內容

⑴發展及設定全公司的長期與短期目標（以備董事會的「詢問」及「批准」）。

⑵確定用以達到公司經營目標的有關策略（政策及方略）。

⑶向部屬溝通已定案的目標及策略。

⑷督導及協助部屬，發展個別部門的工作目標及執行方案。

⑸衡量部屬的工作成效及檢討與修正新目標。

⑹招聘高級部門經理人員。

⑺鼓勵及督導各級經理人員培養新一代接班人。

⑻設定及修改公司的組織結構。

⑼協調及仲裁各部門工作及人員衝突。

⑽籌劃重大融資方案。

⑾準備董事會議各種議案並出席備詢。

⑿建立及維持良好的政府、股東、金融、及勞工關係。

⒀處理緊急重大偶發事件。

⒁督導建立各種內部管理制度。

⒂其他有關公司發展的策劃、組織、用人、指導、控制等有關決策及協調工作。

十、董事長與總經理的關係

現代企業中，總經理是公司經營層的最高領導，負責經營管理。董事會授權以總經理為核心的經營管理層進行管理工作，並對總經理的工作進行監督防範。

1. 董事長的職責

董事長是公司的法定代表人和重大經營事項的主要決策人，具體職責如下：

⑴主持召開股東大會、董事會議，並負責上述會議決議的貫徹落實；

⑵召集和主持管理委員會會議，組織討論和決定公司的發展規劃、經營方針、年度計劃以及日常經營工作中的重大事項；

⑶提名公司總裁和其他高級管理人員的聘用和解職，並報董事會批准和備案；

⑷決定公司內高層管理人員的報酬、待遇和支付方式，並報董事會備案；

⑸定期審閱公司的財務報表和其他主要報表，全盤控制全公司系統的財務狀況；

⑹簽署批准調入公司的各級管理人員和一般幹部；

⑺簽署對外上報、印發的各種重要報表、文件、資料；

⑻處理其他由董事會授權的重大事項。

2. 總經理的許可權

總經理是公司運作首腦，其主要職責是執行董事會決議，全權處理公司日常業務活動。

總經理行使下列許可權：

⑴主持公司的生產經營管理工作，組織實施董事會決議；

⑵組織實施公司年度經營計劃和投資方案；

⑶擬訂公司的基本管理制度；

⑷制定公司的具體規章；

⑸提請聘任或者解聘公司副總經理、財務負責人；

⑹聘任或者解聘除應由董事會聘任或者解聘以外的負責管理人員；

⑺公司章程和董事會授予的其他許可權。

十一、總經理的工作規劃

總經理的工作日程安排雖然包括了遠景目標、優先考慮的問題、經營策略問題和實施計劃等等，這並不意味著公司正式規劃與總經理的工作日程安排相互衝突。

表 1-1　總經理工作計劃的典型結構

		財政類	經營類（產品/市場）	企業組織（人事）
時間結構	長期行為 (5~20 年)	通常為 10 年或 20 年預期收入和投資利潤的大致意向	通常僅為總經理準備開發什麼樣的經營項目（產品與市場）的大致意向	通常較模糊。
	中期行為 (1~5 年)	特定的以後 5 年銷售、收益、投資利潤等目標	企業經營發展的目標計劃，如： · 負責在某年引進 3 種新型產品 · 開拓在……領域中兼併的可能性	包括以下一些項目： · 至某年改組的實現 · 某年前找到適當人選，更替某人職務
	短期行為 (0~12 月)	包括本季詳細的財政目標及本年度整個財務計劃；銷售、開支、收益、投資利潤等等	達到該目標或計劃的一系列目的和規劃，如： · 各種產品市場佔有率 · 各條生產線的存貨能力	包括以下一些項目： · 快速為某位員工調任新的工作 · 讓某位員工起草一份更大膽的 5 年規劃目標書

剛剛接任總經理工作，在擬定自己的工作日程安排過程中，不要坐下來去讀許多的書籍雜誌或查閱廣泛的資料報告，要加強「走動式管理」，依靠走出去，與其他的人討論、交談、詢問。

通常總經理以自己特有的身份，利用各種有效機會，瞭解情況或在部屬的某個部門，通過與自己認識的那些比他們職位低的下級部門負責人交換意見，瞭解生產經營中存在的問題或人事安排上存在的某些問題。或與本公司部門的負責人交談，瞭解公司當時優先考慮的重要項目的情況。如企業的各種特定產品、特定的管理制度、特別的企業發展狀況。

獲得這些資訊後，總經理就做出了自己工作日程安排的決策，既顯得隨便、具體直觀，又因有適當的分析，顯得頗為深思熟慮。的確，總經理們的工作日程安排是通過他們自己頭腦（有意識、無意識地）的一個內在過程創建和完善的。注意，這一過程還是一個不斷持續的過程。

總經理必需做的事，可分為每天必做、每週必做、每月必做、每季必做的事……。

1. 總經理每天必須做的

(1)總結自己一天的任務完成情況。

(2)考慮明天應該做的主要工作。

(3)瞭解至少一個區銷售拓展情況或進行相應的指導。

(4)考慮公司的不足之處，並想出準備改善的方法與步驟。

(5)記住公司或員工的名字和其特點。

(6)每天必須看的報表（產品進銷存、銀行存款等）。

(7)考慮自己一天工作失誤的地方。

(8)自己一天工作完成的質量與效率是否還能提高。

(9)應該審批的文件。

(10)看一張有用的報紙。

2. 總經理每週必須做的

(1)召開一次中層幹部例會。

(2)與一個主要職能部門進行一次座談。

(3)與一個你認為現在或將來是公司骨幹的人交流或溝通一次。

(4)向你的老闆彙報一次工作。

(5)對各區的銷售進展總結一次。

(6)召開一次與質量有關的辦公會議。

⑺糾正公司內部一個細節上的不正確做法。

⑻檢查上週糾正措施的落實情況。

⑼進行一次自我總結（非正式）。

⑽熟悉生產的一個環節。

⑾整理自己的文件工書櫃。

⑿與一個非公司的朋友溝通。

⒀瞭解相應的財務指標的變化。

⒁與一個重要客戶聯絡。

⒂每週必須看的報表。

⒃與一個經銷商聯繫。

⒄看一本雜誌。

⒅表揚一個你的幹部。

3. 總經理每旬必須做的

⑴請一個不同的員工吃飯或喝茶。

⑵與財務部溝通一次。

⑶對一個區的銷售進行重點幫助。

⑷拜會一個經銷商。

4. 總經理每月必須做的

⑴對各個區的銷售考核一次。

⑵拜會一個重要客戶。

⑶自我考核一次。

⑷月財務報表。

⑸月生產情況。

⑹月總體銷售情況。

⑺下月銷售計劃。

⑻下月銷售政策。

⑼下月銷售價格。

⑽月質量改進情況。

⑾讀一本書。

⑿瞭解職工的生活情況。

⒀安排一次培訓。

⒁檢查投訴處理情況。

⒂根據成本核算，制定下月計劃。

⒃考核經銷商一次。

⒄對你的主要競爭對手考核一次。

⒅去一個在管理方面有特長，但與本公司沒有關係的企業，進行友誼性溝通工作。

⒆有針對性地就一個管理財務指標做深入分析並提出建設性意見。

⒇與老闆溝通一次。

5.總經理每季必須做的

⑴每季項目的考核。

⑵組織一次體育比賽或活動。

⑶人事考核。

⑷應收賬款的清理。

⑸庫存的盤點。

⑹搜集全廠員工的建議。

⑺對勞動效率進行一次考核或比賽。

⑻表揚一批人員。

6. 總經理每半年必須做的

⑴半年工作總結。

⑵適當獎勵一批人員。

⑶對政策的有效性和執行情況考評一次。

7. 總經理每年必須做的

⑴年終總結。

⑵兌現給銷售人員的承諾。

⑶兌現給經銷商的承諾。

⑷兌現給自己的承諾。

⑸下年度工作安排。

⑹廠慶活動。

⑺年度報表。

⑻推出一種新產品。

⑼召開一次職工大會。

⑽至少回家一次。

休斯・查姆斯在擔任「國家收銀機公司」銷售經理期間，曾面臨著一種最尷尬的情況：很可能使數千名銷售員一起被「炒魷魚」。該公司在財務上發生問題。更糟糕的是，這件事被在外面負責推銷的銷售人員知道了，並因此失去了工作熱忱。結果銷售量開始下跌，到後來情況極為嚴重，銷售部門不得不召集全體銷售員開一次大會，全美各地的銷售員都被召去參加這次會議。

查姆斯先生主持了這次會議。首先，他請手下最佳的幾位銷售員站起來，要他們解釋銷售量為何會下跌。這些推銷員在被喚到名字後，一一站起來，每個人都有一段最令人震驚的悲慘故事向大家傾訴：商業不景氣、資金缺少，人們都希望等到總統大選揭曉之後再買東西等等。當第五個銷售員開始列舉使他無法達到平常銷售配額的種種困難因素時，查姆斯先生突然跳到一張桌子上，高舉雙手，要求大家肅靜，然後，他說道：「停止，我命令大會暫停 10 分鐘，讓我把我的皮鞋擦亮。」

然後他命令坐在附近的一名黑人小工友把他的擦鞋工具箱拿來，並要這名工友替他把鞋擦亮，而他就站在桌上不動。

在場的銷售員都驚呆了，有些人以為查姆斯先生突然發瘋了，並且開始竊竊私語，會場的秩序變得無法維持了，在這同時，那位黑人小工友先擦亮他的第一隻鞋子，然後又擦另一隻鞋子，不慌不忙地擦著，表現出一流的擦鞋技巧。

皮鞋擦完之後，查姆斯先生給了那位小工友 1 毛錢，然後開始發表他的演說。

「我希望你們每個人，」他說，「好好看看這個黑人小工友。他擁有在我們整個工廠及辦公室內擦皮鞋的特權，他的前任是位白人小男孩，年齡比他大得多，儘管公司每週補貼他 5 元的薪水，而且工廠裏有數千名員工，但他仍然無法從這個公司賺取足以維持自己生活的費用。」

「這位黑人小男孩不僅可以賺到相當不錯的收入，不需要公司補貼薪水，而且每週還可存下一點錢來，而他和他前任的工作環境完全相同，也在同一家工廠內，工作的對象也完全相同。」

「我現在問你們一個問題，那個白人小男孩拉不到更多的生意，是誰的錯？是他的錯，還是他顧客的錯？」

那些推銷員不約而同地大聲回答說：「當然了，是那個白人小男孩的錯。」

「正是如此。」查姆斯回答，「現在我要告訴你們，你們現在推銷收銀機和一年前的情況完全相同：同樣的地區、同樣的對象，以及同樣的商業條件。但是，你們的銷售成績卻比不上一年前。這是誰的錯？是你們的錯？還是顧客的錯？」

同樣又傳來如雷鳴般的回答：「當然，是我們的錯。」

「我很高興，你們能坦率你們的錯。」查姆斯繼續說，「我現在要告訴你們的是，你們的錯誤在於，你們聽到了有關本公司財務發生困難的謠言，這影響了你們的工作熱忱，因此，你們就不像以前那樣努力了。只要你們回到自己的銷售地區，並保證在以後 30 天內，每人賣出 5 台收銀機，那麼，本公司就不會再發生什麼財務危機了，以後再賣出的，都是淨賺的。你們願意這樣做嗎？」

心得欄

第 2 章

總經理的願景

重點工作

一、總經理要善於指明方向

要想做成某件事，你就得有個明確的目標——要瞄準射擊的靶子，公司為之努力奮鬥的方向；然後把它具體化。沒有方向，你就不知該往何處去，還會為此浪費大量寶貴時間。目標是指路明燈。有了目標，你就能集中精力，帶領團隊直奔前方。

面對前方的路，作為總經理，你要一步步地走。如果你想一步登天，轉眼就能實現總體規劃，那你就陷入了空想之中。你要做好多好多事，完成一個又一個的小目標，才能實現夢想。小目標的分設，使你能合理地將團隊分成若干小兵團作戰，繼而發動總攻，大獲全勝。

總經理需要不斷向員工提示和警告，需要為他們指引方向，需要讓他們明白事情的重要性，需要讓他們弄清事實真相，需要讓他們明白自己的工作與其生存和成功緊密相連，還需要表明他們的貢獻有多大，需要承認他們在公司中所處的地位，需要讓他們看到自己的將來。

總經理要將公司的長期目標轉化為讓自己部門的員工可以實現的具體目標，並為集體中的每一個人指明方向。

要達到目標，你必須明確重點，幫助員工把握目標，如果偏離方向，及時予以糾正。

員工需要有人給他們提供生活和工作的目標和重點，而經理人員是最佳人選，如果他們看不到生活中美好的東西，就會茫然無措，喪失信心。工作中也是如此，看不到目標就會漫無目的，迷失方向。

總經理為公司指出方向、描繪出目標，而部門經理呢？經理人應當每隔一段時間（如 3 個月）和員工坐下來，共同描述一下整個部門以及每個人將來的工作前景，這是十分重要的。這幅藍圖就是整個部門工作的重心，也是你為員工提供的一個明確方向。稱職的經理能根據自己上司的要求確定自己部門的工作方向。另外，他們還會向員工表明，除完成公司確定的目標外，他們還期望員工做些什麼。

當你為員工確定了具體的方向以後，也許他們自己最清楚以何種方式到達你所確定的目標。當出現問題時，你還必須作一下適度的調整。作為經理，要保證你所確定的前景是你和員工最大限度的目標，要保證每一位員工到達你所指定的目的地，如最良好的信任度、最高的工作效率、接受良好訓練的員工、友好熱情的顧客服務形象、新產品革新、最高技術能力等。

二、總經理的願景管理

當人們的行動有明確的目標，並且把自己的行動與目標不斷地加以對照，清楚地知道自己行進的速度和離目標的距離時，他們就會自覺地克服一切困難，努力達到目標。有效的目標正是起著這樣一種提綱挈領的作用。

總經理是組織的最高領導人，所謂「領導」，就是要為成員們「指導方向」,「領而導之」。只有這樣做，方可稱得起「領導」！但有些管理者並不明白這一點。他們自以為自己的部屬們對於要幹什麼已經很清楚了，所以，管理者們應當為部屬們確定目標，並把自己的意圖明明白白地傳達給他們，這是一種令人鼓舞的方式，是協調工作的基礎。

目標對於每一個企業或者組織同樣必不可少。目標有多種功能，當員工是新手，或對特定的工作尚不瞭解時，清晰而具體的目標可以讓他們少走彎路。目標還能使員工很快明確工作的內容及先後順序，有經驗的員工則可以將清晰的目標當作制定工作計劃、明確工作責任的基礎。目標的制定不僅要考慮工作本身，還要考慮員工的經驗與能力，以及員工之間的關係。

三、將部屬的期待具體化

在團體中取得領導權的人，必須要能確實掌握大家的期待，並且把期待變成一個具體的目標的人。

大多數的人並不清楚自己的期待是什麼，能夠清楚地把大家的期待具體地表現出來，就是對團體最具有影響力的人。

在企業的組織之中，光是把同伴所追求的事予以具體化並不夠，還必須要充分瞭解組織的立場，確實地掌握客觀情勢的需求並予以具體化。綜合以上兩項具體意識，清楚地表示組織必須達成的目標，這樣才能在團體之中取得領導權。

在進攻義大利之前，拿破崙還不忘鼓舞全軍的士氣：「我將帶領大家到世界上最肥美的平原去，那兒有名譽、光榮、富貴在等著大家。」

拿破崙很正確地抓住士兵們的期待，並將之具體地展現在他們的面前，以美麗的夢想來鼓舞他們。

如果是以強權或權威來壓制一個人，這個人做起事來就失去了真正的動機。抓住人的期待並予以具體化，為了要實現這個具體化的期待而努力，這就是賦予動機。

這一方面，總經理如何帶領部屬就很重要。沒有魅力的領導者，因為唯恐不能實現，所以在不能展示出令部下心動的遠景，因此，部屬跟著這樣的領導者，必然不會抱有夢想，工作場所也像一片沙漠，大家都沒有高昂的鬥志，就算是微不足道的理想也無法實現。

當然，即使是偉大的遠景，如果沒有清楚地規劃出實現過程，也無法使大家產生信心，因此，規劃出一個遠景的同時還必須規劃出達成遠景的過程。

規劃為達成目標必經的過程，指的就是從現在到達成目標所採取的方法、手段及必經之路。目標的達成是最後的結果，由於要達到最後的結果並不容易，所以要設定為達成最後結果的前置目標（以此為第一次要目標）。要達成第二次目標也不容易，所以要設定達成第二次要目標的前置目標（第三次要目標）。要達成第三次要目標也不容易……。就這樣一步一步地設定次要目標，連接到現在。為達成最後的結果就必須從最下位的目標開始，一步一步地向前位目標邁進，次第完成每個目標。這一步一步展開前置目標的過程就稱為「目標功能的進展」。

高明地運用這「目標功能的進展」，使全體員工保持高昂的士氣，最佳典範就是松下幸之助先生。松下先生在昭和 7 年 5 月 5 日的第一次創業紀念日時，召集公司的全體員工，宣佈松下電器的使命：「就是像自來水的流之不盡一般，不斷地生產生活物質，以近於免費的代價提供大眾。」接著發表了為達成這個使命的 250 年計劃。

「松下電器借著生產再生產使物質用不盡，並以建設人間樂土為使命。為達成這個使命，以今後的 250 年作為使命達成的期間。這 250 年的期間共分成 10 節，第一節的 25 年間又分成 3 個時期。第一期的 10 年間是建設時代，第二期的 10 年間是接續建設的活動期，最後的五節則是接續建設與活動，以已有的設施貢獻社會的時代，其中的第一節就是我們今天在場各位的活動時期，第二節以後的階段則是由我們後代的人繼承，以相同的方針持續進行，到了第十節的 250 年後，即可達成使物資充裕的人間樂土。」

宏偉的展望對社會的過度貢獻更具有喚起大眾熱情的力量。松下先生正因為抓住大眾心理，所以很成功地點燃了員工鬥志。

組織 3 組隊伍（甲組、乙組、丙組），讓他們沿著公路步行分別向 10 公里外的 3 個村子行進，甲組不知道去的村莊叫什麼名字，也不知道它有多遠。只告訴他們跟著領隊走就是了。這個組剛走了兩三公里時就有人叫苦了，走到一半時，有些人幾乎憤怒了，他們抱怨為什麼要大家走這麼遠，何時才能走到。有的人甚至坐在路邊，不願再走了，越往後面的人情緒越低，七零八落，

潰不成軍。乙組知道去那個村莊，也知道它有多麼遠，但是路邊沒有里程碑，人們只能憑經驗大致估計需要走兩個小時左右。這個組走到一半時才有人叫苦，大多數人想知道他們已經走了多遠了，比較有經驗的人說：「大概剛剛走了一半兒的路程。」於是大家又簇擁著向前走。當走到 3/4 的路程時，大家情緒低落，覺得疲乏不堪，而路程似乎還長著呢！而當有人說快到了時，大家振作起來，加快了腳步。

丙組最幸運，大家不僅知道所去的是那個村子，它有多遠，而且路邊每公里有一塊里程碑。

人們一邊走一邊留心看里程碑。每看到一個里程碑，大家便有一陣小小的快樂。這個組的情緒一直很高漲。走了七八公里以後，大家確實都有些累了，但他們不僅不叫苦，反而開始大聲唱歌、說笑，以消除疲勞。最後的兩三公里，他們越走情緒越高，速度反而加快了，因為他們知道，那個要去的村子就在眼前了。

由這三組的反應說明，當人們的行動有著明確的目標，並且把自己的行動與目標不斷地加以對照，清楚地知道自己行進的速度和離目標的距離，人們的行動動機就會得到維持和加強，也就會自覺地克服一切困難，努力達到目標。

第 3 章

總經理的領導

重點工作

有一個人從小就立志，要當一位優秀的企業領導者。

大學畢業後，他進入父親的企業工作。他工作很努力，沒過幾年，他的父親便提拔他當經理。

他怕自己不能勝任此職位，便向父親請教。

他父親沒說什麼話，只是拿出一根 30 釐米長的繩子放在桌上，然後讓他用手拿著繩子的一端向前推，看能不能讓繩子往前移動。

他心想這是多麼簡單的一件事呀。可是，不論他怎麼向前推，繩子也不往前移，只是歪歪斜斜地在原處扭動。

父親說：「兒子，如何才能改變這種現狀呢？」

他想了想，拿著繩子，調了個方向，然後向前拉，繩子直直地向前移動了，從而輕鬆地解決了這個問題。

父親問道：「你從中悟出了什麼？」

他回答道：「做主管不能在後面推，要在前面拉。」

說服別人不能光靠嘴巴，得用行動證明。只有這樣，才能真正發揮領導的影響力。總經理要領導，就是做給別人看的。

世界 500 強企業在挑選執行總裁或總經理時，無一例外地都強調候選人必須有領導能力。它們選擇強有力的人物做領導者，要求企業候選人必須是一位聲名卓著的領袖人才。

總經理是一個企業的領導者，領導一個企業進行變革，領導能力對總經理來說是擺在第一位的。總經理要具備深厚的領袖基礎。這種基礎來源於領導者對他人的影響力，以及其特有的能力素質。

一、領導與管理的區別

領導與管理的含義是不同的。從根本上來說，領導者要保證擁有明確的前進方向，並使相關的人都理解和堅信它的正確性。領導者的職能在於為實現遠景目標制定變革戰略，不斷推動企業進行各種改革。管理則是計劃、預算、組織和控制某些活動的過程。管理的主要職能是維護一個複雜的企業組織的秩序，組織高效運轉。

領導是從管理中分化出來的高層次的組織管理活動，領導和管理的最終目標是趨同的、一致的，基礎職能也是互融的、相通的，但兩者仍然有顯著的區別。

領導行為和領導過程都是對於整個組織或團體而言，領導者要達到的目標也是整個組織或團體的奮鬥方向。而管理則主要是指對於某個組織或團體的職能部門，進行指揮、控制、監督、反饋等工作。它是領導活動的分支，是領導活動在各個部門的具體化，如人事管理、物資管理、財務管理等等。

領導的過程，主要是進行戰略性工作的過程。確定組織或團體要達到的目標以及達到目標所需要的途徑和手段，制訂相應的政策來督促各管理部門有效貫徹它，這是戰略性工作的基礎內涵。

「管理」過程，相對於「領導」來說，則主要是進行戰術性工作的過程。根據領導制訂的目標和政策，根據戰略性工作的要求，實施配合戰略目標的計劃、組織和控制活動，這是戰術性工作的主要內容。

領導是管理活動的進一步抽象。它強調的是對人和事的指導，是處理人與人之間、人與事之間、事與事之間關係的藝術。而管理則主要是對人、財、物的管理，著重強調處理人與物、物與物之間的關係。

領導和管理的區別：領導，強調的是組織、團體及全社會的宏觀效益，這種效益反映為一種壯大、發展和進步，無法衡量。管理，則尤其強調追求某一單項工作的效率或效益。另外，因為領導者主要從宏觀角度考慮問題，所以注重獲取良好的外部環境，追求組織和團體之間的平衡和諧；管理則主要從微觀的角度考慮問題，因而比較注重維持正常的、穩定的、有效的內部秩序。領導與管理的差別如表 3-1。

但是，領導和管理又有著密切的關係。領導和管理並不能截然分開。

在生產力十分落後的情況下，領導和管理是「合二為一」的。管理工作獨立出來，是社會分工的結果；領導從管理工作中獨立出來，也同樣是社會分工的結果，只有在生產力發展到一定水準，社會活動日趨複雜的情況下，領導才從管理中獨立出來。

領導和管理的聯繫經常體現在一個人身上。例如，有一個人，他主持一個相對獨立的小團體，對這個小團體來說，他是領導者；但這個小團體又隸屬於另一個更大的團體，在這個更大的團體中，他只是一個管理者。這樣，此人的工作便兼有管理和領導的兩種性質，而且這兩種性質是絕對不易簡單分開的。在整個社會大系統中，多數領導者對於更上一級的組織或系統來說，只是管理者；同樣，多數管理者對於再下一級的團體或系統而言，又是領導者了。

領導就是激勵和促進別人。由於控制是管理的中心內容，高度激勵或鼓舞的行為幾乎與管理不相干。管理系統的惟一目的，就是用幫助普通人日復一日地用普通方式成功地完成日常工作。它既不刺激也不具誘惑力，但這就是管理。

表 3-1　領導與管理的差別

工作內容	領　導	管　理
制定議程	明確方向——確立未來的圖景，為實現目標，制定變革的戰略	計劃和預算——為達到所期望的結果，設立詳細的步驟和時間表，然後分配所需要的資源，開始行動
發展完成計劃所需人力網路	聯合群衆——通過言行將所確定的企業經營方向傳達給群衆，爭取有關人員的合作，並形成影響力，使相信遠景目標和戰略的人們結成聯盟，並得到他們的支援	企業組織和人員配備——根據完成計劃的要求建立企業組織機構，配備人員，賦予他們完成計劃的職責和權利，制定政策和流程對人們進行引導，並採取某些方式或創建一定系統監督計劃的執行情況
執行計劃	激勵和鼓舞——通過喚起人類通常未得到滿足的最基本需求，激勵人們戰勝變革過程中遇到的政治、官僚和資源方面的主要障礙	控制、解決問題——相當詳細地監督計劃的完成情況，如發現偏差點，則制定計劃、組織人員解決問題
工作結果	引起變革，通常是劇烈的變革，並形成有效的改革能動性（例如，生產出顧客需要的新產品，尋求新的勞資關係協調辦法，增強企業的競爭力等）	在一定程度上實現預期目標，維持企業秩序，能持續地為各種各樣的利益相關者提供他們所期望的結果。（例如，為顧客按時交貨，為股票持有者按預算分紅）

二、總經理必須領導企業

總經理的職責就是領導一個企業，為企業確立發展方向，指引企業的前進道路，戰勝障礙，實現遠大的遠景目標。這就需要激發員工非凡的力量，領導不是通過控制機能將人們往正確的方向推，而是通過滿足人類的基本需要來達到目的的，即滿足人們的成就感、歸屬感、自尊感，讓他們覺得自己得到了認可，能掌握自己的命運，實現自己的理想。

通用公司（GE）總經理——傑克· 韋爾奇，被人譽為「全球第一總經理」，他並不熱衷於管理，而是推崇領導，加強對企業組織的控制，其領導的六大準則為：

1. 掌握自己的命運，否則將受人掌握；
2. 面對現實，不要生活在過去或幻想之中；
3. 坦誠待人；
4. 別只是管理，要學習領導；
5. 在被迫改革之前就進行改革；
6. 若無競爭優勢，切勿與之競爭。

長期以來，領導力的概念在一般人心目中模糊不清。權力、領導、職位、提拔經常與領導力的概念混為一談。

領導不等於領導力。權力更不意味著領導力。領導力的核心是影響力。唯一可以讓下屬心甘情願追隨的領導者身上滲透出的引人魅力就是影響力。美國前總統艾森豪曾明確指出領導力必須建立在領導影響下屬的基礎之上：領導力是讓下屬做你期望實現、他又高興並願意去做的事情的一項藝術。古今中外，從劉邦戰勝項羽，建立漢朝，一統天下，到劉備桃園三結義；從色諾芬在士兵中的崇高威望，到下屬對拿破崙的絕對忠誠；從聖雄甘地非暴力主義的魅力到邱吉爾面對挑戰的視野和勇氣，優秀領導者的身上總是具有一種讓追隨者難以抗拒的影響力。

親力親為是一種比較普遍的領導方式。作為領導，事無巨細、凡事親力親為，這對員工來說，具有很強的威懾力，因此使得整個團隊的辦事效率都很高。所以，凡事親力親為就被眾多企業領導者，特別是一些剛剛創業起步的企業領導者所遵循。殊不知，這種做法卻是對領導者親力親為的一個嚴重誤解。

企業部門領導者事無巨細地從早忙到晚，而他的下屬們有的正在喝茶看報，有的正在海闊天空地侃大山，有的因為找不到鍛煉和發展的機會，而思考著如何撰擬辭職報告……這些都意味著什麼呢？實際上它們都說明了一個共同的問題：在現代激烈的社會競爭中，曾經被我們賦予過積極意義的親力親為，已經難以滿足企業向更高的臺階進升發展的要求了，它已經嚴重影響了企業經營管理的績效。

強調領導者親力親為，主要是考慮讓其發揮領導作用，並非事事都要親力親為。事實上，過分強調領導者的個人能力，並不利於企業的長足發展，也不利於激發員工的工作積極性，同時還讓領導者有很大的工作壓力，最後往往導致力不從心。

三、總經理的領導方式

由於領導者個人的知識結構、素養水準、理想抱負、價值觀念、個人品行等的不同，在運用權力進行領導時，必然會產生各種各樣不同風格的領導方式。

領導方式不同，必然對企業的發展產生不同的影響。總經理的領導是一個企業獲得成功的重要條件。為了尋找一種較佳的領導方式，管理學家透過調查和試驗，提出了不少關於領導方式的理論。

1. 勒溫的領導方式理論

最早進行領導行為研究的是美國社會心理學家勒溫。他專門研究了「獨裁」、「民主」、「放任」三種不同的領導方式對組織的影響。

根據勒溫的分析，三種領導方式的特點如下表所示。勒溫認為民主型領導方式效果最好，而放任型領導方式效果最差。

表 3-2　勒溫領導方式表

	專制型領導	民主型領導	放任型領導
團體方針的決定	一切由領導者一人決定	集體討論決定，領導者在旁激勵與協助	任由小團體或個人決定，領導者不參與
下屬對團體活動的瞭解情況	分段指示工作的內容與方法，下屬因此無法瞭解團體活動的目標	下屬已在最初的集體討論中瞭解了工作的程序與目標。指導者提供兩種以上的工作方法讓下屬選擇	指導者提供各種工作上需要的材料，當下屬前來詢問時即給予回答，但不做積極指示
工作的分擔與同伴的選擇	由領導者決定後通知下屬	工作的分擔由集體決定，工作的同伴由下屬自己選擇	領導者完全不干預
工作參與及工作評估的態度	除了示範之外，領導者完全不參與團體工作，領導者根據個人的好惡，讚賞或批評下屬的工作效果	領導者與下屬一起工作，但避免干涉指揮。領導者依據客觀事實，讚賞或批准下屬的工作成果	除非下屬要求，否則領導者不自動提供工作上的意見，對其成果亦不做任何評估
領導效果	不定	好	差

2. 布萊克和穆頓的管理方格圖

美國管理心理學家布萊克研究認為：領導的方式可以透過兩種變動因素來衡量，即對生產的關心程度和對人的關心程度，並於 1964 年提出了管理方格圖(見圖 3-1)。

圖 3-1　管理方格圖

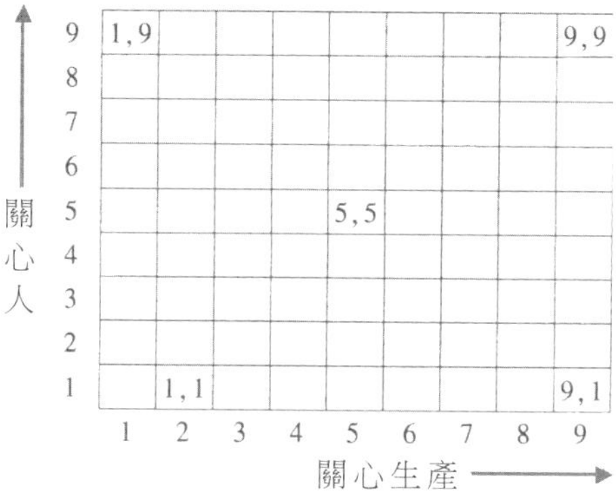

管理方格圖橫坐標表示管理者對生產的關心程度，縱坐標表示管理者對人的關心程度。評價一個管理者的領導行為時，就按這兩個方面的行為打分。最低分為 1，最高分為 9，然後尋找交叉點，這個交叉點便是他的類型。方格圖中四角和中心的小方格表示在很多種可能的領導方式中的五種特殊的領導方式類型：

・(1，1)型貧乏的管理。持這種領導方式的管理者希望以最低限度的努力來完成組織目標，既不關心生產，也不關心人，這是一種不稱職的管理。

・(9，1)型任務式的管理。管理者全神貫注於工作效率，很少關心下級的成長和士氣，在安排工作過程中，把人的因素干擾減少到最低程度，以取得工作效率。

・(1，9)型鄉村俱樂部式的管理。管理者只強調人的因素，工作效率不是主要的。關心人們對令人滿意的關係的各種需要，以創造一個舒適的、友好的組織氣氛。這是一種輕鬆的管理方式。

・(5，5)型中間道路式的管理。這種方式的目標是取得適當的工作效率和適當的良好士氣。因此，它是透過既完成必要的任務，又保持人們的良好士氣的方式，求得兩者之間的平衡，取得組織成就。這是一種適中的管理。

・(9，9)型團隊式的管理。管理者既重視人的因素，又十分關心生產，努力協調各項活動，並使它們一體化，從而促進生產，提高士氣。在這種管理方式下，組織成員對工作的完成是負責任的。他們在具有共同利害關係的組織目標下，建立起互相信賴、互相尊重的關係。這是一種協同配合的管理方式。

布萊克認為(9，9)型的管理方式是一種最有效的管理方式。其次是(9，1)型，再次是(5，5)型、(1，9)型，最次是(1，1)型。

3. 有效的領導方式

領導者對所領導的對象實施領導和管理的目的，是要取得一定的預期效果。不同的領導方式和領導行為會取得不同的結果。能夠取得預期效果的領導就是有效的領導；反之，就是無效的領導。有效的領導是衡量一個企業是否成功的重要因素。

・菲德勒模式

著名的領導學專家菲德勒認為，影響領導效果的好與壞的情景因素有三個：

①領導者與被領導者的關係，指下屬對其領導的信任、喜愛、忠誠、追隨的程度，以及領導者對下屬的吸引力。

②工作任務的結構，指下屬擔任的工作任務的明確程度。

③領導者所處職位的固有權力。指與領導者職位相關的正式職權，以及領導者從上級和整個組織各方面所獲得的支持的程度。

根據這三種因素的組合情況，領導者所處的環境從最有利(三個條件具備)到最不利(三個條件都不具備)可以分成八種類型。據分析，在最有利和最不利兩種情況下，採用「以任務為中心」的「指令型」領導方式效果較好；對處於中間狀態的環境，則採用「以人為中心」的「寬容型」領導方式效果較好。見圖 3-2。

菲德勒認為：提高領導有效性可以透過兩個途徑，或者改變領導者的領導方式，或者改變領導所處的環境。這種改變包括改善領導與被領導的關係、工作任務結構和職位權力。

圖 3-2　菲德勒有效領導模式圖

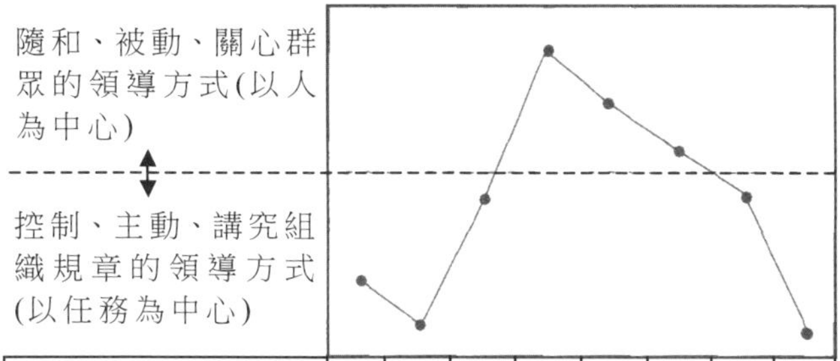

領導與職工關係	好	好	好	好	差	差	差	差
任務結構	明確		不明確		明確		不明確	
崗位權力	強	弱	強	弱	強	弱	強	弱

4.生命週期模式

生命週期理論是由美國俄亥俄州立大學的科曼在 1966 年提出的。該理論的主要觀點是：領導的有效性，在於把組織內的工作行為、關係行為和下屬的心理成熟程度(指被領導者掌握知識和經驗的多少，獨立工作能力的高低，承擔責任的願望以及對成就的嚮往等)結合起來考慮，隨著被領導者從不成熟走向成熟，領導行為要隨之調整才能有效。為此，該理論可以用圖 3-3 的曲線表示。

圖 3-3　領導的生命週期理論示意圖

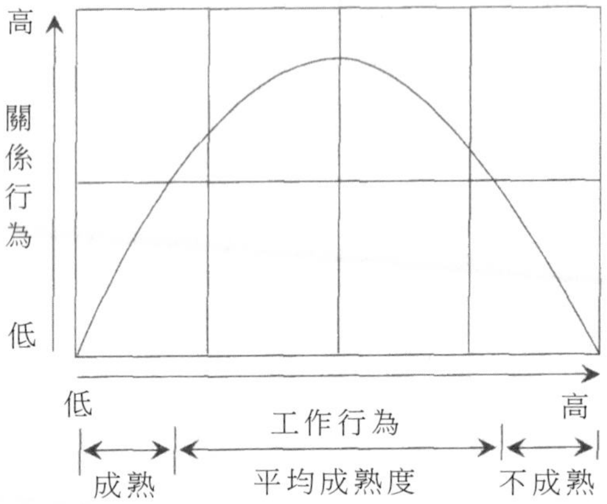

領導者應該按照下屬成熟過程，改變領導方式。一般按照下列程序轉移：高工作與低關係→高工作與高關係→低工作與高關係→低工作與低關係。與此程序轉移相對應的領導類型就是：命令型→說服型→參與型→授權型。

就是說，當下屬成熟度很低時，可以採用高工作與低關係的專制領導方式，管理者透過單向信息溝通命令下屬幹什麼，怎麼幹；當下屬成熟度處於中等水準時，可以採用高工作與高關係或高關係與低工作的領導行為，透過說服教育或參與管理來激發下級的積極性；當被領導者的成熟度達到相當高的水準時，可以採用低工作與低關係的領導行為，透過充分授權、高度信任來激發下屬的積極性。

有效的領導行為應該因人而異，並根據每個人不同時期的成熟程度而變化。它對於指導各種組織的管理，提高領導水準有重要的參考價值。

四、總經理要多一些領導，少一些管理

領導和管理的區別，產生了領導者和管理者的區別；由於領導和管理的聯繫，因而也奠定了領導者和管理者的相通之處。領導者的任務是「寫詩」，管理者的任務是「寫散文」。領導者辦事在很大程度上要依靠開發動力、啓迪覺悟，要依靠思考、符號和形象。管理人員的目標是把事情辦妥，領袖人物的目標則是去做應該做的事。

偉大的領導者必須具備偉大的想像力、偉大的思想，這種想像力和思想激勵著領導者本人勇往直前，使他懷著一種令自己激動並奮鬥不息的使命感，從而不畏懼艱難險阻和挫折失敗。領導者的偉大想像力和思想，也像一團不熄的火焰，在公衆的眼前和心目中熊熊燃燒，激勵著他的部屬緊隨在領導者的身後，向著既定的目標邁進。

偉大的領導者擁有權力，但決不僅僅依靠權力，他的影響力的價值有時候遠勝於他的權力。管理者失去了權力，也就失去了指揮他人的基礎，也就不成其為管理者了；但失去了權力的領導者，只靠其深遠而廣泛的影響力，照樣可以向其追隨者發號施令，引導他們追求偉大的目標。從這一點來看，是否擁有重要的影響力、強烈的感染力和感召力，是領導者和管理者的一大區別。有的人處於領導者的地位，但並不是有效的領導者，頂多只是一個管理者；有的人沒有高職位，但卻是公認的領袖人物。

領導者必須考慮長遠的、宏偉的目標。管理者也許可以只為今天的、短期的目標而工作；而領導者則考慮明天、後天應該做些什麼，他必須既能說服部屬，又能感染部屬。人們可以用道理來說服，但卻必須用感情來感化。從這一點來說，能否說服大衆、感化部屬為後天

的目標而努力，是領導者和管理者之間的分水嶺。

領導者和管理者的區別，最明顯的，還是表現在如何對待目標上，領導者確定目標，給部屬解釋、灌輸目標，並借此激發力量；管理者則控制並指使別人的力量。公司的領導者主要是從所提供的產品或勞務質量的角度，來界定一個公司、一個企業的成就；而公司的管理者，則主要是根據某些財務上的衡量標準來界定成功。這些衡量標準是在公司的營運過程中制訂出來的，與營運的內容無關。

公司的領導者必須具有崇高的價值觀，使自己的部屬從工作中體驗到為人類、為社會、為他人有所貢獻而帶來的滿足感，從而覺得自己的工作本身很崇高、很有意義；而管理者則主要訴之於收入、地位以及安全感這一類的現實需求，吸引並保持人們努力工作。公司領導者能夠激發人們的創造力，並鼓舞大家的士氣，振奮員工的精神，而缺乏領導才能的管理者則只會造成順應者。

領導者的任務在於創造一種「領導勢」，使大家自覺地融入組織的目標體系中去，共同為實現目標而努力工作。管理者的任務在於製造一種「管理場」，使部屬融入管理者的控制體系之中，以達到領導者的目標要求，完成管理者的職能。

在任何時候，管理和領導都缺一不可。前者離開後者，或是後者離開前者都不能很好地發揮作用。在相對穩定和繁榮時期，有限的領導與強力的管理相結合能夠使企業轉向良好；在極度混亂時期，領導比管理發揮的作用更為關鍵；而在今天複雜多變的形勢下，強有力的領導都是企業所需要的。

總經理應該多一些領導、少一些管理、少過問業務，善用人才而充分地授權，把時間花在為部屬創造良好的條件上，使公司內其他成員能夠針對具體業務作出好的決策。領導的藝術體現就是為企業組織中所有成員定位，讓他們去完成職責內的任務。多些領導就意味著去發現、培養、穩定和激勵人才，影響其他管理人員並使他們承擔相應的責任。

全球第一總經理，通用公司的前首席執行官傑克・韋爾奇在其20年的總經理生涯中，總結出「總經理是做什麼的」：

1. 定調。整個企業的工作是從最上層的領導者開始的。我經常跟我們各分公司的總經理說，他們工作的力度決定了他們所領導的企業工作力度，他們工作的努力程度和部屬的溝通能獲得成百上千倍的效用。所以，總經理要為整個公司定下基調。每天，我努力深入每一位員工的內心，我要讓他們感覺到我的存在。

2. 集體智慧最大化。讓每一位員工全身心投入到工作中來，是總經理最主要的工作。

3. 人為先，策為後。讓合適的人做合適的事，遠比開發一項新戰略更重要。

4. 拓展。拓展就是做到超出你所想像的可能。

5. 慶功。經商不能沒有樂趣。對於太多人來說，它只是「一項工作」。

6. 酌情調整薪酬。這一點你必須做得合情合理。

7. 區別對待，造就強大的企業。

8. 留住人才。我們企業的總經理們明白，如果他們發掘出更大的潛力，是能得到回報的。我們的無邊界文化改變了規則，將貯藏最優秀的人力資源變成了資源分享。

9.隨時做出評價。做出評價對我來說無時不在。在能人統治中，沒有什麼比這更重要。我隨時都要做評價——不論是在分配股份紅利的時候，還是在提升誰的時候——甚至在走廊裏碰到某個人的時候。

10.策略。商界成功並不是浮誇的預計得來的，而是在變化發生時能夠迅速做出正確反應的結果。

11.基層。我至少花了三分之一的時間跟 GE 的各種企業在一起。我不清楚作為總經理應該在基層花多少時間才合適。不過，我明白我每天都努力儘量不在辦公室裏辦公。

12.市場。市場是不成熟的，但是我們狂熱地追求數一數二、修復、銷售的策略原因。

13.創意與策略。在過去的 20 年裏，我們確實獲得了四項創意——全球化、服務、六西格瑪和電子商務。

14.交流者。每當我有了一個希望貫徹到公司裏去的主意或消息，我都是怎麼說也說不夠。我不斷地重覆、重覆、再重覆，在會議上，在做總結的時候，年年如此，直到我窒息得說不出話來。

15.員工調查。我們幾乎使用了所有的方法，來獲得員工的反饋：克羅頓維爾，C 類，活力曲線，以及股票期權。

16.提升職能。每當我認為一個公司職能不夠重要時，我就會責備自己不是一個合格的領導者。

17.廣告經理。維護公司的形象和聲譽是總經理顯而易見的職責之一。

18.有張有弛的管理。知道什麼時候應該干涉，什麼時候該放手讓人去做，純粹是一個需要勇氣的決定。

19.投資者關係。華爾街是這份工作中一個重要的組成部份。我們換了投資者關係中的人。我們擁有一些傑出的人才，但是過去的模式對於金融類型來說是一項沒有前途的工作。他們一般都會在總部待著，被動地回答分析家和投資者提出的問題。

20.打滾。它的意思是讓大家聚在一起，隨意的就一個複雜的問題進行爭論。

心得欄

第 4 章

總經理要建立高效領導團隊

重點工作

企業發展到一定的規模，便要有一個由多人組成的領導機構來承擔整個企業的經營領導任務，即通常說的領導層。這個領導機構中的成員各有不同職能分工，就像機器的零件一樣，各有不同的規格和作用。製造一台機器需要總體設計，組建一個領導層也需要總體設計。當為這個領導層選配成員時，不但要看每個人的素質和能力，而且要按照群體優化組合的要求，合理進行搭配，組成一個「全才型」的領導集體，發揮其整體的作用。

老闆接到一樁業務，有一批貨要搬到碼頭上去，必須在半天內完成，任務相當重，手下就那麼十幾個夥計。

這天一早，老闆親自下廚做飯。開飯時，老闆給夥計一一盛好，還親手捧到他們每個人手裏。

夥計王接過飯碗，拿起筷子，正要往嘴裏扒，一股誘人的紅燒肉濃香撲鼻而來。他急忙用筷子扒開一個小洞，三塊油光發亮的紅燒肉焐在米飯底下。他立即扭過身，一聲不響地蹲在屋角，狼吞虎嚥地吃起來。

這頓飯，夥計王吃得特別香，他邊吃邊想：「老闆看得起我，今天要多出點力。」於是他把貨裝得滿滿的，一趟又一趟，來回飛奔著，搬得汗流浹背。

整個上午，其他夥計也都像他一樣賣力，個個搬得汗流浹背，一天的活，一個上午就做完了。

中午，夥計王偷偷問夥計張：「你今天咋這麼賣力？」

夥計張反問夥計王：「你不也做得起勁嘛？」

夥計王說：「不瞞你，早上老闆在我碗裏塞了三塊紅燒肉啊！我總要對得住他對我的關照嘛！」

「哦！」夥計張驚訝地瞪大了眼睛，說：「我的碗底也有紅燒肉哩！」

兩人又問了別的夥計，原來老闆在大家碗裏都放了肉。眾夥計恍然大悟，難怪吃早飯時，大家都不聲不響悶篤篤地吃得那麼香。

如果這碗紅燒肉放在桌子上，讓大家夾著吃，可能就都不會這樣感激老闆了。

同樣這幾塊紅燒肉，同樣幾張嘴吃，卻產生了不同的效果，這不能不說是一種精明。這種精明其實是一種很用心的激勵手法，讓每個人都感受到激勵！做法妙處在於，他讓每個員工都感到這份激勵只是針對自己。如果紅燒肉放在餐桌上共用，員工獲得激勵的效果小。

一、塑造員工共識

高層管理者的作用就是充當企業的「發動機」！

在工作當中，如果想讓部屬團結一心，共同努力團結互助，相互促進，形成一個友愛互助的氣氛，那他就要善於揭示出團體的共同利益，從而讓部屬達成共識，為著共同的目標而奮鬥。

以開車為例來說，首先要讓車子發動。要讓車子發動就得發動引擎，使汽車本身的力量能夠發揮出來。引擎沒有起動時，無論你如何擅長操作方向盤或離合器也是無法驅動的。接下來要使引擎產生出來的能量變成力量與速度，平均地傳送到車輪，才能使汽車起跑。

不過，此時若任由自由發揮，一定會造成橫衝直撞，連車庫都出不了。這時候一定得操作方向盤、油門、剎車、離合器，適當地限制汽車的自由意志，朝著目的地前進。

即使有駕駛員操作的車子，也可能因為駕駛員的自由意志而引起交通事故或交通阻塞，這會使所有的車子都無法動彈，對週圍的環境造成莫大的損害。有效發揮領導力的方法也與此相同。

圖 4-1　總經理的三要素

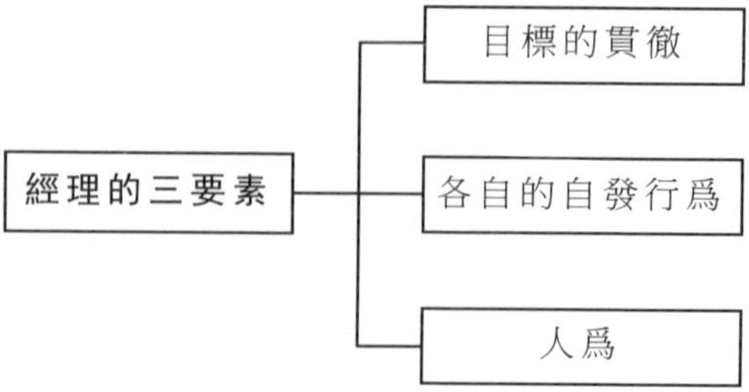

首先，得讓企業組織內的個人能夠愉快地發揮其所有能力，然後集結衆人的能力，毫無耗損集中於組織活動的目標上。為此，就得對各人的自由意志加以一定程度的限制。

總經理的要素有 3 個，具體方法就是揭示團體的共同利益，使員工達成共識，感到大家在一條船上，必須同舟共濟。例如，有的公司就讓公司的業績與員工的薪水成一定比例，這樣一來，員工們都想著要提高公司的業績，使勞資雙方都有共同的利益。

透過揭示適當的共同利益，就可以使部屬不會意識到意志自由方面的限制，也就排除了激發他們幹勁的最大的障礙。

結果是員工的幹勁都被激發出來，這種迸發出來的力量，不只是原來力量的 2 倍、3 倍而已，而是以二次方、三次方的方式在增加。這樣一來，整個公司就可以發揮出爆炸性的威力！

二、提高員工的積極性

對總經理而言，如何提高員工的積極性，適當的做法有以下幾點，如圖 4-2 所示：

圖 4-2　提高員工的積極性

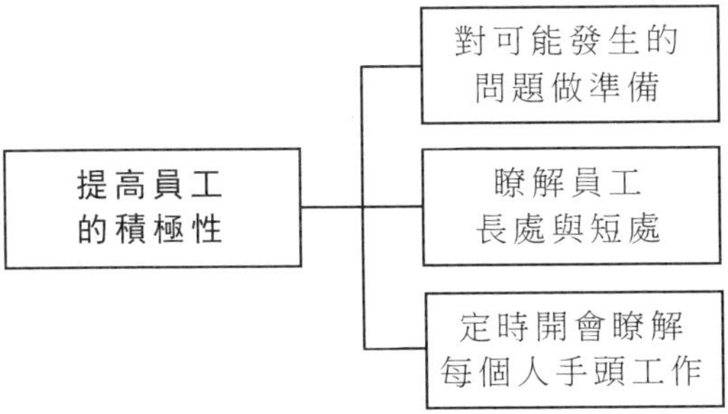

1. 對可能發生的問題做準備，而不是事事都插上一脚

總經理應該事先對何時干預、何時隱退做好打算。嚴格按照制定的計劃對發生的情況做出評估。

2. 瞭解員工的長處與短處

每個人是不同的，用同樣的方式對待所有的員工是錯誤的。對於那些更習慣於在規章制度及命令要求下工作的人，至少在短期內可以對他們採取比較嚴格的管理。大多數人在具有一定自主權時能將工作做得最好，對於他們就用不著過多的指導和要求。但在某些工作領域裏，具有較大工作主動性的員工也有可能會需要更加嚴格的管理。怎樣做最好，完全由你自己決定。

3. 定時開會瞭解每個人的手頭工作

你的例會應該有所不同，不要在會上就某件事講上半個小時甚至 45 分鐘，例會應該為部門員工之間相互交流工作情況提供機會。

鼓勵員工將在工作中遇到的困難在會上提出來，讓大家討論出解決的辦法。一開始這可能會有些困難，不會有多少員工願意當著你和同事的面承認自己遇到的麻煩。因此，有必要「扶植」一些願意在會上討論自己的困難及解決之道的員工。一旦堅冰被打破，員工們看到自己能從別人那兒學到經驗，他們會很樂意地加入到解決問題的討論中來。

三、有效地激勵員工

要激勵員工，就得瞭解是什麼驅使和激發他們要做好工作，你既要瞭解他們的個人需要，也要為他們提供機會，並真正關心和尊重他們。

要創造積極向上的工作環境，總經理可以採取以下的步驟：

1. 瞭解員工的個人；
2. 為員工出色完成工作提供信息；
3. 有定期的反饋；
4. 聽取員工意見；
5. 建立便於各方面交流的管道；
6. 從員工身上找到激勵員工的動力；
7. 讓員工去做他們喜歡的工作；
8. 及時真誠地向員工表示祝賀；
9. 經常與員工保持聯繫；
10. 寫便條讚揚員工的良好表現；
11. 當眾表揚員工；
12. 給員工提供一份良好的工作；
13. 制定標準，以工作業績為標準提拔員工；
14. 解除員工的後顧之憂；
15. 建立理想的組織結構；
16. 員工的薪水必須具有競爭性。

上述這些方法其實並沒有什麼創新。所謂激勵員工說白了就是尊重員工。這也正是當今已經精疲力竭、麻木不仁的員工所最迫切需要的。

四、讓你的員工去做吧

總經理必須明白領導統御是什麼？最直接通俗的說法是：「領導者就是讓別人拼命做事的人。」身為企業的最高領導者，如果你發現自己常常忙得焦頭爛額，恨不得一天有 48 小時可用；或者常常覺得需要員工的幫忙，但是又怕他們做不好，以至最後事情都往自己身上攬。那麼惟一可能解決這些問題的答案就是：你要正確授權。

著名的門戶網站雅虎曾經有一句很經典的廣告語「今天，你雅虎了嗎」，而對於一個總經理來說，你需要時刻詢問自己：「今天，我授權了嗎？」

在日常工作中，我們常常可以發現，有一些 CEO 每天坐鎮在辦公室內，下面的員工難得見他離開辦公室幾次，好不容易走出辦公室大門，不是外出洽淡公事，就是出來緊盯員工的工作進度，看到表現不佳的員工，更是要叮嚀幾句，為的就是讓員工心生警惕，以便能更謹慎地工作。

顯然這樣的「認真管理」，是給員工的內心蒙受了很大的壓力，工作情緒自然會受到影響。可想而知，這樣的工作環境使員工不但燃不起工作熱忱，企業上下的鴻溝也會擴大。最後，CEO 的良苦用心，反倒成了阻礙員工執行的絆腳石。

所以，我認為要想做一個優秀的 CEO，科學、有效地授權是很關鍵的。這樣不僅可以騰出更多的時間去思考企業的未來或決策重大事情，而且還能訓練員工處理問題時的應變能力；此外，授權的動作，也是一種基於對員工信賴的表現，這種做法會使員工感受到企業的尊重及重視，並有助於建立起企業內的信賴關係。事實上，「今天，我授權了嗎？」已成為總經理每天都要問自己的重要工作，也成了一種企業文化。

在第二次世界大戰時，有人問一個將軍：「什麼人適合當頭兒？」將軍這樣回答：「聰明而懶惰的人。」

的確是精闢的論斷。總經理的主要工作是什麼？——找到正確的方法，找到正確的人去實施，作為總經理應盡可能地授權，把你不想做的事，把別人能比你做得更好的事，把你沒有時間去做的事，把不能充分發揮你能力的事，果敢地託付給員工去做。只有這樣，你才能不被「瑣碎的事務」所糾纏，而員工才能充分釋放自己的潛能。

對於總經理來說，授權需要一種積極的心態。從三國的故事中，我們知道諸葛亮不善授權的後果，對現代 CEO 而言，不得不引以為戒，因為授權是 CEO 職責的一個重要內容，也是一種激勵員工的藝術，所以授權是 CEO 必須學會的「秘笈」。

五、做令人信服的總經理

要想做一個令人信服的總經理，首先要有優良的品格，這樣能讓人產生由衷的敬愛感，並誘導人模仿、認同，形成一種無形的人格力量和影響力。

如果將企業比作一艘正在揚帆啟航的巨輪，那麼總經理就是當之無愧的船長了。航行時，船長需要自始至終集中注意力，否則就會船迷失控、航線偏離、船隻受傷或損傷船員。

員工都希望自己很好，但對總經理來說，讓對方覺得自己很好才是最重要的事。每當你見到某個員工，他身上帶著這樣一個看不見的訊號：「讓我感覺自己重要！」你一定要立刻回應這個訊號，這樣你會收到意想不到效果。

那麼如何做一個令人信服的總經理呢？

首先，優良的品格與人格魅力是優秀總經理的必備素質。製作冰箱的海爾公司總裁就是一個絕好的例子。

在海爾公司創立之初的 1995 年，CEO 張瑞敏在一次公司經理人召開的會議上，他的辦公桌左前方放著一把沉重的鐵錘，在會議室裏還放著一台他們公司生產的冰箱。與會人員都不明白其用意何在？卻發現張瑞敏手拿鐵錘戲劇性地砸向那台冰箱。原來他要給所有的人員一個啟示，海爾無劣品。他所要砸掉的不僅僅是一台產品，還有落後的觀念。

這是一種優良的品格，而這種品格則包含以下幾點：

一是能力。能力強的人容易使別人產生一種信賴感，讓人心甘情願並同心同德地跟隨他去克服困難。二是廣博的知識與洞察力。知識淵博的總經理容易贏得別人的尊敬和服從。其三就是情感。情感是親和力的源泉，親和力越大，人與人之間的吸引力就越強，距離也因之越來越縮短。這時再去工作就會情感融洽、不容易產生心理上的排斥與對抗，工作效率自然會提高。

其次要開放心胸，接受建議。要善用部屬的經驗，不要因為部屬的能力優秀，而感到備受威脅。相反地，應該要感激部屬的努力，並且鼓勵他們將工作做到最好，因為當部屬的表現越好，你的績效也會越好。

第三個法則是迅速解決問題。延遲只會讓問題更加嚴重，另一方面也讓部屬質疑你的能力。但在解決問題之前，要先確定你已經從所有人中，知道全部的事實。有時候一個問題的出現，背後其實隱藏著更深的問題。另外，要懂得區別員工究竟只是一時出問題，還是他本身就是一個有問題的員工。如果你無法分辨，很可能會失去一個好員工的忠誠。

還有一個重要的原則是不要公開懲戒部屬。如果你需要跟部屬討論績效，或是關於工作態度的事，最好私下進行。仔細聽員工的意見，不要假設自己已經知道所有的事情，重要的是解決問題。

最後，要想做真正令人信服的總經理，還必須充分善待和關心你的部下，這樣才能深得人心，真正贏得職員的服從與愛戴。

一個令人信服的總經理最後要做到的一點就是不能滿足於部下對自己表面的忠誠。部下的忠誠有助於順利開展工作。但是，總經理不能憑藉自己的權力來強制部下對自己忠誠。如果總經理僅強調部下對自己的忠誠，而忘記自我磨練、充實自己的話，就不可能把部下培養成優秀的人才，因為他們不會對你真正信服。

每個總經理都應記住，親切與善良能幫助你渡過很多難關。因此，要善待你的部下。這一點是毋庸置疑的。人是有感情的動物，只要給予愛和關懷，總會有所收穫的。所謂得人心者得天下。以心換心才能真正以誠相待，雙方也才能真正獲益。此外，CEO 關心員工既是出於自己的責任，也是一種領導方法。只要充分而善於利用這種工作方法，一定會使工作進展順利，讓雙方的事業都欣欣向榮。

六、用紀律來領導公司

我們知道，球隊中有球隊運作的紀律、軍隊中有軍紀，而在企業組織中亦有規章制度所規範的紀律。任何一個優良的團隊絕對是一個有紀律的團隊。要想組織與團隊能長久存在，其重要的維繫力就是團隊紀律，這也是成就優秀 CEO 的前提。因此，如何建立一個有紀律的團隊一直是總經理的重大挑戰。

三國時代的諸葛亮與司馬懿在街亭的對戰，馬謖自告奮勇要出兵守街亭，諸葛亮心中雖有擔心，但馬謖表示願立軍令狀，諸葛亮才同意他出兵，並指派王平將軍隨行，並交代在安置完營寨後須立刻回報，有事要與王平商量，馬謖一一答應。可是軍隊到了街亭，馬謖執意紮兵在山上，完全不聽王平的建議；而且沒有遵守約定將安營的陣圖送回本部。等到司馬懿派兵進攻街亭，圍兵在山下切斷糧食及水的供應，使得馬謖兵敗如山倒，重要據點街亭失守。

事後諸葛亮為維持軍紀而揮淚斬馬謖，並自請處分降職三等。

台灣的統一集團總裁高清願在創業之初也要求員工要有嚴謹的工作紀律。有一年高清願的一位親戚在統一工廠工作，違反晚上 10 點之前必須回到工廠工作的規定。高清願為維持工作紀律，立即開除了他。

除了自己維護紀律之外，另一個是帶領團隊成員共同遵守紀律，亦即在團隊中建立共同遵守的紀律規範，讓成員的行事作為有所依據。

海爾集團有一項特殊的管理制度：「當日事當日畢」，全方位地對每位員工其每天所做的每一件事進行控制和清查，對當天所發生的種種問題或異常現象，都要求弄清原因、弄清責任歸屬、及時採取補救措施解決問題，便可有效地防止問題的累積。由於團隊各級人員貫徹這項紀律，使得海爾產品的品質一直維持在最佳狀況。

在海爾企業的洗衣機生產工廠中，下班前依照規定會進行每日清掃的工作。有一名員工清掃時在地上撿到一個螺絲釘。他非常緊張，因為他知道若是地上多了一個螺絲釘，就代表著有一台洗衣機少了一個螺絲釘。這關係到產品的品質，也關係著企業的信譽與形象，因此他立即向上呈報。廠長知道後，立即下令要求對當天生產的 1000 多台洗衣機做全部覆檢，經過全體員工的努力檢查後，發現所有成品沒有缺少螺絲釘。大家雖感到納悶，但仍繼續思考「到底問題出在那裏？」雖然已過下班時間，但大家仍舊一起找尋原因。就這樣，大家又花了兩個小時，終於在清查物料倉庫時，才發現原來是發料時多發了一個螺絲釘，在工作現場掉了沒有及時被發現。

雖然只是一個小小的螺絲釘，但海爾集團的每位員工都知道「日事日畢」是團隊共同遵守的紀律，誰也不可以打折扣，也不會擅自離開。團隊遭遇問題時一定是共同找尋問題發生的原因，直到問題被解決為止。

在你的團隊中，若是看到地上有個小小螺絲釘會如何做？是把它踢到看不見的地方？把它當垃圾掃掉？或是找出為什麼螺絲釘會多一個在地上的真正原因？在你的團隊中共同的紀律是什麼？大家是否都知道團隊紀律而且是共同遵守？在日常的營運管理上是否一樣堅持「當日事當日畢」的紀律？你個人是否在言行上保持自我紀律？言行一致？

總經理的氣勢大小，不在於如何管理團隊，而在於你自身是否能夠身先士卒地去領導他們，去影響他們。一個能夠成為未來總經理的人，必定也是一個懂得自我紀律的人，而且也一定是可以通過自身的獨特魅力去影響團隊的人。

七、用榮耀來激勵士氣

清朝後期的封疆大吏曾國藩曾經用過封官的方法激勵過自己的將士。那是曾國藩初建湘軍時，從太平天國軍手中奪回了岳州、武昌和漢陽後，取得了建軍以來第一次大勝利。為此，曾國藩上書朝廷，為自己的下屬邀功請賞，朝廷對此也給予了恩准，給這些人都封了官。

但是，曾國藩並不認為這樣做就夠了，還必須給那些最勇敢的下屬配備值得炫耀的物件，鼓勵他們在作戰時更加勇敢。同時，因為這些下屬有了值得炫耀的物件，其他的將士肯定也希望得到這樣的獎賞，這樣一來，全體官兵就會同仇敵愾、奮勇作戰。

這一天，曾國藩召集湘軍中哨長以上的軍官在湖北巡撫衙門內聽令，他說：「諸位將士辛苦了，你們在討伐叛賊的過程中英勇奮戰，近日屢戰屢勝，皇帝也封賞了大家。今天召集這次大會，是要以我個人名義來為有功的將士授獎。」到這時，湘軍軍官才知道自己的最高統帥要為他們發獎，獎什麼呢？誰能得獎呢？大家都在暗自思忖。只聽曾國藩大喊一聲：「抬上來。」

兩個士兵抬著一個木箱上來，幾百雙眼睛同時盯住了那個木箱。士兵把木箱打開，只見裏面裝著精緻美觀的腰刀。曾國藩抽出了一把腰刀，刀鋒刃利，刀面正中端正刻著「殄滅醜類、盡忠王事」八個字，旁邊是一行小楷「滌生曾國藩贈」。

旁邊還有幾個小字是編號。

曾國藩說：「今天我要為有功的將士贈送腰刀。」接著親自送給功勳卓著的軍官。

頓時，在場的人們心中湧動著不同的心情，有的為得到腰刀而欣喜；有的為腰刀的精緻而讚歎；有的在嫉妒那些得到腰刀的人；然而更多的人則在暗下決心，在以後的戰鬥中一定要衝鋒陷陣，爭取也得到這樣一把腰刀。曾國藩的這一鼓勵，更加鼓舞了將士們的士氣。

給能幹的下屬配備值得炫耀的物件，那就是獎勵能給他們帶來一種極大的榮譽感和自豪感的紀念物，當他們得到這種獎賞後，會感到極有面子，為了維持這種面子，同時也為了回報給他面子的人，他們必定要像以前那樣甚至比以前更加勤奮地工作。

石墨和金剛石二者都是由碳元素構成的，個體分子都一樣，但分子結構卻不同，就有完全不同的性質和功能，一個比較鬆軟，一個異常堅硬。同是碳原子，由於結構組合不同，可以構成性質迥然不同的物質。企業也是如此，團隊會決定公司的績效，按照不同的方式組合，表現出來的效能大不一樣。

俗話說：「三個臭皮匠，賽過諸葛亮。」3個臭皮匠的結構是合理的，因此才有「賽過諸葛亮」的功能。如果「三個臭皮匠」組合得不好，就會出現「一個和尚挑水吃，兩個和尚擡水吃，三個和尚沒水吃」的狀況。此時，「三個和尚」的結構還不如「一個和尚」時好。

第 5 章

總經理的目標

重點工作

一、總經理要鎖定目標

領袖實行領導，領導意味著行動。那麼一個領袖應該怎樣去行動呢？這就是：確定目標；運用手段；控制組織；進行協調。這四條是不可分割的有機整體，這四條對總經理樹立領導權威起著極大的作用。

總經理是根據企業組織的宗旨或總任務確定自己的行動目標，知道該幹什麼，不該幹什麼，向那裏求發展。一個好的領袖不應該是一個唱獨角戲的演員，而應該是一個樂團的指揮。他在實行領導時，應該表現得「大智若愚」，善於傾聽各方面的意見，從中吸取營養。許多總經理的主意實際上是聽來的，而不是他們自己想出來的。

但是，一旦確定目標，付諸行動，就應該「獨斷專行」，堅持到底。這件事說起來容易做起來難，它不但要求領袖有知人之明；相信誰，依靠誰，在聽取意見時善於分析，做到去粗取精，去僞存真，而且還要善於在行動中正確選擇和把握時機。

老闆確立的目標太多，常常會發現用心良苦的計劃無人理睬。員工應付那些咄咄逼人的活兒還感到忙不過來呢。在那些忙裏忙外的員工看來，目標太多就等於沒有目標。

目標太多，會使你暈頭轉向，也會讓員工分不清東西南北。當你信心百倍，熱情高漲，想儘快多做些事時，要小心避免多頭出擊。

集中精力抓好兩三件。做經理的不能事事同時都做，員工同樣也做不到。大面積撒網不僅會分散精力，而且很可能一事無成。

集中精力主攻與公司的使命有密切聯繫的目標，也許你想去攻克富有挑戰性的、但與公司的神聖使命相去甚遠的目標，記住可千萬別幹這種傻事。

分清主次，有些目標會花你好多好多時間才會完成。由於你時間有限，所以最好選幾個與公司宏偉規劃相關的目標去攻克，而不是抓過來一大堆關係不大的目標。

定期審視確立的目標並及時更新。商海並非風平浪靜；定期審視、評估已確立的目標，有助於證實這些目標是否仍和公司的遠大規劃保持一致，如果一致，那就太棒了，接著幹下去。如果不一致，就重新制訂實現目標的日程表。

二、要讓員工瞭解企業的目標

雖然公司員工每天都來公司上班，但很難說他們都對公司的目標非常清楚。因為每個人都忙於自己的工作，所以對公司目標的認識，往往是非常片面的。讓公司員工明白公司目標是員工管理的首要任務。公司可以透過多種途徑來宣傳公司的目標：

1. 一步步向目標前進

一步步向目標前進就是要求我們要馬上停止永無休止的計劃，立即行動，從工作中去學，在徹底完成工作的成功中享受喜悅，即使情況十分艱難，也要向前邁出這一步，把每件事情逐件完成。

2. 不要只停留在目標上

有些企業會犯有「只打雷、不下雨」的毛病。企業有完善的計劃、流程、過程及準備，卻沒有真正實行；有時企業已經接近成功的終點卻又偏離了目標；有時是還沒有徹底地完成一個項目就開始了其他的工作。

這種「只打雷、不下雨」的毛病，是不利於企業發展的。取得成功的條件是開拓思路，做出規劃，徹底完成並力求取得最佳結果。這4個方面是同等重要的。如果你的企業存在只說不做的毛病，你就只完成了前兩個條件，由於後兩個條件沒能完成，你一定不會取得成功。看一下你的企業在這4個方面的長處何在，劣勢何在，把缺點強調出來，引起員工們的注意。看一下你的獎勵制度是否出了問題，你如果沒有獎勵努力工作的員工，或者這種獎勵沒有落實到具體的人身上，你的員工自然會只說不做。

要徹底改掉「只打雷、不下雨」的企業毛病，最簡單的一個字就是「行動」，立即行動，從行動中去學，在工作的成功中享受喜悅，即使情況十分艱難，也要向前邁出這一步，把每件事情逐件完成。

為了讓企業行動起來，總經理要檢查企業，正視自己的企業，看它為什麼會得慢性病，找到抑制團組成員行動的原因和問題，讓你的團組來解決這些問題，並責令其完成在一週之內應當做完的工作。一旦他們認真完成了，就應該慶賀一番並提出下週的計劃。當然，你也要注意選用實幹家。在招聘時，專挑那些取得了成就的人員，保證進入企業的員工都具有不懈努力、踏實肯幹的精神。

為了幫助自己克服「只打雷、不下雨」的毛病，你也可以對外尋求幫助。聽聽專家之言，巡視巡視週圍的環境，就會發現那些是你沒有做但別人正在做的事情。圖書館、走向成功的機構都會為你提供不小的幫助。為了更好地行動，你應該主動去認清需要完成的都有那些工作，為這些工作排出優先次序，把在一天之內能完成的工作找出來，進而制定行動日程表。要善於運用激勵機制，對人員分組，引入競爭，如果有件事非常難做，別忘了「重獎之下，必有勇夫」，設立獎勵制度就行了。最後，你要準備一個慶祝活動，為大家的工作成效舉行慶功會。這種方式會讓員工在工作時保持愉快的心境。

三、化整為零的逐次落實目標

在經營管理活動中，常會遇到很多既複雜又麻煩，有時甚至令人找不到頭緒的問題，幾個人，幾十個人，甚至許多人也不能將其解決，在面臨此類問題時，可以嘗試運用化整為零術，將問題分解。你會看到燙手的山芋不再燙手了，問題也迎刃而解了。

例如，在一次植樹活動中，某公司 100 人要在 3 天之內植完 2 000 棵樹，前兩天沒有將任務加以分解，也沒有對人員進行分工。結果是「雞多不下蛋」，效率很低，大家亂哄哄的，浪費嚴重，兩天時間才完成總任務量的 50%。第三天，為了保證計劃的完成，便嘗試著將剩下的 1 000 棵樹分成 20 組，100 個人也分成 20 組，每組 5 人，這 5 個人也有分工，或者挖坑，或者栽樹，或者挑水等，同時規定，以小組為單位完成任務者即可收工。另外，植樹工具也按組分配。結果，效率大增，有一個小組竟然在上午就將任務完成，收工回家了。

化整為零術的實質是對整體加以分解，一般有兩種辦法：

1. 對於一項重大的任務，將其分解成較小的局部任務，如大指標分解成分指標，分指標再分解，直到最終能落實到有關單位、部門或個人為止。

2. 對於在一定時間內需要完成的重要工作，將其分解為幾個階段，再落實到有關單位、部門或個人分階段加以完成。經過分解之後的任務，即使失敗了，也容易找到失敗的原因，加以更正。因為失敗通常不是全盤皆錯，而是在某個或某些環節出了差錯，只要我們能有針對性地加以更正，就能將存在的問題加以解決，而不必全盤否定整個工作。

總經理在運用化整為零這一妙法研究和解決企業面臨的問題時，可以把面臨的問題看作是一個整體（系統）。弄清楚它的內涵是什麼，它本身所處的大系統是什麼樣的，有什麼性質和整體目標；弄清楚問題在大系統中具有什麼樣的地位和作用，它與大系統中其他各因素之間有什麼樣的關係……把這些問題弄清楚了，才能對面臨的問題做出正確的判斷。

一個在生產管理中運用化整為零術的例子，總經理首先將全廠的目標和任務進行分解，具體落實到每一個工廠和科室；然後是工廠、科室再次進行分解，具體落實到每一工段、班組直至職工個人。至此，整個企業的總目標、總任務就得到了具體的落實，更為重要的是在各部門、各單位乃至每個人之間都明確地劃分了職責和職權，企業目標和任務的完成就有了充分的保證。

應當養成一種習慣，當遇到問題時，首先試圖尋找快捷的方法來解決。在準備使用一種解決辦法前，要看還有沒有更為簡便的方法能解決這個問題，找一位優秀的人員，讓他來為你建立一套流程簡化的核查表或流程簡化的指南，用它來簡化所有的問題。各種決策、決定、表達、報告的活動方式都可以用它來改進、更新、簡化。你也應該相信自己，把自己所知道的，甚至是直覺上的都派上用場，把所知道的能用來解決問題的方法都儘量用上，不必懷疑自己，不必左顧右盼，只需堅定信念，等待最終結果，你就會獲得解決問題的最簡單的辦法。

另一種更為有用的方法是化繁為簡。許多複雜的問題都可以被分解成容易處理的簡單問題。沒有不可解決的難題，也沒有不可分解的複雜問題。複雜的問題之所以呈現出複雜的外貌，是因為還沒有找到將它分解的方法，方法總是有的，而且不只一種。只要肯思考，就一定能找到，當我們把複雜的問題分解成較小的組成部份，將它的難度降至最低，只需一次完成一個問題。當完成了第一個問題後就會更有信心和勇氣去完成第二個、第三個乃至所有的問題。

四、總經理如何推動公司重大變革

擬定策略、描繪遠景，不足以實現企業變革的理想。唯有組織從上到下的參與，總經理從頭至尾的推動，才能促使企業改頭換面，成功地達成變革目標。

作業過程再造（business process reengineering）所承諾的大幅改善，或是全面品質管制所保證的漸進改善若要實現——更不用說是繼續維持——公司就必須訂出一套明確而有效的變革策略，以之做為整個執行計劃的基礎。

雖有許多高階主管都瞭解，各種改革若要持久，非改變企業文化不可，但知道如何進行文化變革的人卻少之又少。

結果呢？大多數企業在執行時陷入泥潭，甚至一開始就踏出了錯誤的第一步——這兩種情況都會使變革計劃推行受阻，不僅讓員工感到挫折，並造成金錢上的損失。

企業推動整體性的變革，需要整個組織從上到下的參與。如果負責擬定變革策略的人在訂出某遠景之後，就認為他的職責已了，那變革絕不會出現。一位總經理必須從頭到尾推動整個變革過程的進行。

1.變革策略的擬定過程

擬定變革策略有一個重要目的，就是把整個組織從現狀推向最高主管所描述的遠景。如果公司缺乏一個遠景，或至少是一個明確的策略方向，主要高階主管就必須聚在一起設法勾繪出一個遠景來。

第二個重要的，是把最高主管的遠景傳達給整個企業組織，讓每一位員工普遍瞭解和接受。這樣遠景就有如燈塔，能把整個組織導向所要追尋的方向，而變革策略則是實現遠景的手段。

變革策略的擬定，本身就是一種過程。這一過程各個步驟的連接，是靠一系列連續進行的循環，確保對情況變化的反應能力，以及把焦點對準目標。

2.建立共識

正如我們都知道的，即使某一遠景以文字正式發佈，且整個組織也擬定執行策略，各階層員工也不見得會全心投入。變革領導者必須採取各種必要的步驟，以確保大家對問題的定義和範圍，以及對最佳的解決方案達成共識。這裏所說的共識，並非代表百分之百的員工都贊同，而是指有足夠的人能接受，並願意給這套計劃嘗試的機會。

另有兩點需要澄清：變革計畫雖然必須讓員工接受才能成功，但這些員工只要在員工總人數中佔大約 20%以上就行了。可是，在高階主管之間，這一數字必須接近 100%，原因是高階主管控制著各種資源，並且本身有示範作用。

共識建立的過程，始於由擬定遠景的高階主管（專案小組）所形成的核心，然後擴及負責執行這一遠景的員工，最後擴及主要顧客和供應商。

3.確認各種障礙

這種所說的障礙，是指有些事如果被忽略，就會使得變革策略在執行時困難重重，或是根本無法執行。這一步驟包括三件事：確認、證實、分類。現在就拿一家全球性製藥公司的經驗做例子。這家公司的努力目標是「再造」(reengineer）全球各地的採購過程，以節省採購成本，然後將所省下的錢投入亟需資金的各種研發方案。

在執行再造計劃的頭一個月，該公司成立了一個專案小組，成員包括所有與採購過程有關的人員（採購、驗收、付款、管理信息系統、工程設計，以及人力資源部門的代表）。在他們的工作議程當中，有一部份是確認會對這一計劃構成助力和阻力的各種力量。構成阻力的力量（也就是障礙）可以分成兩大類：結構性障礙與文化性障礙。

結構性障礙是那些深植於公司各種政策或組織結構中的障礙。例如，在這家製藥公司中，結構性障礙包括該公司的層級和事業部組織結構缺乏全球性溝通、缺乏各種績效衡量尺度，以及員工在採購過程中缺乏自主權。

文化性障礙則是各種學到的行為——在所有員工腦中存在的各種價值觀和假設。該製藥公司所確認的文化性障礙，包括害怕失去工作職位、缺乏緊迫意識、不肯配合別人最先提出來的構想、害怕失去地盤、缺乏全球性視野，以及各地營運單位在理念和營運上有所不同。

該專案小組確認這些障礙之後，研擬出各種解決方案，以便提高整個採購過程的效率。

4.溝通

如果變革策略是整個執行計劃的核心，那麼溝通計劃就是變革策略的核心。一般來說，溝通策略所發揮的功能是以正式的方式，強化和擴大日常工作方案的溝通，以便不時發出能反映出公司政策前後一致的訊息。

有效的溝通能對變革的每一層面帶來助力；它是靠語言和文字使各種行動井然有序地進行。溝通能產生緊迫感，並使大家對遠景有深入的瞭解。

適當的溝通還能紓解人們對失業的恐懼感。任何一種溝通計劃，都至少要滿足以下幾項要求：進行這項變革的理由、好處有那些，以及員工要投入的程度。

這家製藥公司特別成立了一個溝通小組，成員包括來自公共事務、員工溝通，及人力資源部門的高階主管。該小組的第一項行動，是替自己撰擬一份使命說明書，明白指出：「本溝通小組的使命，是擬定和執行一套溝通過程，使員工對採購過程改造方案產生興趣並大力支持。」

該小組還開始提供信息給公司其他員工，包括：這一方案的目標、範圍、方法、地位、員工扮演的角色、執行這一方案的理由，以及採購過程經過改造後的遠景。

為了達成這些目標，該溝通小組在整個方案進行期間，還配合進度編寫和印發通訊、簡報和各種文章。

這些溝通的效力是可以評估的，而且該方案在開始執行的早期，也根據員工調查而訂有溝通底線。該項調查證實了該溝通小組的工作十分重要。有 65%接受調查的員工對該方案不太清楚；有 67%員工對該方案所持的態度是「冷眼旁觀」，還有 14%員工因之產生焦慮或恐懼心理。

5.擬定變革策略

擬定變革策略的第一步，是評估員工對變革的承受程度，以衡量整個組織接受各種變革措施的能力。

就這家製藥公司的案例來說，這項評估使得溝通小組更清楚認識自己有多少工作要做。員工雖然瞭解這項變革有多重要——而且他們還相信管理當局會貫徹執行——但該項調查顯示員工缺乏緊迫感，不覺得這一方案和他們有關。

到了實際擬定變革策略時，專案小組已經有了員工承受度的評估結果，能確認可能遭遇的各種障礙，並訂定變革目標。該製藥公司的變革目標有以下幾項：

⑴確保所有參與採購作業的人，都能解釋採購過程的再造如何提高公司的財務和競爭能力，以及如何借各種行動，反應出達成這一目標的緊迫性。

⑵使得整個組織扁平化，從而能以顧客為焦點，並達成持續改善的目標。

⑶建立以顧客滿意、團隊合作，及達成目標為焦點的衡量尺度和獎賞標準。

⑷培養支持團隊的領導作風，並且承認具有專業能力和經驗豐富的員工，能對如何解決問題做出適當的決策。

變革目標定稿之後，專案小組立刻呈報公司的指導委員會核准。由於負責此一方案的高階主管，在整個方案的進行期間，一直設法取得所有相關人員的共識，因而這些變革目標是自然產生的結果，而非突然冒出來的。

6.執行變革策略

這家製藥公司前後曾召開數次一整天的策略會議，討論氣氛非常熱烈，與會者都是利害攸關人士，包括負責該方案的高階主管、專案經理，以及人力資源等部門的代表。

這一群人最後提出一份十分中肯的策略說明：「這一變革策略的宗旨是：

①培養和利用跨職能、橫向的各種組織機制（專案小組、會議、指導委員會、各種團隊、員工訓練），將採購過程的再造工作，轉移給所有參與採購作業的人、供應商和顧客；

②擬定各種績效衡量尺度（以個人和團隊為基礎的尺度），藉此來促成管理作風的改變、成立有效的團隊，並塑造出更具反應能力的扁平式組織結構；

③訂定各種評估制度和回饋機制，將再造後的採購過程、組織結構和管理作風加以建制化。」

為了實現這一誓言，該公司擬定了一份戰術計劃，包括以下五個要點：溝通、訓練、組織轉型、執行、持續性改善。

變革策略的執行，不能脫離整個公司的營運計劃，兩者必須天衣無縫地整合為一體。

我們不妨以駕駛汽車來做比喻。就本案例而言，汽車是在轉型中的組織，駕駛員是績效衡量尺度，汽油是投入，目標則是遠景和文化。這一轉型組織的各種角色和職責，都必須清楚加以描繪。

一個人必須「享有」他所採取行動的成果；大型的執行計劃必須劃分成各種具體的行動；每一個專案小組必須訂出努力目標，包括要節省的成本、要做的各種改善、能得到的好處，並且附有時間進度表；

要設立監視和追蹤機制，以便能對進展加以衡量。

最後，負責執行的主管，為了掃除障礙，必須有權採取必要的行動。

1993 年，辛格納保險公司搖搖欲墜，就像拳擊場不堪一擊的拳手。洪水、騷亂、環境整頓和颶風帶來的保險賠償困擾著辛格納公司。1990 年到 1993 年間，該公司的赤字達 10 億美元。到 1992 年底，反映保險公司正常與否的關鍵綜合係數飛漲至 140%。這意味著每收進 1 美元保費，公司要賠付 1.4 美元。

分公司總裁傑拉德想出了一個重振公司的妙方：辛格納由一個普通保險公司變成一個專業保險公司。這樣，辛格納公司只能在精心選擇的市場收取保費。保險評估員瞭解所承擔的風險，公司也能賺取不錯的利潤。

但是，對傑拉德來說，最大的問題仍未解決，即如何在這個資產達 16 億美元的公司推行專業性思維？辛格納公司沒有現成的機制把公司的戰略遠景逐項按業務分解成具體的目標和戰術。在他找到或設計出這樣一種機制之前，一線負責執行戰略的人們就會蠻幹。

今天，如果需要擴大產品線和細分市場，並不斷變革流程以發展重視顧客、強調質量的業務運作，企業只能讓大家群策制定戰略，因為只有一線員工才真正瞭解顧客的需要，知道令顧客滿意的戰略。

辛格納公司是採取措施將戰略付諸行動的公司之一。在變革第一年，傑拉德就推行了協調記分卡。辛格納公司從 4 個方面採用協調記分卡，從而在整個企業推行傑拉德的遠景和戰略。

首先是被用來清楚傳達戰略，其次是在整個企業組織貫徹戰略。這時，他號召公司的 3 個分公司及分公司部屬 20 多個單位建立各自的記分卡。他們在 6 個月內完成了這項任務。

在貫徹戰略過程中很有用的一點是，把記分卡與報酬掛鈎。為此，辛格納公司推出一個別出心裁的獎金計劃。每年的開始，員工會收到一定額的「職位股份」，數量多少取決於他們職位的大小。在這一年之內，主管可以視業績再獎勵員工「業績股份」。所有股份每股面值均為 10 美元，在兌付時，辛格納公司再根據協調記分卡上的業績調整股票價值。

這個計劃的力量在於，員工根據與他們工作最相關的記分卡，獲得報酬。這種做法給各經營單位的領導一種權力，可以隨時調整員工「業績股份」以支援本單位的員工工作表現，無論他們在企業的那個角落工作。

辛格納公司使用記分卡還有一方面，就是用來推動企業經營的週密規劃。以前公司把一切都與財務預算掛鈎，現在則把公司的管理系統和決策與記分卡掛鈎。

最後，辛格納公司還用記分卡來獲得反饋和持續學習。經理人可隨時在公司電腦化反饋系統中檢查目前的結果，那些已達到經理人目標的標準會顯示為綠色，沒達到的為紅色，處於邊緣地帶的則為黃色，這種對業績資料的監控使企業能夠隨時採取措施使戰略走上正軌，或者徹底調整不奏效的戰略。

儘管辛格納公司的徹底變革還需假以時日，但初步成效已陸績展現出來，證明新的戰略系統卓有成效。1996年，公司申報的淨營業收入為32000萬美元，而在前一年（1995年）的上半年卻虧損1600萬美元。

心得欄

第 6 章

總經理的執行力

重點工作

要想成為一名優秀的總經理，在許多領域必須具備超常的能力，例如對錯綜複雜的各種關係的理解能力和對商業需求變化的洞察能力等。然而，在這些能力中最為重要的是，總經理必須是一個有效率的領導者，他應該知道怎樣去組織、激勵團隊完成公司的目標。

百貨業在美國早就是成熟的產業，但是，沃爾瑪的創辦人山姆·沃爾頓（Sam Walton）卻通過從鄉村包圍城市的戰略，一點一滴拉大和競爭者之間的差距，例如光是偷竊的損失，沃爾瑪百貨就比競爭者少了一個百分點，這樣的成果和 3%的淨利相比，真是貢獻可觀，而這就是執行力的具體表現。除此之外，沃爾瑪百貨還利用集中發貨倉庫，每天都提供低價商品（every day low price），還有全國衛星聯機的管理資訊系統等等，沃爾瑪百貨便以這些看似平淡無奇的管理手法，創造出全球最大的百貨公司。

過去 40 年中，沒有任何公司能成功地模仿沃爾瑪百貨，這都要歸功於該公司獨一無二的執行力。

一、執行指揮官的能力攻略

對未來的總經理而言，執行是其工作中最為重要的一環，它是一套系統化的運作流程。包括總經理對工作方法和目標的嚴密討論、質疑、堅持不懈地監督責任的具體落實，它還包括對企業所面臨的商業環境做出假設、對組織能力進行評估，將戰略、運營及實施戰略的相關人員進行結合，對工作團隊成員及其工作涉及的其他相關部門進行協調，以及獎勵等工作。

由此看來，對於未來的總經理們來說，做好執行的指揮官責任重大，總經理的各項工作都要圍繞這一點展開。

在企業的經營活動中，執行主要是靠總經理去完成。如果總經理缺乏執行能力，那麼，企業的許多戰略都會偏離它的初衷，失去其本身的意義。企業的競爭優勢也將因為執行的不利而損失殆盡，最終導致企業的滅亡，如果說執行關乎到企業的生死存亡一點也不為過。也正因如此，企業對未來總經理的要求中最重要的是他必須是一個執行指揮官，他要能夠推動戰略落實到細枝末節，他要能夠把「執行」貫徹到日常的工作中……這就需要未來的總經理首先必須能夠勝任企業執行指揮官的能力，而這些能力就是需要鍛鍊的方向。

1. 領導力

一提到領導力，你也許就會認為它是指總經理通過直接下命令的方式來實現其領導作用，實際上這是一個偏失。領導力應該是一種影響力，它的最高境界是使部屬自覺自願地為公司的目標去努力工作，作為總經理應該明白這一點的重要性。

2.培養團隊協作

現在，無論什麼類型的企業，都很注重團隊精神和團隊建設。實際上，一個企業發展的關鍵，30%是可以通過文字形式描述的管理制度，而 70%則是靠團隊協作完成的。一個團隊裏，每個成員各有自己的角色，各有自己的長處和短處，成員間的互補能夠實現團隊協作的功能。作為總經理必須善於發掘部屬的優點，以及在團隊成員間發生衝突時，提出解決的辦法，增強團隊成員的協作精神。

是的，想要當好執行的指揮官並不是一件容易的事，企業對未來總經理的要求正是從這裏開始的。

在這個重視營收的時代，沒有一個企業不關注自己的獲益情況，而這些宏偉的目標都要依靠總經理所帶領的執行團隊來完成，因此，作為企業的先鋒官，未來的總經理必須要成為一把「執行」好手。

許多人認為執行屬於企業經營中的戰術層次，實際上並非如此。執行應該是一套紀律與一套系統。總經理必須將執行深植於企業的策略、目標與文化當中。許多總經理花了很多時間在學習與宣導最先進的管理技巧，

但是如果他對執行不瞭解也不身體力行，那麼，他所學習或宣導的那一套便毫無價值可言。在執行的過程中，一切都會變得明確起來，總經理會因此而看清楚產業界的全貌。

要知道，使企業擁有執行力，並不像火箭科學那麼艱深，而是十分簡單明瞭的。其中最重要的原則就是總經理必須深入且積極參與組織事務，並且誠實面對真相，不管對別人還是對自己。

3.授權

作為總經理這個執行權力的集中者，往往會產生無法或沒有必要

對部屬授權，這或是因為對權力的偏好，或是沒有這樣的意識所造成的。實際上，有調查表明，普通員工對於總經理在授權方面的要求比起中層對於高層在授權方面的要求更加強烈。

當然在進行授權時，總經理要把部屬分為不同的類別：對於既有意願又有能力的員工，應儘量授權，把權力下放給他們去做事；對於有意願但是沒有工作能力的員工，儘量教育訓練從而提升他們的能力；對於具有工作能力但沒有工作意願的員工，儘量激勵他們，讓他們逐漸具有工作意願；對於既沒有工作意願又沒有工作能力的員工，應該放棄，至少可以不重用他們，當然最好的就是把第四類變成第三類，或者變成第二類，再讓他們從第三類、第二類變成第一類。

由此可以看出，總經理要特別重視第一類員工，因為他們既有工作意願又有工作能力，可能是接班人，應該把他們培養成將來要授權的對象。由於管理一般要通過他人來達到工作目標，因而只有對部屬進行有效授權，才能激發他們為實現共同目標而努力的積極性。

4. 績效評估

企業每年都對員工的工作進行績效考核，如何使員工在現任崗位上發揮專長，並對其職業生涯發展有正面的期望，是設計績效考核制度的最高指導原則。績效管理不但要讓員工與主管有更大的自我發展空間，同時涵蓋目標管理、職業生涯規劃等。因此績效考核的目的為確保各項目標的達成；隨時改進管理方法及程序；作為人才未來潛力發展的基礎。過去，總經理在這個過程中沒有多大作用，但是現代的管理要求職業經理必須和部屬保持績效夥伴的關係，也就是要為部屬工作績效的提升負責。

5. 溝通

在企業中，溝通存在兩個「70%」的說法：第一個說法是總經理應該把 70%的時間用於溝通方面，第二個說法是企業 70%的問題是由於溝通障礙引起的。這兩個說法都說明了一個問題：總經理必須花大量的時間和精力用於解決溝通的問題，這是正確執行戰略的前提。

6. 激勵

行為科學認為，激勵可以激發人的動機，使其內心渴求成功，朝著期望目標不斷努力。作為總經理應該清楚，激勵員工那方面的行為，是降低成本、提高工作效率，還是提高顧客的滿意度。

「激勵」是一種可以普遍適應的通用法則，但是總經理要用好激勵，就必須首先明白兩個基本問題：第一，沒有相同的員工，不能以一種激勵手段來激勵所有的人；第二，在不同的階段中，員工有不同的需求，因此，激勵的方式也會有所不同。

7. 目標管理

「凡事預則立，不預則廢」，這是古人講的做事要有計劃，在這種辯證的思維中，應該蘊涵著更深層次的東西，就是目標。計劃是要根據目標而制定，目標是計劃的最終服務對象，一個個目標的實現就是發展，而發展的結果又推動更高目標的制定。

所謂目標管理就是每個人根據公司的總目標，建立其特定的工作目標，並且自行負責計劃、執行、控制、考評的管理方法。簡單地說，它就是引導各階層主管的工作邁向企業整體的預期成果的一種管理方法。

目標管理包括三大要素：確立簡潔明瞭、可以傳達的目標；由在目標管理體系下工作的人參與目標制定工作；根據結果對履行職責的情況進行評估。總經理對此一定要瞭若指掌。

二、做執行的帶頭人

如果一隻球隊的主教練只是在辦公室裏與球員達成協定，卻把所有的訓練工作都交給自己的助理，情況會怎樣？毫無疑問，那將一場糊塗。主教練的主要工作應當是在球場上完成的，他應當通過實際的觀察來發現球員的個人特點，只有這樣他才能為球員找到更好的位置，也只有這樣，他才能將自己的經驗、智慧和建議傳達給球員。

總經理既然作為戰略執行的貫徹人，就需要有一種執行的本能，他必須相信，「除非我使這個計劃真正轉變成現實，否則我現在做的一切根本沒有意義」，因此他必須參與到具體的運營過程中，參與到員工中去。只有這樣，他才能對企業現狀、項目執行、員工狀態和生存環境進行全面綜合的瞭解，才能找到執行各階段的具體情況與預期之間的差距，並進一步對各個方面進行正確而深入的引導。這才是總經理最重要的工作。

然而，現實中有很多企業總經理都認為，在總經理的職位上是不應該屈尊去從事那些具體工作的。在這裏我們要強調的是，一旦總經理產生了這樣的思想，它很可能帶來難以估量的危害。

對於一個組織來說，要想建立一種執行文化，它的總經理必須全身心地投入到該公司的日常運營當中。要學會執行，總經理必須對一個企業、它的員工和生存環境有著全面綜合的瞭解，而且這種瞭解是不能為任何人所代勞的，因為，畢竟只有總經理才能夠帶領一個企業真正地建立起一種執行文化；只有總經理才能提出強硬但每個人都需要回答的問題，並隨後對整個討論過程進行適當的引導，最終做出正確的取捨決策；只有那些實際參與到企業運營當中的總經理才能擁有足以把握全局的視角，並提出一些強硬而一針見血的問題。

郭台銘是台灣第一大製造企業——鴻海集團的首席執行官。他是做黑白電視機配件起家，後涉足 IT 產業配件、鑄造業等，短短 5 年內征戰全球各大洲所向披靡，營業額從新台幣 318 億元衝上 2450 億元，被美國《商業週刊》評為「亞洲之星」中的最佳創業家，連續數年登上《福布斯》全球富豪榜。

郭台銘是出了名的執行專業戶，他帶人如帶兵，看不得年輕人不上進，看不得事情沒效率，他可以三天三夜不睡覺趕出貨來，可以直接衝到生產線，連續 6 個月守在機器旁。

如果說郭台銘有信仰，他和鴻海集團的信仰就是執行力。「執行力說穿了，就是看你有沒有決心。」郭台銘如是說。

1982 年郭台銘去日本做市場調查，發現連接器在電訊、電子產業、電腦產業、通訊產業發展的過程中，將形成一個成長很快的市場。於是他決心投入其中。為此，郭台銘定下的發展戰略是：要擁有全球最大的市場佔有率。

郭台銘認為做零元件首先要接近主戰場，做出名了，再回到台灣。所以他的零元件一定要先賣給美國的大廠，之後再賣給台灣的主機板廠。賣給世界級的客戶，是使企業競爭力快速提升的捷徑，當然更是挑戰。

於是，公司首先從個人電腦（PC）和週邊設備的連接器做起。那時候。郭台銘親自到美國打市場，結果發現主戰場的競爭非常激烈，競爭對手十分強大。面對這個現實，郭台銘果斷地改變了策略：這就是低價策略，無利潤甚至負利潤，等打開市場後再緩慢漲價。

執行是一門學問，它是戰略制定的基礎，因為不能執行的戰略沒有任何意義；同時，一份針對市場實際制定的戰略計劃實質上就是一份行動計劃，總經理完全可以依賴它來實現自己的目標。

公司有個客戶在美國芝加哥。當初公司的競爭對手交不出貨，於是這家公司把業務交由郭台銘的公司開發，結果發生一些材料無法適應芝加哥寒冷天氣的狀況。於是郭台銘親自帶領員工特地趕到美國去，才發現連接器必須做零下 50 度的測試。

公司的工作人員在設計時，對美國濕冷的天氣沒有進行充分的估計，因而沒有進行環境溫差試驗。當出現這種情況時，是員工自己提了皮包就過去了，連夜趕著對產品做檢查，把全部有問題的貨從生產線上挑出來。然後幾乎是把客人挑剔的貨重新生產，再空運去美國。

當時的情況是，一部份員工到美國去幫客人找到問題、解決問題、把貨換過來，在台灣的所有團隊就 24 小時不眠不休地加班加點。結果是 3 天內生產線沒有停工，兩個星期之內把貨全部換好，滿足了客戶的要求。

這就是鴻海集團在美國開拓連接器市場時，得到的最寶貴的執行力經驗。光有好的策略、好的方向，是遠遠不夠的，必須還要有與此相配合的執行能力，鴻海集團的團隊正是如此。

郭台銘帶領員工們遠赴美國，雷厲風行地解決困難，這樣的經歷會讓每個參與和沒參與的員工改變意識。面對困難決不放棄決不逃避，用每個人的努力彙集成一種集體的力量去克服。正如一句老話：「團結就是力量。」團結在此時的含義是共同的目標，共同的責任，共同的價值觀，共同的忘我奮鬥精神！

肩負責任的總經理，要以身作則，負起責任帶領規劃管制層和執行層去執行目標。任何執行層的人遇到困難，總經理就會親臨一線與員工共同戰鬥。鴻海集團很重視這一點，要求親自參與，每一個總經理都必須跟執行層同仁共同作業。例如公司開發產品與生產，都是由各方案的組織會議推動，每個項目組織都由總經理來帶領。

在鴻海集團，品質的執行力如果發生任何抱怨，要由上到下負責，而不是由下到上。如果連續發生品質問題，公司事業處的總經理要罰站，在同仁面前受罰。於是總經理為了面子，就不能讓品質走樣。而員工會想，今天我如果做不好，總經理要幫我背責任，所以我要想辦法做好。如果不會做，總經理會跟我一起做。在這裏非常重要的一點是：總經理必須以身作則。

可以看出，執行的關鍵前提就是決心。只要下定決心，執行力就至少被激發出了大半。當整個團隊都被激發出堅定不移的決心時，所爆發出來的力量是驚人的。

執行的另外一種含義是：努力找出結果與預期不符的地方，一旦找到偏差，就堅決地予以改進。對企業而言，每克服一次困難，整個組織就向前進步一次。從未面對困難的企業是長不大的嬰兒。

執行力要從總經理做起，行為通常是思想與實際的具體連接點，每一級組織的「上行下效」行為，事實上就是一種觀念和思想的表達，即總經理承擔戰略執行的全局責任，員工擔負其任務應有的責任。制度層層分解，每一層對下一層負責，每一層都努力完成自己分內的工作。這種思想像空氣一樣彌漫在企業的每一個角落，形成一種最適合企業運營的文化。

這是一種開放的風格，敢於承擔責任的文化會培養每一個人豁達的胸襟。這種胸襟會使組織更加敢於面對現實，讓組織變得更加真誠、大氣和善於學習，培養出一種高尚的組織心態。

三、讓執行變得更有效果

總經理是有效執行的最重要因素，因此他的一舉一動往往會影響到整個工作的執行效果。為了使執行變得更有效果，總經理應努力做到以下幾點：瞭解企業和員工；堅持以事實為基礎；確立明確的目標和實現目標的先後順序；跟進；對執行者進行獎勵；提高員工能力和素質；瞭解自己。

如果再把企業的執行力進行拆分，可以得到互相關聯的三部份：決策、執行、修正。由此可以看出，執行僅僅是企業執行力中的一個部份，有些時候執行效率的不彰是由執行直接導致的，而有些時候則不然，因為執行問題的根源不一定在執行本身。

首先，企業需要有鼓動人心的使命願景。使命是企業終極目的，願景是企業未來景象與遠景目標，制定的使命願景應該具有感召力，讓員工有使命感，讓員工覺得自己工作很有意義，願意為此付出，甚至讓員工激動不已。

其次，及時合理的決策，包括戰術決策、日常決策也是必不可少的。作為一個總經理當然無需為戰略決策操心，然而正確合理地進行戰術決策與日常決策是成功執行的一半，不要讓執行不力成為那些低水準決策者的藉口。每一個決策要儘量能夠做到民主討論、集中決策，總經理最好能夠樹立一個正直的反對派，盡可能深入群眾獲取一手資訊。可以冒一定風險，但這個風險要經過評估，要在可控範圍之內。

再次，執行還需要具有簡單有效的流程，只有簡單才能高效，所以制度、流程要儘量簡單、合理。總經理要格外注意流程的格式，讓它儘量變得易記易用。

此外，有效溝通與培訓也是必不可少的。實施一項決策變革前，要盡可能進行溝通，這一點非常重要，溝通要注意取得效果，目的要達成共識取得認同，它可以按照聆聽、提問、回饋的步驟來進行。給員工培訓，告訴他們決策是怎麼做出來的，決策方案和細節、應急措施以及獎罰措施都是怎樣規定的。

建立相互信任的組織氣氛，對執行的效果也具有很大的影響，在沒有信任的組織裏員工無法執行，信任能變被動服從為主動執行，它是對員工最大的激勵、最好的約束，並能大大降低監督的成本。當然，信任不表示不要監督，因為監督是信任產生的前提和條件，信任的程度因人、事、時不同而不同，新認識需要時間積累，根據信任程度進行授權，信任程度的增減一定要以事實為依據。

更重要的是企業必須要建立一個重視執行的企業文化，企業要提出關於重視執行的理念，並不斷加以宣傳，還要貫穿到行為之中，然後讓行為變為習慣。建立利於執行的物質環境，獎勵好的行為，處罰差的行為。

另外，總經理還要注意用原則進行領導和管理，原則與制度有區別。制度是強制，所以制度執行往往是被動的，而原則相對而言有較大自由空間，同時又有相對明確的理性，所以原則更能夠激發員工主觀能動性和創造性，使他們把執行變成一種主動行為。

總經理還要建立獎罰分明、鼓舞人心的激勵機制，一個好的機制可以讓員工自動自發，獎優罰劣，末尾淘汰，精神與物質激勵相結合、正激勵與負激勵相結合，激勵要符合員工需求，激勵要與員工績效合理掛鉤。

最後，有適度的有效監督與控制機制也同樣必不可少。適度有效監督要基於信任與事實，要進行跟進與檢查，並成為日常例行工作。不要讓員工感覺到自己受到監督，從而失去信任的氣氛。監督的目的有兩個：一是為及時發現問題，並加以糾正；其次是驗證你的信任，信任與監督是兩個方面，既對立又統一，兩者互為條件，有效控制機制，通過監督機制發現問題，然後針對問題進行分析，制定對策然後實施。

四、學習戴爾的執行能力

在一個龐大臃腫的公司，推行戰略，使其具有執行性並最終取得成功，是非常困難的，但這也是惟一的出路。

戴爾公司的直銷模式取得了令人瞠目結舌的成功，其實在直銷模式的背後都要歸功於公司的執行能力。深入挖掘我們會發現，戴爾所運用的直接銷售與接單生產方式，並非僅是跳過經銷商的一種行銷手法，而是整個公司策略的核心所在。雖然康柏的員工數與規模超出戴爾甚多，但戴爾價值就已超前，關鍵就在於執行力，而這也正是戴爾於 2001 年取代康柏，成為全球最大個人電腦製造商的原因所在。

邁克爾‧戴爾（Michael Dell）就是對「執行」極為內行的專家。戴爾的成功很大程度上可以歸結為邁克爾‧戴爾本人的執行力。邁克爾‧戴爾的特質之一是極有遠見，而且通常在認定一個大方向以後，就親自披掛上陣，帶領全公司徹底執行。

例如，在推動國際 Internet 的深度運用與普及化的過程中，戴爾很早就意識到，Internet 將會徹底改變人類生活形態與工作習慣，而且是直接銷售的終極利器，因此有必要大力宣傳、推動公司內對 Internet 的重視。因此，那一陣子全公司處處可見一張大海報，戴爾本人一臉酷相，半側著身子，一手直指向你，海報上印了一行大字：「Michael wants you to know the net！」的字樣。戴爾還在好幾個公開演講中熱情洋溢地強調他對 Internet 的看法。結果，戴爾電腦有 70%的營業額是通過網路下單成交的，而且公司內部絕大多數的管理制度及工具，都已經在網路上行之有效了。

此外，在對供應商進行選擇管理時，戴爾採取的是依靠 OEM 生產模式運營的企業，原材料供應商和產品製造商的管理是戴爾公司的關鍵，戴爾本人非常重視，不僅對各個供應商的報價和產品標準細節瞭若指掌，並派高級管理人員不斷巡視這些廠家，每年親自到供應商的生產現場考察數次，對生產細節深究不已。

對比戴爾與其競爭對手，我們可以發現其中有很大的不同。與同樣採用直銷的其他公司相比，戴爾無疑是效率最高，最優秀的。

以傳統大量生產的製造業而言，大都是以預估未來數月的需求來設定生產數量。如果像一般電腦廠商那樣，各項零元件均交由外包，本身只負責組裝，便需要告知零元件供應商自己預估的數量，並議定價格。如果銷售情況不如預期，就會出現堆積著銷不出去的存貨；如果銷售情況超乎預期，又得手忙腳亂地應付市場需求。而戴爾按單生產做法的優勢在於：工廠是在接獲客戶訂單後才開始生產。與戴爾配合的零組件供應商也是採取接單生產，在戴爾的客戶下了訂單之後，再開始生產。等供應商交貨後，戴爾立即開始組裝，並在裝箱完畢數小時之內就運送出去。這套系統能壓縮接到訂單至出貨的整個流程時間，因此戴爾能夠在接到訂單的一週、甚至更短的時間內就將電腦交貨。這套系統讓自己與供應商的存貨都減到最少，與對手的客戶相比，戴爾的客戶更能及時享有最先進的產品。

戴爾每年的存貨週轉率可達 80 次，而競爭者只有 10~20 次，而且戴爾的流動資本為負值，因此能創造驚人的現金流量。2001 年的最後一季，戴爾的收益為 81 億美元，營業利潤率 7.4%，而來自營業的現金流量為 10 億美元。而戴爾 2001 年度的投入資本報酬率為 355%，以其銷貨量來看這無疑是相當驚人的。

高資產流動速率使它能領先競爭對手，讓客戶享有最先進的科技產品，公司也能因零元件降價而得益——提高獲利率或降低產品價格。在個人電腦業成長趨緩後，戴爾之所以能令競爭對手沒有還手之力，以上所述正是主要原因。戴爾在這些廠商陷於困境時，利用削價擴大市場佔有率，進一步拉大與其他業者的差距。由於資產速率高，則使獲利率衰退，戴爾仍能維持高資本報酬率與正現金流量，令對手望塵莫及。這套系統所以能成功，完全是由於戴爾在每一階段都能一絲不苟地切實執行。透過供應商與製造商之間的電子聯繫，創造出一個合作無間的延伸企業（extended enterprise）。某位曾擔任戴爾製造主管的人士便稱讚戴爾的系統為「我所見過的最佳的製造作業」。

正是優於競爭對手的執行效率，使戴爾在沒有太多自主技術成分的劣勢下反而擁有更多的市場佔有率，這才是戴爾成功的根本因素。

當今時代，人人都在談變革。然而再怎麼偉大的想法，若不能轉換為具體的行動步驟，也毫無意義可言。少了執行，突破性思考沒有用，學習不會帶來價值，員工無法達成延展性目標，革命也會半途而廢。

要想成為一名優秀的總經理，在許多領域必須具備超常的能力，例如對錯綜複雜的各種關係的理解能力和對商業需求變化的洞察能力等。然而，在這些能力中最為重要的是，總經理必須是一個有效率的領導者，他應該知道怎樣去組織、激勵團隊完成公司的目標。

1962 年 EDS 成立於美國德州達拉市。EDS 的營運範圍是提供各行各業資訊服務，它的業務延伸到全世界 50 餘個國家，為全世界最大的電腦資訊服務公司之一，並為美國華爾街股市上市公司之一。EDS 一手創建了電腦服務業外包的領域，並且已經稱霸了好幾十年。但市場不可能一成不變，而 EDS 的總經理們卻仍然扮演著掩耳盜鈴的角色，活在自己天真的構想裏，以致未能像 IBM 等競爭者那樣把握住成長的契機。要知道「土皇帝」永遠是做不長久的，終於報應來了，公司的獲利不斷下降，股價也跟著一落千丈。

當 1999 年 1 月，布朗（Dick Brown）接下 EDS 公司執行長一職時，公司已經面臨著前所未有的危機。空降過來的布朗過去在電信業時，曾有過讓英國電信籠頭電纜與無線（Cable & Wireless）公司起死回生的記錄。進入 EDS 後，他所面對的是一個根深蒂固、需要徹底變革的文化，其中充斥著猶疑不決與權責不明，而且組織結構也無法配合市場的需要。而布朗上任後不久，就為營收與獲利成長設定了雄心勃勃的目標，同時他也推動公司進行大規模的重組工作。

令 EDS 感到幸運的是：布朗是非常重視執行的人，也徹底地呈現出自己是真正負責的主導者。他為 EDS 注入了消失已久的活力與專注，同時也達成了預定的盈餘與成長目標。剛剛到任時布朗就發現 EDS 正受困於本身老舊的結構與文化。40 多個根據產業類別組成的策略業務單位，如通訊、消費性商品、州際醫療等，讓公司變得一盤散沙。這些業務單位有各自的主管、規章、人員，甚至政策，很難通力合作。因此就算市場出現新的機會，EDS 也無法適時把握。它得出的結論是 EDS 需要一個新的組織結構。

無疑，布朗的方案對公司的重組影響非常重大，可以說讓 EDS 經歷了天翻地覆的改變。新的組織架構並不僅是按照市場來劃分業務而已，更是首次能讓 EDS 充分運用本身的智慧資本，動員全公司員工為客戶提供解決方案。各事業線之間的合作，讓 EDS 能為每位客戶提供高價值的服務組合，因為它本身的專業能力涵蓋範圍相當完整，舉凡企業策略諮詢、流程再設計與管理、網站經營等都包括在內。不過要發揮新架構的功能，需要來自舊事業單位人員的配合，他們不但要學會新職務，還要學會以新的方式共同合作。與此同時，員工們要完成的使命是每年以 4%~6%的幅度提升生產力，創造一年 10 億美元的再投資資金或利潤。另一方面，引進新產品與推動產品上市的速度也不能放慢。

這次徹底翻新之所以能成功，是因為布朗讓未來要實際執行工作的人員，來負責設計組織的架構。他集合了來自不同事業與地區的 7 位主管，共同設計這個新的組織模型。他們定期與布朗、營運長與財務長會面，經過 10 週不眠不休的努力，終於把模型設計出來。布朗還讓全公司更專注於提升服務客戶的水準，以爭取逐年流失的客戶。

終於，依靠強力推行地執行策略對組織構架的變革，EDS 起死回生了。2001 年底，該公司營收創歷史新高，市場佔有率顯著提高，而且連續 11 季的營業利潤率與每股盈餘都有兩位數的成長。自布朗上任以來，股價上漲了 65%。2001 年 12 月，EDS 董事會的業務報告結束時，所有董事都走向布朗身邊，一一向他致意，因為他不僅以 3 年不到的時間成功地將公司文化轉型，同時在營運與獲利上也有傑出的持續效果。

心得欄

第 7 章

總經理的戰略

重點工作

在企業的日常工作中，我們經常可以看到總經理每天都忙於解決內部的資金、人事、行銷、產品等問題，為錢從那裏來，人往那裏去，貨往那裏銷，資金往那裏投而頭痛；總經理忙於解決下屬企業的各種問題。很多人都會問：「如果不解決問題，那他做什麼？」這個問題看起來很有道理，但從企業長遠發展看，如果一個企業的總經理天天都陷於具體的行政問題中，有可能會將企業引入歧途。其實，企業在發展中，是要克服阻力、解決問題，但在這個過程中，如果缺乏長遠規劃，問題的解決就有可能缺乏全局導向，導致局部的進步偏離整體目標，甚至破壞整體目標。可以毫不誇張地說，一個企業沒有戰略，就等於一艘沒有舵手的船行駛在驚濤駭浪裏。顛覆的危險可想而知。

一、戰略規劃是為企業指明航向

戰略就是為企業在市場中勾畫出一塊領地，並力求在這一領地佔據優勢，直至做到最好。戰略的本質是抉擇、權衡以及各適其位。你必須為你準備達到的目標設定一個明確的界限，因為，在很多情況下，「不做什麼」與「要做什麼」同樣重要。

另外，戰略還意味著一個與眾不同的價值主張。如果你想做的一切本質上與你的競爭對手沒什麼兩樣，那麼，你幾乎不可能成功。我們最擅長和最不擅長什麼？那些是對企業引擎驅動力最大的經濟指標？我們的核心人員最熱衷什麼？然後，選擇一個獨特的企業戰略。

正確的制定戰略的方法，是企業戰略成功的有力保證。我們都知道企業戰略的核心要義，就是通過瞭解、研究企業的過去，全面、深刻地把握企業的現在。高瞻遠矚地規劃企業的未來。戰略研究、戰略決策也就是主要回答以下三個相互關聯的問題：

1. 從何而來

一個既存的企業總有歷史可尋，歷史在很大程度決定了為什麼企業會走到現在，也同樣會左右企業的未來。領導必須充分重視歷史對企業未來戰略決策的重要性，採取歷史分析法，從產權及法律關係、業務變遷史、成功關鍵因素、內部管理文化、經驗教訓五個方面對企業的過去進行全面考察，吸取經驗，總結教訓。

明確企業的過去，不僅僅有利於企業更準確、務實地把握未來，更重要的是，它還有利於企業關於未來戰略的措施、策略的順利貫徹實施。通過宣揚企業的歷史，明辨是非，澄清疑問，凝聚人心；通過宣揚企業過去一些傑出人物的事蹟，抑濁揚清，樹立典範。

2. 現在何處

我們經常說「人貴有自知之明。」企業作為一個法人實體，分析「現在何處？」的問題。其實就是一種「自知」的舉措！

總經理在制定重大戰略決策時，要進行戰略分析，也就是進行企業「自知」的分析。在這裏我們推薦兩種戰略分析工具：SWOT 分析工具是常用而且實效顯著的戰略分析工具。主要從「現在何處」的角度對企業進行全面診斷，通過前者明確企業優勢、劣勢、機會和風險，通過後者進一步明確機會、風險來自何處，自身實力如何，如何應對，為企業的未來戰略和策略制定奠定分析基礎。

3. 向何處去

「將要向何處去」的分析，是先從企業自身視角，全面分析，又從關係網絡和價值鏈的角度，明確自己的處境，可以得出關於企業戰略選擇的結論。

二、總經理的戰略管理過程

戰略管理過程大體上可以被分為「戰略分析」、「戰略選擇」、「戰略實施和控制」三個部份。如圖 7-1。

1. 戰略分析

戰略分析階段的任務，是根據企業目前的市場「位置」和發展機會，來確定未來應該達到的市場「位置」。具體工作內容包括：

⑴確定和重審企業的使命，決定企業的發展遠景。

⑵分析企業所處外部環境的特徵和變化趨勢，特別是環境為企業生存和發展提供的有利機會，以及對企業生存和發展造成的威脅，從而找出在特定環境下，企業取得戰略性成功所必須具備的要素。

圖 7-1　戰略管理過程圖

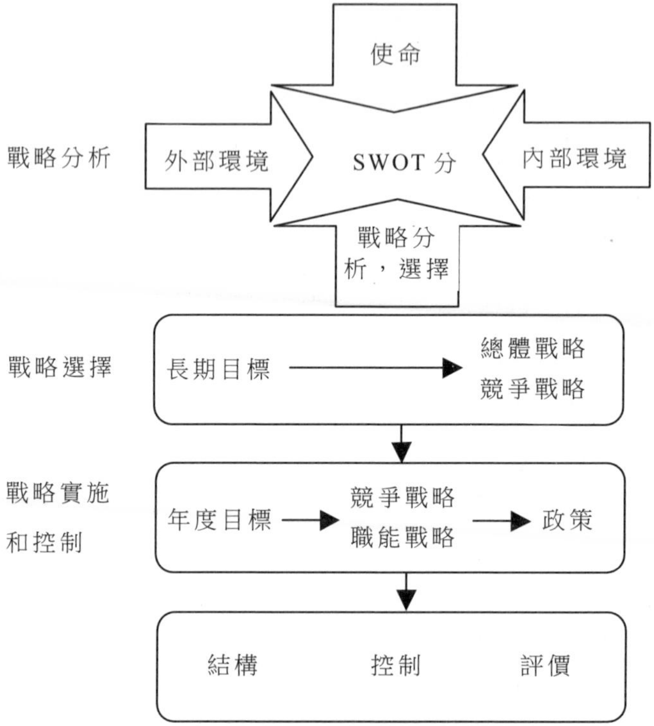

⑶評價企業內部能力，根據企業的資源配備潛力和企業具備的核心專長（那些能形成企業區別於競爭對手，並被市場認可是有價值的，因而能成為企業核心競爭力來源的有關職能活動方面），決定企業相對於關鍵競爭對手的競爭優勢和劣勢，從而找出企業的核心競爭力。

⑷根據以上分析所得的外部戰略性成功要素和內部企業核心競爭力兩類因素，決定企業在本戰略期間，有關戰略性關鍵事件的排序，作為該戰略期的目標。

2.戰略選擇

戰略選擇階段的任務，是為企業長期目標，確定恰當的總體戰略和競爭戰略目標的途徑。主要工作包括：

⑴根據戰略分析階段確定的戰略目標，制訂能同時符合「企業使命」、「環境機會和威脅」、「內部優勢和劣勢」三方面要求的若干戰略方案。

⑵根據預先確定的評價標準和分析模型，對各戰略方案進行仔細的分析評價，找出各自的價值部份和資源約束方面，並從中做出選擇。

⑶決定戰略方案所需的資源量，根據戰略性關鍵事件的要求對企業的資源進行分配。

⑷制訂有關戰略實施的政策和計劃，並將戰略目標進行層層分解，制訂相應的具體的目的和實現目的的方法。

3.戰略實施和控制

戰略實施階段的任務，是為戰略的具體實施安排組織條件，並對戰略實施過程進行領導、指揮和控制，以保證戰略目標的實現，或是根據戰略平衡狀態的變化，及時調整戰略目標。

三、多元化或專業化

多元化經營被認為是企業不敗的利器。企業可以做到依靠多元化經營分散企業所面臨的風險。必須注意到，多元化經營要求企業「不把所有的雞蛋放在一個籃子裏」，表面上減少了企業所面臨的風險，但卻誘發了新的問題。

企業的盛衰必然受到各種因素的影響，但企業是否能夠確保其成長性與安全性是基本條件之一。因此，戰略管理過程佔據了十分重要的位置。總經理對現有的事業要進行準確的戰略分析，進而針對經營環境的變化，確立現行事業的基本方針與有關未來的事業結構的方針，然後根據方針來制訂戰略並切實執行。

關於現有事業，通過戰略分析，要對自己公司的長處、弱點、問題所在以及基本對策等情況一清二楚，進而謀求企業經營方針的明確化。關於未來的事業是以現有事業的戰略分析為基礎，對將來所要經營的事業領域加以目標設定，進而為了目標的實現，在經營上應採取何種基本行動要加以確定。

關於「多元化」，有「水平型多元化、垂直型多元化和集成型多元化」三種。

水平型多元化是指與現有製品同一領域，同一生產階段的多元化而言。例如，機車的製造改為汽車的生產等屬此。

垂直型多元化，是朝著同一製造的不同生產階段的多元化。如某食品的原料供應商，轉向從事於最終製品的製造；或電器裝配工廠的回溯到零件生產工廠；或某製品的製造業自己擔負起銷售業務等皆為這種類型。

集成型多元化是指，朝向與現有製品領域、現有市場領域毫無相干的領域進軍。一個企業的多元化或新事業的開發，究竟要插手何種領域須要有充分的研究。

1. 多元化經營的啓示

多元化經營是指企業同時生產或提供兩種以上基本經濟用途不同的產品或勞務的一種經營戰略。

大企業多方面求發展的最主要原因，就是避免「把所有的雞蛋放在一個籃子裏」。謹慎的公司規劃者在制訂多元化發展路線時，會極力避免公司因為某一產品的崩潰而元氣大傷。

2.慎用多元化經營

多元化經營被認為是企業不敗的利器。企業可以做到「東方不亮西方亮」，依靠多元化經營，可分散其所面臨的風險。

但是，必須注意到，多元化經營要求企業「不把所有的雞蛋放在一個籃子裏」，表面上雖然減少了企業所面臨的風險，但卻導致新的問題出現。如果企業規模較小，又將資金投資於幾個不同的行業，或者是企業投資於不熟悉或不相關的行業，反而會加大各種風險。美國著名管理理論家彼得· 德魯克說：「一個企業的多元化經營程度越高，協調活動中可能造成的決策延遲就越多。」與同行業相比，對其他行業，尤其是無關聯行業的企業進行兼併，不但成功率很低，而且會重新剝離資產，出售分支機構和其他經營單位。可見，多元化經營仍然存在很多問題。

彼得· 德魯克所言：「無論純粹的集中化是多麼的可取，所有企業都必須仔細考慮一下它們是否需要實行多元化以及如何實現多元化。」企業面臨著實行多元化經營的各種壓力，有些可能是公司的機會，其他一些可能是威脅。

企業在進行多元化經營之前，要做一些準備工作。決定向一項新的行業投資時，必須對企業現有實力進行充分而精確的評估。注意向有關咨詢機構瞭解欲投資的新行業的全面情況，如行業領袖的經營狀況，整個行業的業績狀況和發展前景，以及留給新投資者的發展空間等。當然，也不能僅僅依靠咨詢機構，企業內部也要做好情報工作。

企業實施多元化經營戰略時，要慎重理順主業與副業的關係，盡可能做到主次分明，不能隨波逐流，也不可本末倒置。副業的作用在於能有效地彌補主業的不足和缺陷，發展主業也能帶動副業發展，兩者相輔相成。選擇副業發展方向，應儘量與主業相關聯：或開拓市場，或補充功能，或延伸服務，或提供資源。

3.有效實施多元化經營戰略

為有效實施多元化經營戰略，必須把握好多元化經營的時機性、節奏性、適度性，這是多元化經營成功的基礎，如圖 7-2 示。

圖 7-2　有效實施多元化戰略

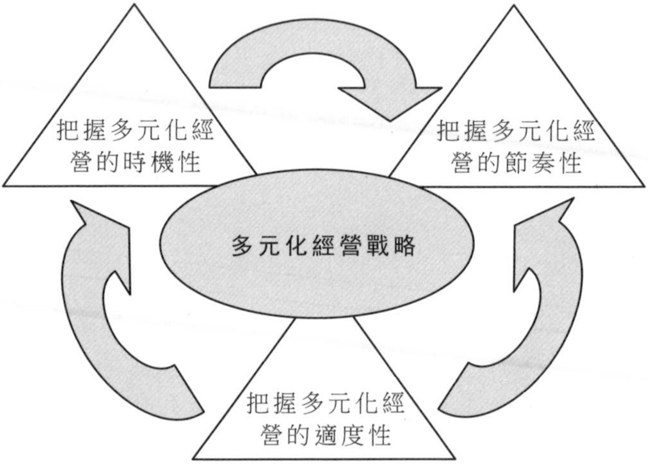

因此，首先要把握好多元化經營的時機性。所謂多元化經營的時機性，就是從集中化經營到多元化經營要具備一定的條件和遵從一定的程序，不能過早更不能盲從。不能過早就是從集中發展到多元化發展，應考慮條件是否具備下面幾個條件。

第一，本企業的所在行業是否已經沒有增長潛力了。

第二，本企業的「主業」精不精，是否達到了本行業的先進水準。

第三，是否積累了足夠的資金。因為剩餘資金是企業多元化經營的重要支柱，如果僅靠借貸舉債來實施多元化發展，則勢必加大財務風險。

第四，本企業原有主業的管理水準較高，包括管理思想、管理者及職工素質均高於原主業同行業水準。因為實施多元化經營使企業規模和經營範圍擴大，產品種類增加，生產、製造、營銷過程更加複雜多樣，信息的加工處理要求更為及時、通暢。

其次，要把握好多元化經營的節奏性。所謂多元化經營的節奏性，就是在推進多元化經營戰略時不能急於求成。多元化的「多」是一個漸進的向生產和市場進入的累積，不能趨於「什麼賺錢幹什麼」，就不斷地尋找賺錢的機會。其結果往往是先前的經營行業（或產品）沒立足穩定，又跨入另一領域，就會像「熊瞎子掰玉米，掰一個丟一個」，弄得什麼項目也沒做好。更有一些企業集團不斷鼓勵部屬企業大膽開拓，而不限制所要拓展的領域，乃至出現一些著名的企業辦起了速食店、洗衣店、旅遊業、製造工廠等。

即使再誘人的跨行業經營也要特別慎重，推進多元化發展講究節奏。在資源有限的情況下，再好的多元化經營戰略也會被過快的推進速度所葬送。

注重把握好多元經營的節奏性，其根據在於企業資源的有限性。企業的資源不僅包括資金、人才、技術、設備、土地等有形資源，還包括商譽、品牌、管理等無形資源。只有當企業的主業發展到相當水準，出現部份資源不能被充分利用的情況時，才具備了實施多元化經營的基本條件。

最後，要把握好多元化經營的適度性。所謂多元化經營的適度性，就是企業實施多元化經營時不能「多多益善」，多元化的「多」要有一個度。這個度就是不能因為求「多」而損傷（失）了主業，模糊了主導（要）產品。這是因為超過了一定的度，過分實施多元化，其最直接的代價就是增加了交易成本、代理成本和控制成本，降低了企業的規模優勢和綜合效益。

四、專業化不可偏廢

如果多元化經營已經顯出弊病，則企業應實施「減法」而不是加法，企業應大膽收縮，出售效益差的副業，加強主業。

不適當的多元化經營，會使公司的技術、能力、資金分散。資金會感到不足，頭腦也會散漫，技術也無法集中。將擁有的資源、力量分散於好幾項事業中，而要在各項事業裏出類拔萃，實際上是非常困難的，除非擁有相當的實力。但是，只要全部力量集中在某一項事業上，即使沒有強大的實力和特殊的經營能力，也會比其他的公司容易成功。所以，與其多元化，不如將事業範圍縮小，而加深某一項或幾項事業的深度，朝專業化邁進，專精於一項事業，使其在某些方面高於或不輸給其他公司，爭作同行業中的第一人，這是比較理想的經營方式。

因此，與其多元化不如考慮專門化。因為無論如何，我們的經濟基礎還不夠穩定，而要在世界舞台上與它國競爭，以這樣貧乏的資本來進行工作，只有把現有事業項目縮減為 1/3，專向這 1/3 徹底進軍，否則，不能伸展到世界市場。如果這也想做，那也想做，結果會一無所得。應把範圍縮小，把縱深加大，一切做世界性的考慮，經營戰略也要是世界性的戰略，這樣才可能成為一個龐大的事業，才可以向世界市場進軍。如此專業化的經營理念，這是美國式的一般大企業的經營模式，也是將來日本大企業想走的路線。

專心研究一種性質的產品，發明多項衍生品。無論什麼工作只要徹底去做，圍繞經營主體可以開發的事業是無限多的；進步也是無止境的。希望我們的企業都能堅定志向，做事情要「專心」，要「徹底」，這樣一定能做出許多對社會有用、受大家歡迎的東西來。

在企業經營中，必須學會「取捨有道」，堅持發揮自己最擅長的，並且向客戶不斷傳播自己的特有的產品形象。正如邁克爾· 波特所言，戰略就是在競爭中做出取捨，取捨，即是確定你所不要做的事情。邁克爾· 波特進一步解釋說，企業在決策過程中面臨的一大考驗是要澄清：「什麼是自己不想做的事？為明確這一問題，企業接下來要考慮自己的獨特定位是什麼？為那個部門服務？不提供什麼服務？」等一系列問題。經過一番深思熟慮，企業的戰略定位也就基本明確了。

在明確了自己的定位之後，企業接下來就要考慮「自己的戰略是什麼」的問題了。在邁克爾· 波特看來，戰略就是創造一種獨特、有利的定位，涉及各種不同的運營活動。然而，選擇一個獨特的定位並不能保證獲得持久優勢。一個有價值的定位會引起他人的爭相仿效。所以邁克爾· 波特說，除非公司做出一定的取捨，否則，任何一種戰略定位都不可能持久。

五、集中力量經營核心業務

多元化通常被定義為使組織偏離其現有市場、產品或核心能力的發展戰略，可以分為相關多元化和不相關多元化。相關多元化是一種超出組織現有的產品和市場，但仍在同一個價值體系或行業內運營的戰略。像聯合利華就是一個相關多元化的公司，它的大多數資源都集中在快速消費品行業。不相關多元化通常是指組織的活動超出了其現有的價值體系或行業。

多元化經營可以使企業獲得更多的利潤並可以有效地分散經營風險。但很多企業只看到多元化經營的好處，不顧企業自身的具體情況，盲目進行多元化，結果陷入了誤解。好在現代企業已經意識到了這一點，近 10 多年來，在國際性的資產重組和結構調整中，出現了精簡業務的趨勢，由多元化經營向以核心業務為主的專業化經營回歸。20 世紀 80 年代末，美國的國際化大企業在用數字電子技術取代傳統電子技術，用新型化工技術取代傳統化工技術的調整中，開始對經營結構進行較大幅度的調整。它們把多元經營時併購的非技術相關公司轉讓出去，放棄過度膨脹又效益不佳的產品，集中力量進行核心業務的經營。

邁克爾· 波特對於多元化戰略進行了專門的論述，邁克爾· 波特認為，多元化公司的任何一個業務單元的正常運行都需要資金的花費，包括間接費用和由於企業政策的制約而發生的潛在費用，這些花費無疑會增加企業的成本。如果某一業務單元的收益大於成本，這項業務還具有保留的價值；如果某項業務的收益小於成本，那麼這項業務的繼續存在只會成為公司的一種負擔。

20 世紀 80 年代，通用電氣公司的業務已經擴展到航空航天、醫療器械、工程塑料、金融、家用電器、原子能、電機、照相產品等 10 多個產業的 10 萬餘種產品。在這些產品中，有的並非通用的主要產業和業務，有的甚至是失敗的產品，因此經營這些產品耗費了公司的許多資源和精力。

處於此種境地的公司該如何處理呢？邁克爾· 波特給我們指明了出路。他認為，可以將那些不具有重要性的業務單元出售掉。因為這些業務單元不具重要性，它們的存在也不會提高企業的競爭優勢，企業通過出售這些業務單元可以將它們變現，甚至可以獲得溢價收入。並且出售的收入可以投資到重要的業務單元中，增強這些業務單元的競爭優勢。

在韋爾奇接任通用電氣董事長後，他果斷地關閉了一些沒有發展前途的生產線，轉讓、出售了小型家電、小廣播公司和信托公司等分公司。這些子公司和分公司的出售，使通用獲得了充足的資金，利用這些資金，通用又併購了 300 多家高新技術企業和服務企業，逐步走了上以高新技術產業為主營業務的發展道路。1998 年，在按股票價值計算的世界最大 15 家企業中，美國通用電氣位居第一。

多元化是一種通過擴張企業參與價值活動的範圍來擴大企業資產和技能儲備的手段。成功的多元化經營應該具備這樣的特徵：既能增強企業的現有實力，又有為新實力創造基礎。如果企業的多元化經營不具備以上特徵，那麼企業應該重新考慮其多元化經營的戰略。企業可以重組組織、縮小規模、減少管理層次、重新設置業務單元和內部流程，將它們的戰略能力集中在它們所擅長的業務上。

20 世紀 90 年代，許多企業都對原有的組織和結構設置進行了重建，採取了併購、剝離、戰略聯盟、合資、合作、外購、業務交換等形式，使企業轉移到自己擅長的業務上來，企業只抓最核心的東西。

例如，福特汽車公司的 Festiva 汽車就是由美國人設計，由日本人生產發動機，由韓國人生產其他零件並進行組裝，最後在美國市場上銷售。

當前，高新技術領域的競爭越來越激烈，企業能否在競爭中站穩腳跟，很大程度上取決於其是否具有領先的技術，能否快速地推出新產品。這就要求企業盡可能地集中智力資源和資金，進行研究與開發，不斷推出最新技術成果。美國的英特爾、微軟以及芬蘭的諾基亞就是這方面的典範。

相反，如果企業亂上新項目，亂舖新攤子，將會分散企業的技術投資和資金投資，使企業無法集中精力幹好一件事情，這必然會危及企業在主要市場上的競爭能力。這方面的一個典型的例子就是蘋果公司，它曾經一度把自己的經營攤子舖得很大，結果使公司在個人電腦創新上的投入減少，削弱了自己核心產品的市場競爭能力，招致連年虧損。當然，集中精力幹好自己所熟悉的事情，並不意味著多元一無是處，關鍵要看公司的多元化戰略是否建立在其核心能力上。

英國的 SP（Standard Photographic）公司最早的業務是生產攝影膠捲。為了應對來自柯達、富士和愛克發膠捲的競爭，1967 年，公司停止了該項業務，改為從事膠捲包裝業務。到 1999 年，該公司每年要購買超過 4000 萬卷膠捲，將它們重新包裝成標有 Boots、Dixons、Superdrug 和 Tesco 等零售商自有品牌的產品，公司佔據了歐洲自有品牌膠捲市場 60%的比率。

SP 公司還進入了其他的業務領域，像相紙轉換業務和膠捲沖洗業務。同時，該公司還擁有物流業務，物流業務提供的是 36 小時內向零售商配送膠捲的服務，營業額超過 900 萬英鎊，年增長率達到 20%。

SP 公司雖然進行多元化的經營，但是這些經營活動無不是建立在其核心能力——攝影膠捲業務上的，都是圍繞著這一核心能力展開的。它將自己在攝影膠捲方面的生產能力和專有技能由攝影膠捲的生產轉到膠捲的包裝業務以及與之相關的業務中，有助於降低成本，並且可以在這些新的經營中擴大公司品牌的信譽。

邁克爾· 波特認為，一些業務公司的相互關聯能產生 1+1＞2 的效果，所帶來的收益會大於由此所產生的成本。而且如果競爭對手的業務之間的關聯不能產生這樣的效果，企業就可以獲得一定的競爭優勢。同時，如果這種關聯還能使企業在生產或服務上具有歧異性，企業也可以獲得競爭優勢。所以，如果企業要採用多元化的業務定位，首先必須考察這些業務的關鍵程度以及由此所帶來的利益與成本。而且只有企業達到一定的規模，具備業務多元化的條件時，才可採用這種定位，否則的話，企業還是專心致力於某項比較擅長的業務，進行專業化營比較好。

六、怎樣的商業模式能成功

當今企業之間的競爭是商業模式和商業模式的競爭！

每個總經理都會關注這樣一個問題：究竟怎樣的商業模式能夠獲得成功呢？

商業模式就是你的企業透過什麼樣的方式或者途徑來賺錢。網路公司透過獲得更高的點擊率來賺錢；通信公司透過收話費賺錢；食品公司透過銷售食品來賺錢；運輸公司透過運輸物品來賺錢；超市透過購物平台以及倉儲來賺錢；等等，這都是商業模式的範疇。有利潤可圖的地方，就有商業模式的存在。

在哈佛大學的《商業模式創新白皮書》中，把成功商業模式的三個要素概括為：

特徵一：能夠為企業提供獨特的價值。這個獨特的價值可能是新的思想；而更多的時候，它往往是產品和服務獨特性的組合。這種產品和服務的組合能夠為客戶提供附加價值，或者使客戶在同樣的價格下獲得更大的利益，以更低的價格獲得同樣的利益。

特徵二：難以被模仿。成功的商業模式是難以複製的。企業透過樹立自己的獨特個性，如對客戶的全心服務、與眾不同的執行能力等，來提高自己所處行業的門檻，由此可以保證利潤來源不受到侵犯。

特徵三：量入為出，收支平衡。一家企業必須要做到量入為出、收支平衡——這幾乎是每家企業的總經理都知道的道理。這個看似不言而喻的道理，想要日復一日、年復一年地做到，卻並不容易。對於很多企業的總經理而言，都存在著這樣的疑問：自己的錢是從那裏賺來的，客戶為什麼會選擇自己企業的產品和服務。

對於企業來說，打造適合自己的卓越的商業模式，是提升市場競爭力的關鍵所在。這是每個總經理都必須要面對的重要課題。其實，構建適合自己企業的商業模式，也是有章可循的。只要按照以下六個步驟來進行，就能夠擁有成功的商業模式。

1. 分析市場需求

市場需求是利潤產生的源泉。總經理在為企業尋找商業模式的時候，首先要對市場需求進行詳細的分析，從而為自己的產品尋找比較容易呈現價值、最有潛力提供長期利潤增長的顧客群。

在分析市場需求的時候，總經理要識別和瞭解自己的企業與同一領域的競爭者有可能都會遇到的共同情況，也就是相關產品的總體市場特徵以及需求情況，然後再與整個市場情況進行比照，找出自身的獨特優勢。

2. 找準市場切入點

對市場需求進行分析之後，就明白了市場需要的是什麼，那麼，企業能為市場提供什麼呢？這兩者之間有沒有接點？這個對接點，就是市場切人點。只有找準了市場切入點，才能找到適合產品的定位，才能更好地使消費者接受產品和服務，使得產品搶佔一定的市場比率，實現企業的預期目標。

如果沒有找到準確的切入點，不能發揮自己的優勢，那麼，成功的商業模式也就無從談起了。

3. 構建業務系統

打造商業模式的第三步是業務系統的構建，也就是確定企業的經營範圍：身為總經理，可以先問自己這樣幾個問題：企業要經營那些？希望這些經營達到怎樣的效果？打算主攻那些業務？將那些業務進行分包、外購或者和其他的公司協作生產經營？

只有對這些問題作出了明確的回答，才能對企業的業務範圍以及輕重差急有清晰的認識，從而構建適合企業的業務系統。

4. 完善產品和服務

為客戶創造價值的大小，幾乎從一開始就決定了一個產品和企業的前途和命運。企業只有實實在在為客戶帶來了利潤，創造了價值，才能贏得穩定的客戶源。企業自身所提供的產品和服務，就是價值的載體。好的價值的載體是客戶價值最大化與企業價值最大化的結合點。因此，一個適合企業的商業模式，必定能夠為客戶提供高品質的產品和良好的服務。

完善產品或服務，需要注意三個方面的要求：緊跟目標消費者的需求偏好；為目標消費者提供更多的價值；使企業的利潤最大化。

如果企業的產品和服務不能緊跟消費者的需求偏好，或者不能為企業創造利潤，就不能稱之為好的價值載體。

5. 優化價值鏈體系

價值鏈體系分為企業內部價值鏈和外部價值鏈。企業內部價值鏈是指企業內部為顧客創造價值的主要活動及相關支持活動；外部價值鏈是指與企業具有緊密聯繫的外部行為主體的價值活動。要優化價值鏈體系，就要規劃內部價值鏈，構築外部價值鏈，使這兩者都能夠穩固並且保持活力。

6.建立利潤壁壘

建立利潤壁壘是企業防止競爭者掠奪本企業的目標客戶的一種戰略手段，其目的是保護利潤不流失。價值創造是把利潤佔為己有，而利潤壁壘則是保護利潤不為他人所動。一個好的商業模式，如果沒有利潤壁壘這種戰略控制手段的支持，最終會走向失敗。

抽象地說，商業模式是一種企業創造利潤的思維方式，雖然創造利潤的方式是多種多樣的，然而，每個企業最終只能採用其中一種方式，而企業的主導思維架構將是決定商業模式的主要因素。要明確的是，雖然商業模式能夠為企業帶來利潤，但是沒有一個商業模式能確保未來的利潤一定會被實現。因此，總經理在打造商業模式的時候，一定要保持未來需要彈性調整的心態。

諾基亞手機曾經是移動通信的全球領先者。憑藉其豐富的經驗、創新的理念以及安全的解決方案，諾基亞已成為移動電話的領先供應商，同時也是移動、固定和 IP 網路的領先供應商之一。

諾基亞獲得今天的市場地位經歷了許多的坎坷。從 20 世紀 60 年代以來，諾基亞就迅速擴張並在它所銷售的多種產品系列中奮鬥，到 20 世紀 80 年代末期，諾基亞業務範圍已經很廣。例如，它生產電視機及其他電器並聲稱要做「歐洲第三」；它也涉足工業電纜和機械領域的業務；而且該企業還生產從森林採伐到輪船製造等多種產品。但從後來的發展看，這種不加甄別，不做取捨的經營戰略最終遇到重大挫折。

1991～1992年，諾基亞的主要業務虧損了2.82億芬蘭馬克。為了使企業回歸到有競爭力的主業，發揮自己的專長，諾基亞改變經營戰略，大刀闊斧地削減了不贏利的電視、收音機製造業務和有競爭力的工業電纜業，但留下了它的電話業務。經過深思熟慮，它選擇重點發展兩個現有的事業部：移動電話和電信業務（開關和電話總機交換台），專注於通訊行業的發展。

到20世紀末，諾基亞已成為全球通訊領域名副其實的專家，為用戶提供包括基礎設備到終端，語音到數據的全面完整的通訊解決方案。尤其在數據通信方面，諾基亞更是行業的先驅。

心得欄

第 8 章

總經理的決策

重點工作

一、決策是第一要務

在實際的管理工作中，做決策是總經理的首要工作，具有普遍的意義。

在一次調查中，向主管人員提出如下 3 個問題：「每天花時間最多在那些方面？」「每天最重要的事情是什麼？」「在履行職責時感到最困難的是什麼？」絕大多數人回答就是兩個字——決策。

美國著名管理學家西蒙說：「管理就是決策。」可見決策確實是企業總經理的首要工作。

任何一個企業都存在管理，有管理就得有決策。決策貫穿於管理工作的各個方面是管理過程的核心，是執行各項管理職能的基礎。一個企業總經理每天要採取許多行動，也就是說要做出許多決策。正確的行動來源於正確的決策，因此，對總經理來說，重點不在於是否做出決策的問題，而是如何正確做出決策的問題，或者說如何自覺地使決策做得更合理、更有效的問題。

如果總經理事必躬親，大大小小的事做了一堆，而決策問題卻棄之一旁，那就是最大的失策。反之，如果把很多瑣碎的事合理地分配給各個職能部門，而集中精力做好決策工作，那他將會是一個工作精明的總經理。

一個成功的總經理，不在於他做了多少瑣碎的具體工作，而在於他做了多少好的決策。

一個總經理的出現總是少不了出主意、用人和整合資源等方面工作，這些方面的決策決定著管理行為和方向的措施。正確的決策符合管理對象的客觀規律，避免管理工作的盲目性，保證管理工作良好效果；反之，錯誤的決策，會產生錯誤的管理行為，即使客觀條件再好，也得不到好效果。尤其是一個總經理的決策失誤，必將給本企業造成很大的不必要的損失，特別是重大問題決策的失誤，不僅危及總經理個人的事業，而且更重要的是危及一個企業的生存。

總經理決策的時候，不但要考慮對內部的影響，還要考慮社會上的連鎖反應所帶來的影響，避免因小失大而形成錯誤決策。一個總經理的決策失誤，會造成企業生產上的損失，使物資積壓和財務狀況惡化，重則危及企業的生存。

用最好的工作方法，最科學的管理制度和最高的效率，去實現一個錯誤的決策，會給工作事業帶來難以彌補的損失。企業總經理的一切成功中，決策的成功是最大的成功；一切失誤中，決策的失誤是最大的失誤。由此可見，準確而科學的決策是事業成功的基礎。

決策是行為的選擇，行動是決策的執行，正確的行為根植於正確的決策。可以說，決策的正確是事業成功的前提。也可以說，決策的正確是事業成功的一半，因此，對於總經理來說，不是是否需要做出決策的問題，而是如何使決策做得更好、更合理和更有效的問題。不同的決策可以有不同的影響，但它們都決定著總經理的管理能否成功。

二、總經理的決策素質

現代決策理論的發展，為防止決策的重大失誤提供了可能。不過，具體決策的實施運用，還需要總經理有很高的決策素質。

1. 善於運用「外腦」素質

企業總經理雖具有較高的洞察力和組織才能，但日理萬機，不可能都掌握和探索現代科學決策的複雜技術和方法，也不可能掌握決策所需要的一切資訊，因此，總經理要學會運用「外腦」。如果只靠自己在會議堆裏瞭解、加工資訊，憑有限的資訊做決策，就會造成失誤。但是，重用專家，並不等於要專家代替總經理做決策，決策仍要總經理去面對，是總經理的重要職責。

2. 按照科學流程做決策的素質

現代決策不僅要求有一套完整的科學方法，還要有一套科學的決策流程。在實際工作中，有的總經理，一旦大事臨頭，特別是遇到「緊急任務」、「重要指示」、或「有油水的任務」，就頭腦發熱、利令智昏、忘乎所以、一哄而起，造成極大的浪費和失誤的事不乏其例。因此，總經理要養成按科學流程辦事的好習慣，尊重科學，不要「順風向」、「看來頭」。

3.讓專家、智囊機構獨立地對問題進行研究的素質

總經理必須認識到，惟有讓專家進行獨立的事實調查，才能得到科學的結果。

被譽為西方管理學界的「現代組織天才」的通用汽車公司斯隆做得很突出。1944 年，他聘請管理專家杜拉克擔任通用汽車公司管理顧問，第一天上班就對杜拉克說：「我不知道要您研究什麼，要您寫什麼，也不知道該得什麼結果。這些都該是您的任務，我惟一的要求，只是希望您將您認為正確的東西寫下來。你不必顧慮我們的反應，也不必怕我們不同意，尤其重要的是，您不必為了使您的建議易為我們接受而想要調和折衷。」這番話，是很值得總經理和專家們思考的。

4.具有自己的獨立見解和判斷的素質

傾聽專家的意見，可以增強總經理的見解和判斷力。須知，決策討論中 10 個專家產生 9 種見解，是常有的事。方案有多種，主意還得自己拿。對專家的意見進行準確地歸納和綜合地判斷，得出正確的結論，這是總經理判斷才能的充分表達。如果總經理毫無主見，完全依賴專家，把拍板定案都推給了智囊團，總經理就變成徒有其名。

5.運用反面意見、聞諍則喜的素質

一般人也許難以理解的道理是：惟有反面意見，才能保全決策者不至於犯重大決策錯誤，任何好的決策，決不是在「衆口一詞」中得到的，而總是在激烈的衝突中選擇、判斷出來的。要知道，相反意見本身，正是決策所需要的另一種預選方案。

美國通用汽車公司總經理斯隆，有一次經理層討論某項決策，大家的看法完全一致，但他卻出乎意料地說：「現在我宣佈休會，這個問題延期到我們能聽到不同意見時，再開會決策。這樣，我們也許能得到對這項決策的真正瞭解。」斯隆的這種決策藝術，確實是發人深

省的高明之舉。這是因為，在情況複雜、不確定因素不斷增多時，就需要總經理有豐富的想像力、決斷力、創新力。這些能力的產生往往源於各種正反意見的啓迪和激發，在咄咄逼人的反面意見中，往往能夠吸收更多的合理因素。

善於運用反面意見的能力可以說是總經理決策時所需要的寶貴素質。

總之，總經理的決策素質不僅僅包括以上 5 點。它的形成不是一朝一夕的事情，在實際工作中，必須不斷學習。總經理只有具備廣博的知識、科學的態度、良好的政治素養、敢於創新和決斷的魄力，才能掌握決策的主動權，不斷取得決策的成功。

三、總經理決策的步驟

通俗的說法，決策就是出主意，想辦法，做決定的活動過程。

目的性、可行性、經濟性、合理性、應變性是在有效決策過程中應達到的要求。一個合理的決策流程，可分為 6 個步驟，如圖 8-1 所示。

第一步：分析問題

首先要研究企業的外部環境，明確企業面臨的挑戰與機會；然後要分析企業的內部條件，清醒地認識企業的長處和短處，優勢與劣勢。在尋找企業的問題時，應當明確造成問題的原因，也就是說，要把現象和原因二者區分清楚。

圖 8-1　總經理的決策

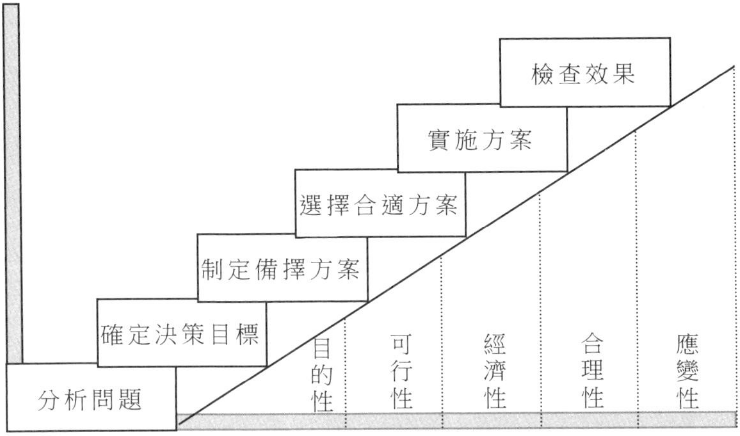

現象是指首先引起人們注意到存在問題的某些特徵或事態發展，例如某公司出現虧損，然而虧損並不是該公司的問題所在，而是問題的現象或後果。那麼，該公司的問題到底是什麼？答案可能是有許多個。例如，公司的產品質量不好，產品定價太高，公司廣告計劃執行得不好，等等。要把現象和原因二者區分清楚，就必須研究公司為什麼出現虧損。研究的結果可能是因為公司的銷售總額低於生產的盈虧平衡點。

第二步：確定決策目標

確定決策很關鍵。目標確定不當，必然會影響到其後一系列措施和行動的合理性。企業總經理與有關人員應根據收集的企業內部情報資訊進行集體討論和研究。如果在目標研究的過程中出現了不同意見，要儘量做到統一。如果經反覆研究仍不能取得一致意見時，不同的意見可作為幾個不同的決策方案，透過分析比較做出選擇。

第三步：制定備擇方案

每個決策目標至少要有兩個行動方案。擬定這些備擇方案時要充分發揮智囊的作用和廣大職工的創造性。

第四步：選擇合適方案

在若干備擇方案中挑選一個最好的方案，有時是比較容易的事，但同時多個方案的優劣很難評出上下時，優選就不是一件容易的事。倘若此時決策者在時間不允許的情況下猶豫不決，必然會貽誤戰機，給企業造成不必要的損失。不同類型的決策問題，其選擇標準也不同。期望值標準、最小損失標準、收益最大可能性標準與機會均等的合理性標準都是風險型決策中常用的標準；而確定型決策則常用價值標準、最優標準或滿意標準。

不管用什麼科學的方法對備擇方案進行評估和優選，最終的決斷還得依靠決策者（總經理）的素質、經驗和能力。

例如企業想用新材料代替原用的稀缺材料，有 4 種材料可供選擇試驗，效益值與成功的可能性見表 8-1。

表 8-1　選擇合適方案

方案	效益值	成功的可能性	期望值
A	10000	10%	1000
B	8000	20%	1600
C	7500	50%	3750
D	4000	80%	3200

這裏從兩個角度做了不同的判斷結果，首先，假若單純考慮各種方案成功的可能性，那麼，儘管 D 方案的效益值較其他方案低，但它的可能性是 80%，保險起見，應選取成功可能性最大的 D 方案作為最

有希望的決策方案。其次，不僅要考慮各種方案成功的可能性而且還要同時考慮每一方案在百分之百成功條件下能夠達到的效益值。這樣最有希望的行動方案便是 C，儘管 C 方案成功的可能性低於 80%，但期望值卻是 4 種方案中最高的。

第五步：實施方案

合適方案選定後，就要制定實施方案，積極貫徹實施。這是使決策達到預期效果的重要過程。

為了做好決策方案的實施，必須把決策的目標和實現目標的措施向員工公佈，發動企業員工為實現既定目標做出貢獻。在實施過程中，總經理要做好計劃、組織、溝通、協調等多方面的工作。

第六步：檢查效果

在決策方案的決策過程中，還要追蹤及時反饋，不斷地修正原方案，使其更加完善，決策方案的執行過程，實際上是對方案的檢驗過程，修改和完善過程，也是人們認識事物的深化過程。在方案執行完之後，還要總結經驗教訓，為以後的決策提供借鑑。

四、總經理的決策要靠資訊

一個資訊早知道與晚知道、早利用與晚利用，效益大不一樣。如果時過境遷，別人已經利用了，對你來講這個資訊可能就無用，成了馬後炮了。如昨天的天氣預報，對今天已無多大價值。經濟資訊和市場信息同樣如此，有時及時掌握某經濟資訊，企業往往會迅速發展，甚至反敗為勝。我們所說的「機不可失，時不再來」多半也是指資訊的時效性。

企業總經理對資訊的把握應當及時收集、迅速傳遞和果斷應用。

在這方面，日本做得相當有水準。世界市場行情變動情況，5 秒～1 分鐘就可知道；查詢或調用國內 1 萬個重點公司企業當年或歷年經營情況的系列資料，3～5 分鐘即可，其速度之快可見一斑。作為總經理除了廣泛獲取資訊外，還應保證企業資訊傳遞管道的暢通無阻，確保資訊時效性。

資訊收集要廣泛，收集網越大，資訊越多，也更容易選擇有用的資訊。

日本 5 家大貿易公司海外市場情報人員近 2 萬人。三菱公司每天收集到的市場資訊，可繞地球 11 圈。從市場情況、技術情況、人們的思想狀況，到政治情況財貿無所不包，被認為「超過美國中央情報局」。他們收集的大量資訊大大提高了自己當時的經濟實力。「三菱搜集的資訊大到美國總統選舉，小到中國豬鬃情況，無所不包」。因而，廣泛收集資訊對企業實屬必要。

可靠的資訊形成正確的判斷，正確的判斷才會導致正確的決策產生。企業界有一句名言：「正確的經營決策是 90%的情報加上 10%的直覺」。也只有掌握了大量可靠的資訊，才能運籌帷幄之中而決勝於千里之外。企業的中心在於經營，而經營的重心在於決策，要做好經營決策，主要靠資訊。因此，一個高明的總經理，必須善於捕捉資訊、分析資訊，把有價值資訊變為企業的財富。

總經理是企業的指揮者和率領者，更需要率先獲取資訊，從資訊分析綜合中做出決策，制訂規劃並付諸實施，從而獲得較好的經濟效益和社會效益。總經理要實現領導目標，靠的是計劃，而計劃的靈魂是決策，決策的前提是資訊。在形勢不清，情況不明的條件下匆忙決策，只能走向失敗，造成不可挽回的損失。

五、總經理的決策要果斷

企業的現實經營管理活動遠比規範複雜。高明卓越的總經理會考慮到一切情況，偶然的例外情況總會經常發生，客觀情況的變化總有可能超出原來的設想，這樣總經理總會遇到大量的非規範需要處理，決斷是企業總經理的一項經常性的重要工作。企業的發展方向和目標等大事要決策，也有小的問題要拍板；上級指示來函要立即行動，下級請示來了要及時批覆；生產經營許多緊急、意外事件要處理等，這些都是決斷。

譬如，上級下達某項任務涉及計劃與業務兩個部門時，究竟是由計劃部門完成，還是由業務部門完成，還是兩個部門協作完成，原來的崗位責任制規定不明確。對此，總經理就應及時做出決定，交由那個部門完成。

如果同樣的非規範事件多次出現，那麼總經理就應該修改原有的規範，把這個事件考慮到新的規範中去。例如，上述兩個部門多次發生扯皮、衝突，說明部門規範的責任不清，就有必要修改崗位責任制。所以，不能決斷就不能領導，優柔寡斷者決不能成為一名卓越的總經理。

案例

1978 年石油危機再次衝擊世界時，美國克萊斯勒公司汽車銷量急劇下降，每天損失達 200 萬美元。公司聘請艾柯卡任總經理。在振興企業的誓師大會上，他用鐵錘將一輛豐田小汽車擊毀，並大聲疾呼公司敗在豐田手中並非因為質量，而是決策錯誤。從此他進行了一系列振興公司的決策。1982 年，措施終於見效。創造奇蹟的艾柯卡，其成功在於他緊抓重大決策，並進行正確的決策。

心得欄

第 9 章

總經理的授權

重點工作

大權集中，小權分散，把職務、權力、責任、目標授給合適的負責人，這是用人要訣。「事必躬親」是封建時代主管的做法，而現代的用人要訣是「將工作授權合適者去執行」、「明其責，授其權」。

一、總經理的分身術——授權

美國的管理專家說，他在為總經理人員舉行專題討論會時，常暗暗對與會者進行 3 次測試，看看他們作為總經理是否稱職。對於凡是在吃午飯和上下午喝咖啡時，必須給自己的辦公室打電話的總經理，測試成績都給予不及格。

理由是，一般來說，一個稱職的總經理離開辦公室一天，公司是不會出亂子的。而打電話的人肯定是不懂得授權的人，他們的行為既令自己負荷重，又不讓下級通過解決問題獲得經驗，從而使下級失去了提高的機會，所以將他們判為不及格。

總經理給人們的突出印象就是一個「忙」字。所謂「兩眼一睜，忙到熄燈」，就是對這些人的生動寫照。造成這種忙亂而工作效率又一般的局面，固然有多方面的原因，但「不懂得授權」是重要的原因。

在企業的管理活動中，常碰見這種局面。一方面，總經理抱怨自己的部屬不肯負責；另一方面，又會聽到部屬的這種議論，「我們總經理似乎把事情都抓在自己手中」;「總經理不肯放權」;「總經理樣樣全管，一直那麼忙，找他報告工作也沒有時間」。在一些小企業，總經理本人常常就是「企業」，事無巨細，一人包辦，忙得不亦樂乎。

面對現代企業複雜的生產經營管理，即使再高明的總經理，也不可能面面俱到，包攬一切。那麼，聰明之舉即是合理的授權。授權被人們稱為「現代分身術」，總經理可以借助於授權使自己得以超脫。

在企業裏，你也許是一位辦事能力非常強的人，企業大小事物都可以應付得綽綽有餘，但當你坐上總經理的職位時，是絕對不能再像以前那樣凡事過問，必須具備當總經理的風範，不必親力親為，而應當把繁瑣的工作分派給部屬去做。

若包辦一切大小事務，試問總經理那裏還有時間和精力去處理其他更重大的事務呢？一個傑出的總經理必定是一個高明授權人，充分授權是最佳手段。

授權是員工參與管理的最高形式。授權的層次用清楚分明的步驟加以圖解（見圖 9-1），在實現授權的組織中，所有這五個層次的活動是同時進行的。這些互不相連的步驟可能是在個人、群體或全組織的層次上進行的。最好的方法是將整個過程一步一步地完成，通報資訊之後再徵求意見，徵求意見之後再分享，分享之後再分權，而最終達到完全授權。

圖 9-1　授權的基本步驟

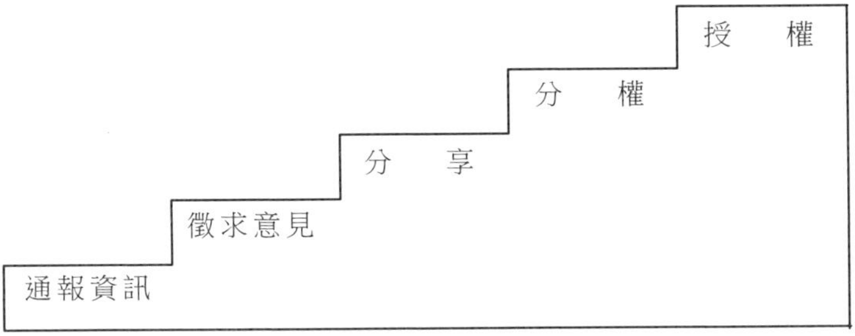

授權的基本步驟

二、授權是什麼

所謂授權，就是主管將其所屬部份權力授予直接部屬，使其在指導和監督下，自主地對本職範圍內的工作進行決斷和處理。授權是總經理智慧和能力的擴展延伸，學會了就可以左右逢源，應付自如。

總經理在什麼情形下應立即考慮授權問題呢？一般說來，當工作負擔太重，拿不出精力考慮企業和重大戰略問題，感到沒時間坐下來討論和研究大事的時候；當感到要處理的事千頭萬緒，常常瑣事纏身，變成一個忙忙碌碌的事務主義者的時候；當你下級依附性太強，事無巨細都要請示彙報，工作不推不動，缺乏主動性的時候；當經營決策和具體事務管理由於資訊不暢而常常失誤的時候；當你的企業發生了緊急情況的時候等等，遇到上述情況，總經理應首先想到授權。國外許多專家都強調「凡可以授權給他人做的，就不要自己去做」,「當你發現自己忙不過來時，你就要考慮是否自己做了部屬能做的事，那你就把權力派下去。」

美國總統雷根精於授權之道，他曾對美國《幸福》雜誌記者說:「讓那些你能夠物色到的最出色的人在你身邊工作，授予他們權力，只要你制訂的政策有得到執行，就不要去干涉」。

美國著名企業家，國際出租汽車公司總經理羅伯特·湯森德曾舉例說明應如何授權。現在有一份合約需要簽訂，兩個競爭廠家，一個是老主顧，一個是新客戶。總經理應如下授權：一是物色一個人，把簽訂合約的權力給他，讓他全面負責談判；二是把合約中各項條款的最低和最高要求寫在紙上；三是給有關專家幾天時間，討論一下你所提出的要求，然後把意見匯總，反覆修改，最後重新寫出來；四是讓談判人守在電話機旁，你給每個廠商打個電話，寒暄幾句就說:「我已決定讓某某去談這份合約，無論他提出什麼意見，我都同意，一切由它拍板，我的要求是 30 天內簽好合約。」

三、你會正確下達命令嗎

韓非說，「上君盡人之智，中君盡人之力，下君盡己之能。」意思就是說會用人的領導者才算是優秀的領導者，而只會自己身先士卒、盡己之能的領導者永遠都是失敗者，此話很有哲理。

在二戰時，有人問一個將軍:「什麼人適合當將軍？」將軍非常肯定地回答:「聰明而懶惰的人。」的確是精闢的論斷。

總經理的主要工作是什麼？就是要找到正確的方法，找到正確的人去執行。作為總經理你應盡可能做決策層的事情，把那些你不想做的事，把別人能比你執行得更好的事，把你沒有時間去做的事，把不能充分發揮你能力的事，全部果敢地託付給部屬去做。只有這樣，你才能不被「瑣碎的事務」所糾纏，才能真正地把你的能力發揮到應該發揮的地方。

管理大師邁克爾・波特認為：領導者只有學會溝通和聰明地授權，才能讓自己和團隊獲得提升。的確，授權是總經理最明智的做法之一，也只有授權，領導才能去做更重要的決定及思考企業遠景方向。而員工則從被動的執行，培養為具有判斷、創新能力的人才，並發揮高效的執行力。

美國通用電器公司的前首席執行官傑克・韋爾奇曾經這樣說過：「把梯子正確地靠在牆上是管理的職責，高級領導者的作用是在於保證梯子靠在正確的牆上。」

運用到本課堂，我們可以換成這樣的話來理解：「你是將軍，不是士兵。士兵是戰爭的執行者，而我們卻是戰爭的策劃者。如何保證這場戰爭的勝利，惟一的希望就是要保障執行者能夠按照決策去正確地執行。」所以，作為「將軍」的你最重要的事情不是去管理你的團隊，而是去真正地領導你的團隊，把權力正確地下放給部屬，並讓部屬按照你的決策去執行。

在軍隊中，如果上級不會正確下達命令給下級的話，那麼下級就不知道如何執行你的任務，這樣的結果是非常危險的；在一個企業裏，如果一名總經理不會下達正確的命令的話，同樣部屬也是無法執行你的決策的，結果將會阻礙你的企業發展。因此，只有正確下達命令才能使員工按照你的意圖完成特定的行為或工作。當然，命令一般都隱含著強制性，會讓員工有被壓抑的感覺。若領導者經常都用強制命令的方式要求員工做好這個，完成那個，也許部門看起來非常有效率，但壓抑了員工的創造性思考和積極負責的心理，有時也讓員工失去了參與決策的機會。

命令雖然有缺點，但要確保員工能朝確定的方向與計劃執行，命令是絕對必要的。

那麼你要如何下達命令不僅可以讓員工完成任務，有能力激發他們的潛能？這是很多總經理不得不考慮的問題。

1. 用「5W2H」正確傳達命令

對於總經理來說，下達命令時，切記不可經常變更命令；不要下一些過於抽象的命令，讓員工無法掌握命令的目標；不要為了證明自己的權威而下命令。

正確地傳達命令的意圖，你只要注意「5W2H」的重點，就能正確地傳達你的意圖。

例如：「克裏絲汀，請你擬訂兩份關於新產品發佈的計劃書，一定寫出新產品的特點，於週五前必須送到我的辦公室，我要拿給董事會成員看。」

拿這個小例子用 5W2H 方法將它進行劃分，體會該方法所傳遞的重點。

Who（接受任務者）：克裏絲汀

What（做什麼工作）：擬訂計劃書

How（怎麼做）：寫出關於新產品的特點

When（時間）：週五前

Where（地點）：下達任務者的辦公室

How many（工作量）：兩份

Why（為什麼）：要給董事會成員看

通過這個方法，我們可以清楚地把命令傳達給員工。

2. 讓員工積極地接受命令

有很多總經理都這樣認為，下達命令是靠權力來執行的，不管員工是否有意願，他都必須要執行，所以沒有必要考慮員工對命令的意願。的確，員工接到命令後，必須要執行，但有意願執行的員工，會盡全力把工作做得更好；沒意願執行的員工，就會想著如何應付過去。

所以，總經理必須學會從「命令→服從」的固有認知中解脫出來，運用提升員工意願的溝通方式來下達命令，這樣才能讓員工積極地完成使命。

究竟該怎樣提升員工執行命令的意願呢？必須要掌握的溝通技巧如下：

⑴把工作的重要性告訴員工

在日常工作中，總經理總是知道去分配任務，而忘記把這項任務的重要性告訴員工，例如：「傑克，明天你帶領幾個員工到××化工廠進 5 噸炸藥。」可能當時的傑克聽完你下達的任務後，覺得這次進產品和往常一樣，能否進到貨都無所謂。孰不知，這次進炸藥的任務非常關鍵，如果進不來，前方就要耽誤施工的進度，耽誤了施工進度，也就無法如期完成重任。所以，像上面那樣地下達命令是無法引起員工重視的，結果工作的積極性也無法發揮。

因此，在我們下達命令之後，要記得告訴員工這件工作的重要性，如：「傑克，麻煩你明天帶領幾個員工去××化工廠進 5 噸炸藥。這次任務是否成功將決定我們公司能否如期完成工程，對公司來說至關重要。希望你能竭盡全力爭取成功。」透過告訴員工這份工作的重要性，以激發員工的成就感。讓他覺得「總經理很信任我，把這樣重要的工作交給了我，我一定要努力才不負眾望。」

⑵注意措辭的使用

由於你是總經理，往往在下達命令時，用語很直白，沒有考慮員工是否願意。例如你在與員工溝通的時候，經常會用這樣的語言：「里奧，過來。」或「里奧，去重新把這個文案寫好。」這樣的用語會讓員工有一種被呼來喚去的感覺，缺少對他們起碼的尊重。因此，在下達任務時為了激勵他們工作的積極性，使他們能更好地完成任務，你不妨使用一些禮貌的用語，例如：「里奧，請你過來一下。」或「里奧，很抱歉！麻煩你把這個文案再重新寫好一點。」要記住，一位能激勵部屬更好地完成任務的總經理，首先應該是一位懂得尊重別人的領導者。

⑶鼓勵員工提出疑問

當把任務下達後，最好要問一問員工是否有什麼質疑的，如：「關於這個投資方案，你還有什麼意見和建議嗎？」如果員工說得真的有理，當我們採納了好的意見後，別忘了稱讚他們。例如：「關於這點，你提的意見太棒了。就照你的意見去做。」

上述這 3 個傳達命令的溝通技巧能提升員工接受命令、執行命令的意願，你的意圖才能被員工積極地執行，企業才會被員工感覺到是一個開放、自由、受尊重的工作環境。

四、總經理要授權

領導活動中遇到的事千差萬別，任何人都不可能預先準備好應付各種具體情況的錦囊妙計，若把這些事都交給總經理裁定，就可能因資訊的往返流程複雜而錯失良機，或者因為不清楚具體情況妄加自主而形成錯誤決定。對一個想事業有成的總經理來說，授權事關重大。

有位著名的軍事學家曾經說過：「衝鋒一線的戰士永遠都不是軍隊的最高首領，如果是的話，那麼這隻軍隊將離失敗不遠。」

企業裏，零售巨頭沃爾瑪的創始人山姆・沃爾頓告訴我們：「企業要做大做強，經營領導者就要善於分權，善於授權。無論是管人，還是育人，都只是手段，企業的目的還是用人，尤其是授之以權，放手讓他做事業，以使經營領導者騰出更多的時間和精力做『大事』，而不是拘泥於本可以由員工做好的『小事』上。」

1. 總經理要實現目標

任何層次的主管，都有其必須實現的領導目標。企業總經理指揮的對象仍是部門主管，是率「將」的；而這些「將」是部門主管，他們指揮的對象是具體工作人員，是率「兵」的。

一個懂得管理藝術的總經理，會盡可能地發動下級去工作，只在必要的時候才直接行使職權。

美國克萊斯勒汽車公司總經理艾柯卡說：「一個領導人，如果能發動別人心甘情願地去幹，他就做出了很大的成績。」「你發動你下一級去幹，再由他發動他的下一級去幹，你不要想做所有人的工作。作為高階主管，其任務就是發動別人。」

激起各方面的力量，主要是部屬的力量，齊心合力地為實現領導目標而奮鬥，而使用授權這種「分身術」，使部份權力的責任由部屬承擔，亦即將自己領導活動的總目標分解為若干分目標，交由若干部屬去分擔。這樣，一是有利於總經理減輕本身負擔，使你從瑣碎事務中解脫出來；二是總經理可以騰出更多的時間致力於制訂企業生存和發展的戰略，即安排好企業的長期和短期計劃，研究未來發展的對策，以保證企業在激烈的競爭中優質優勢。

一個人一旦走上指揮、監督別人工作的崗位，它的主要職責就是協調好若干人幹好一件事或幾件事，統帥若干人實現各個分目標從而達到總目標。因此，作為總經理，你的主要職責是指揮、合理調度、通過別人來完成任務，監督決策的實施過程，研究需要改進之處，而不是一味埋頭去做具體事務。

授權給部屬一個獨立工作的機會，盡一切可能幫助部屬在各自能力限度內獲得最大結果，指導部屬以最有效的方式實現目標。只有通過授權，才能使總經理一身變多身，把神話的「分身術」變為現實，同時可以一腦變多腦，使總經理的智慧和能力得到放大和延伸。

作為總經理，其可貴之處在學會授權。管理學家 R.阿利克· 麥肯濟認為，「管理就是通過別人把事情辦好」,「委派」主要是把事情交給別人去幹。

「管理」和「委派」不可分割地交織在一起。不委派他人的管理者不是在進行管理，善於委託他人工作才是高階領導者(總經理)達到成功的必不可少的條件之一。

委派他人工作，可以使你的效率增加兩三倍。委派在這裏指的是授權，通過合理授權，使總經理重在管理而非做具體事務；重在戰略，而非戰術；重在統帥，而非帶兵。通過「分身術」有利於總經理議大事，抓大事，居高臨下，把握總目標的實現。

2.提高工作效率，抓好大事

總經理的時間、精力、能力都是有限的，要想提高工作效率必須授權。然而很多企業總經理不懂得這個道理，對職權範圍內的大事小事表現出極大的「耐心」和「精力」，事必躬親，結果整天忙得團團轉，工作效率並不高，更談不上創造性地完成工作任務。

優秀的總經理，面對同樣錯綜複雜的工作局面，卻能夠小事放得開，大事收得攏，泰然處之，瀟灑自如。總經理之所以能夠輕鬆自如地開展工作，一個重要的原因，就是授權。

不願或不善授權的總經理，將會使自己深陷瑣碎工作的泥潭，甚至成為碌碌無為事務主義者。即使能幹如神，畢竟精力有限，企業總經理的職位決定了他必須面對整個企業的各方面的問題並做出處理。要解決時間和精力有限而事事相對無限的矛盾，這種總經理最後不得不「分給別人一點」。到了這一步，有些事情肯定已一拖再拖，另一些事可能根本無暇顧及，而許多大事要事卻擱在了一邊。同時，也使部屬積極性受到壓抑，工作失去了興趣和主動性。

更為重要的是，一位總經理無論怎麼精明能幹，你所管轄的工作範圍總是超出你本人的能力，縱使你有「三頭六臂」，是一尊「千手觀音」，依靠自己的能力，也是不可能勝任其全部工作的。儘管在一、二項或者更多的工作上，你可能比部屬做得出色，但不可能在所有的工作上都超過部屬，解決這個問題的方法，就是把總經理的作用從你能做的工作擴大到你能控制的方面，從而增加有效的領導範圍，這也正是總經理授權的目的，從這個角度看，總經理要精於授權，不僅僅是因為能出色地完成工作，而且還在於不授權就不能勝任工作。

3. 創造氣氛，訓練部屬，發現人才

任何一個好的總經理，都要創造一種氣氛，這種氣氛能使部屬在理智和情感上投入工作。善於授權的總經理能夠建立一種「領導氣候」，使部屬能在此「氣候」中自願從事富有挑戰意義的工作，把學習和鍛鍊的機會委讓給部屬，會滿足他們追求尊重和自我實現的心理需求，這就必然使總經理獲得部屬的尊重和信任，從而提高自身的影響力，並體現出民主領導的風格，激起部屬創造性工作和敢於負責的積極性。這種信任，給部屬提供充分「加入」有意義工作的機會，來刺激部屬的工作意識，可以進一步溝通上下級的關係，改進領導作風，有利於企業總經理獲得更多的支援。總經理部屬的看法要積極，要抱有「多給他們一點」的心態，激發部屬產生「核裂變」，挖掘潛力，讓眾多大腦都開動起來，充分發揮部屬的技能和才幹。

授權可以讓部屬以自己的特長去嘗試處理事務的感覺，為其提供自我發展的機會，在實踐中得到自我提高。將一些不重要的事授權下級去辦理，即使辦得不好，影響也不會太大，他可以從中吸取教訓；如果辦好了，他可以從中學到許多技巧，提高工作能力，而且隨著部屬在實踐中學到的真知，總經理可根據工作的需要授予他們更多的能力和責任，隨著擔子的加重，部屬也能從中體會到總經理更深的信任和重用，工作熱情就越發高漲，主動性就越強。

總經理將自己不便行使的部份權力，恰如其分地授給那些有某方面特長的人，以彌補自己在某些方面的不足。

美國著名的企業家——「鋼鐵之父」卡內基的墓碑上，就刻著一首短詩：這裏安葬著一個人：他擅長把那些強過自己的人組織到他的管理機構中。

這說明了卡耐基擅長授權那些強過自己的人去開展工作。現代企業的總經理，若不授權於部屬，那他不但無法利用部屬的專長，而且也無法發現部屬的真才實學。因此，授權可以發現人才、利用人才、鍛鍊人才、使企業出現一種生龍活虎、朝氣蓬勃的局面。

五、總經理授權的技巧

總經理把權力授給下級，指示他們完成任務，使決策得到實現，粗看似乎是十分簡單的事，但事實上需要相當的技巧。授權不當比不授權造成的後果更嚴重。所以，授權要有正確的做法：

1. 分配責任

這是最重要的步驟，因為授權就是為了讓部屬擔負起責任，責任是內容和實質，權力是形式和表象，沒有責任，權力就是毫無意義的東西。

責任就是工作任務，總經理要為部屬清楚地描述他們所要從事的任務，不能含糊其辭，模棱兩可，也不要在細節上過多地糾纏。對於下級熟悉的，勝任的工作，一般只告訴下級做什麼，許可權是什麼，而不必過細地做具體安排，總經理對任務要分配得非常明確，不至於使部屬在工作中相互推諉扯皮。這是需要你在授權前再三斟酌、廣泛掌握資訊，充分聽取意見的。

總經理應把大量工作做在「授權之前」。分配責任還不僅在於此，能為部屬明確工作任務，只是完成分配責任這一步的一半，更重要的另一半是向部屬指明完成該項任務後，應獲得那些預想結果，達到什麼目標——包括近期目標和長遠目標，分目標和總目標，若不指明這後一半，那麼，授權就大打折扣了。

可見分配責任決非簡單的事，總經理在授權時只簡單告訴部屬是不夠的，應確切瞭解下級是否已正確理解授權的任務，是否已知道期望於它的成果是什麼，是否已把握完成任務的時間。必要時甚至可以要求下級覆述或解釋一下授予的任務，只有讓部屬真正理解總經理的意圖，才會避免犯許多代價昂貴的錯誤、誤解以及感情認識上的問題。要將工作任務分得明確合理，就必須通曉事物的性質、特點。把握事物的發展規律，才能理順關係，不至於使部屬互相扯皮。

因此，在分配責任時必須明確：一是部屬應負責從事的活動範圍和任務；二是部屬應達到的目標；三是檢驗部屬工作的標準。另外，授權一般是一事一授，有關任務完成了就及時收回權力。

2. 授予權力

授予權力不是簡單的放手讓部屬工作，而是允許部屬見機行事，並讓他制訂必要的政策；更不能只是簡單地讓權力一放了事，撒手不管，而是必須履行總經理的必要權利和義務。因為，權力的傳授不是分某人的私有財產。權力是總經理授予的，這部份既是受權者的，同時也是總經理的，並不意味著總經理失去了這些權力。如同傳授知識一樣，學生擁有了知識但教師絲毫也沒有缺少什麼。

在授權的過程中，要注意抓好兩個環節：一是幫助部屬制訂方針，提出工作規則；二是把握部屬的工作進程，及時給予必要的人力、物力、財力等條件支援。在第一個環節中，總經理向部屬交待了任務和目標要求，然後讓部屬考慮一下，拿出一個完成任務的方案，並通過審議，指出其中的不足和失誤之處，與部屬達成一致意見。另外還需要指出在行動中應注意的隱患和問題，提出預防辦法，授予隨機處置權。在第二個環節中，要使部屬清楚總經理的意圖獲得必要的備件，及時予以指導和協助，必要時追加授權。

3.帶責授權

授權的同時明確了部屬的責任，將權力與責任授予部屬，這就是帶責授權。但要注意不能授出最終責任。帶責授權不僅可以促使部屬完成工作任務，而且可以堵塞有權不負責或濫用權力的漏洞。

授權和明責是合二為一，不能分離的。只授權不明責，會造成部屬濫用職權；只明責不授權，會使部屬無所適從，無法盡到責任。

東周時中山國相國樂池，奉命帶駕車出使趙國，為了管好隊伍，他便在門客中選出一名能幹的人帶隊，走到半路車隊不聽指揮亂了行列，樂池因此而責怪門客，門客回答道：要管好隊伍，就得有權有責，能根據各人的表現對他實行必要的懲罰。我現在是下等門客，你沒有授予我這方面的權力，出現失誤為什麼要我承擔責任呢？

這個例子說明了有責無權的弊端，也說明了權責不能分離。

帶責授權應向部屬交待清楚許可權範圍，同時也表明了責任範圍。授權不明，許可權不清，部屬就沒有主動權，便無法開展工作，而且在使用權力時也常會出現扯皮現象，要麼不敢大膽用權，要麼互相爭權，要麼推諉不管，這顯然都會影響權力的運用效果，只有清楚許可權，才能明確責任。這就要求總經理必須向部屬明確所授事項的責任、目標及權力範圍，讓其知道自己對什麼資源（人力、物資、經費、資訊、時間）有管轄權、利用權，對什麼樣的結果負責及責任大小，使之在規定的範圍內有最大限度的自主權進行決策和行動，否則，被授權者在工作中不著邊際，無所適從，勢必貽誤工作。幹什麼活，有什麼權，負什麼責，執行什麼任務給什麼權，二者要同時交。

受權者在什麼範圍內執行任務，履行職責，總經理就要在什麼範圍內當眾宣佈他的職責許可權，目的在使其他與受權者相關的處理授權範圍內的事時，出現流程混亂及其他部門和個人「不買賬」的現象，授權最好有手諭、備忘錄、授權委託書等證明，這樣做一是當別人不服時，可借此為證；二是明確了授權範圍後，既限制受權者做超越許可權的事，又避免受權者將其處理範圍人和事以請示為由，貌似尊重，實則用麻煩上級的方法討好上級。這樣做，有利於授權者正確使用手中的權力，更好地實現總經理授權的目的。

就同一方面或系統的工作向兩個以上的部屬授權，必須注意使後果責任落到一個人身上，讓其中領導權力較高的那個人承擔後果責任。這可使受權者各司其職，各負其責，避免扯皮和爭功諉過。

4.請示彙報，檢查監督

有效的授權流程，必須包括請示彙報、檢查監督這一步驟。部屬向總經理彙報的授權的本質要求，既然授了權，就要彙報盡責的情況，沒有彙報也就無所謂真正的授權。彙報絕不是可有可無的，也不是憑興趣可幹可不幹的事情。理論上，這種彙報是自覺自願地進行，而且是授權流程中順理成章的延續部份。但在實際工作中，部屬並不總是自覺自願地彙報。因此，在授權過程中，一是要建立健全請示彙報制度，以制度約束部屬，養成自覺彙報的習慣；二是要體諒部屬工作中的困難，彙報是為了便於對部屬監督檢查，對其工作進行控制，以防出現偏離目標的情況，一旦發現問題還來得及補救。

檢查就是情況，核查事實，沒有檢查，下級對工作可能鬆懈疲遝，致使總經理的授權失去時效的價值。親自監督檢查，可以指揮、指導、推動、協調下級，不經過其他人和其他環節。對於授權者，受權者也要接受和服從，監督檢查首先要深入實際，不能只是走馬觀花、聽取彙報，那樣，仍有可能像掉到井裏的葫蘆，被各種「彙報」托浮在水面上，深入實際，必然會瞭解到大量的資訊，其中會有許多表像、假像和錯誤資訊，所以必須深入分析，瞭解事物的本來面貌和來龍去脈。面對監督檢查，受權者的彙報難免會投總經理所好，或不願報憂，甚至隱瞞實情，即使是總經理所見事物也可能是經過人為地美化或掩飾的，所以一方面要多看、多問、多聽，另一方面還要多分析。

另外，下級在實際工作中，有成績的經驗，也有困難和苦衷。因此在監督檢查中提出要求時，既要堅持目標，又要理解受權者處境；既要糾正偏差，又要尊重受權者；既要批評失誤、處罰錯誤，又要保護、激發受權者的積極性。

5. 放手信任

能否做到放權，關鍵取決於總經理是否肯放手，是不是相信下級。

對於將要被授權的部屬一定要有較充分的瞭解和考察，但授權不是提升職務，因此不必對他做全面考察，只要他能獨立勝任該項任務就行。認為可信任者，才能授權。授權要表現出對部屬的充分信任，如果部屬不願接受授權的工作，很可能對總經理的意圖不信任。所以，要排除部屬的疑慮和恐懼，恰當地稱讚他完成任務的優勢和不利條件，當然也要指出可能出現的困難和問題，並相信他能夠克服，用你的信任激發他的信心和責任感。如果既授權給他，又表現出一百個不放心，甚至對一切細節都婆婆媽媽地說個沒完，他就會覺得你不信任他，從而產生反感，甚至失去信心。

只有信任才能產生信心，而一旦授權就要信任。一旦相信受權者，就不要零零碎碎地授權，應一次授予的權力，就一次授下去，授權後，就不能大事小事都干預，事無巨細都過問。總經理要有勇氣和決心摒棄包辦代替和事務主義的不良作風，放手讓受權者在其職責範圍內施展才幹，對受權者的執行情況，可能超越指揮層次搜集資訊，直接聽取員工意見，以便於指導。

總經理要知道，「支援下級，就是支援你自己」的道理。當受權者工作上某些環節出現問題時，向他們指出應該留意的地方，再放手讓受權者去矯正有關錯誤，過一段時間再加以檢查，切勿一開始就插手干預，那樣不但堵死了自己，也影響受權者對自己的信心，並減輕了他們對工作的熱情。更不能稍有偏差就將權力收回，這樣做會產生不利影響：一是等於向其他人宣佈了自己人在授權上有失誤；二是權力收回後，自己負責受理此事的效果如果更差，則更會產生副作用；三是容易使受權者產生總經理放權卻不放心的感覺，覺得自己並不受信任，有一種被欺騙感。因此，在授權後一段時間，即使被授權者表現欠佳，也應通過適當指導製造一些有利條件讓他以功補過，不必馬上收權。

請記住：授權與受權是相對的，你越對受權者放心，受權者會越謹慎，越珍惜總經理信任而賦予的權力；你越不放權，受權者會越覺得權小而爭權，爭得的權力往往亂用。其實，真正放手工作的受權者會竭盡全力的。就像運動員一樣，一旦求得比賽的權力，一定會奮力拼搏的。

6.總經理要如何改進授權

美國著名的管理專家吉布提出了 10 個方面的問題，總經理可以定期用這些問題來審查和改進授權的技巧。

⑴你（指總經理）不在辦公室時，辦公室的工作是否混亂？

⑵你外出回來時，是否有本來應由部屬做的工作等著 你去處理？

⑶你能按規定的時間實現目標或完成任務，還是必須把工作帶回家或在辦公室裏加班才能完成任務？

⑷你的工作是從容不迫，有節奏地進行，還是經常被那些需要徵詢你的意見或決定，才能辦事的人所打斷？

⑸你的部屬是否把矛盾上交，讓你去做應由他們自己去做的決定？

⑹是否覺得自己的工作負擔太多，而部屬工作又太少？

⑺你是否認為沒有時間培養部屬？

⑻你是否真的認為公司報酬制度，如工資、晉升、提級制度等等，能使部屬承擔較多的責任？

⑼在你領導的人當中，是否有人在你來之後辭去工作？

⑽你是否真的想把工作委託給別人去做，還是覺得自己最能勝任這項工作？或者捫心自問一下，是否害怕某個部屬幹得很出色，會「超過自己」而不願意授權。

六、總經理的不當授權

下列是總經理授權時最忌諱、最容易犯的錯誤：

1. 把「授權」當推卸責任的「擋箭牌」

現實中，有些總經理不知「士卒犯罪，過及主帥」的道理，錯誤地認為「授權」的事情自有被授權者全權負責，自己可高枕無憂了，並美其名曰：各負其責嘛！這是很不應該的，須知在授權時必須徹底授權，但對於授權後部屬所做的一切事情，仍然要承擔起領導責任，授權不等於是「讓位」。

總經理帶責授權時，要注意不能授出最終責任，受權者接受權力，應該認真履行自己的責任，完成上級賦予的任務，同時應對授權者負責。但授權者並不能因此解除應負的責任，因為權責對等是針對某一職位應擁有的權力而言的，而授權則不然，授權後並不要求被授權者承擔對等的責任。原因是這個權是「授」——給予的，即這個權並不是被授權者所在的職位所固有的。

2. 授權不徹底

有一幅題為「指揮」的漫畫，畫的是一位樂隊指揮。高舉著握有指揮棒的兩手，累得「滿頭大汗」，原來兩條指揮棒上分別繫著一根繩索，被幕後的兩隻手操縱著。

這幅畫的主題是很深刻的，現實中，有許多總經理授權後總是不放心，經常干涉被授權者，阻礙其權力的正常行使，結果弄得下級很被動；還有的總經理授予下級的權力與下級所負的責任很不相稱。如一位總經理委託一名部屬去和外商談判，而不授予其最終「拍板」權力，這兩種情形，都屬於授權不徹底，所有這些常常會干擾組織結構的運作，貶抑了部屬的權威，因而導致效率的降低。

當然，要做到「將在外，君命有所不受」，還需部屬具有強烈的事業心、責任感以及足夠的勇氣和魄力，那些「君命」必須受，也要認真區別清楚，區別的標準就是看來自上方的「君命」是否符合客觀實際情況，照此去做是否於國、於民、於企業有利。

3.「越級授權」

指的是上級對直接下級的下級所進行的授權。如總經理直接越過分公司經理給他手下的部屬授權，在領導工作中授權應該是自上而下逐級進行的，越級授權一般來說是應該避免的，因為越級授權會引起被授權者直接上級的不滿，造成中間主管層次工作上的被動，扼殺他們的負責精神，久而久之，容易使被授權者產生顧慮，影響其放手開展工作，然而事情總是相對的，越級授權並非絕對不好，緊急或非常情況下，直接下級又不在，越級授權往往是不可缺少的，有利於迅速解決一些緊迫的非常問題，但要注意事後向直接下級解釋清楚。當然，有時總經理越級授權，是因為中層領導不力，即使這樣，也應該採取機構改革的辦法予以調整。

總經理雖然擁有企業的最高權力，但在授權過程中卻不應越級，既不可授權給下級的下級，也不可替自己的下級把權力授給他的下級，而只應授權給自己的直接部屬，然後再層層下授權力。這樣做，一方面可以避免中層管理者工作被動，同時也可以避免授權重疊、交叉所造成的多頭指揮現象。不然的話，就混淆了領導層次，打亂了職能分工，破壞了正常領導秩序。

《聖經》故事說當年摩西帶領猶太人走出埃及時，擁有一隻十萬人的龐大隊伍。為了保障族人的安全和號令的統一，摩西不厭其煩，事必躬親。從隊伍的行進路線及日程安排到族人內部鷄毛蒜皮的小爭端都由他親自決定和處理。摩西為此大受族人愛戴和尊敬，可是他自己卻終因勞累過度而日漸消瘦，甚至一度覺得自己都支持不下去了。後來採行類似當今的「授權管理」方式，部族內部的小爭端及一些基本的組織動員與號令發佈之類的工作，交由可靠而精幹的族人去處理，摩西自己只對事關本族前途命運的重大事項親自過問，從而減輕負擔，提高工作效率和族人的凝聚力。

摩西接受建議，將猶太族幾十萬人的隊伍按人口和姓氏劃分成不同的分支，任命主管稱之為百夫長、千夫長分層次進行管理，自己則專注於處理有關行進路線、作戰方針以及對上帝的祭祀等族內至關重要的大事。

從此之後，整個隊伍的指揮更靈活，號令傳達更迅速，也更加團結，更加有實力，而摩西自己的負擔卻大大減輕，猶太人終於克服種種困難，衝破了敵人的圍追堵截，到達以色列。

第 10 章

總經理的協調

重點工作

總經理在工作中經常面對各種矛盾與分歧，正確解決分歧是管理水準的表現。首先應該正視矛盾，然後才能分析和解決矛盾，避免無用的爭論，減少衝突，盡力化分歧為合作。

一、總經理的協調管理

《史記》中有一篇劉邦與韓信的對話：

劉邦問韓信：「你看我能統率多少軍隊？」韓信說：「陛下不過能統率 10 萬。」劉邦又問：「那麼你呢？」韓信答曰：「我是多多益善。」劉邦笑問：「我統兵不過 10 萬，你統兵多多益善，為何反倒被我擒獲了呢？」韓信說：「您雖不善於直接帶兵，可是你很善於駕馭我們這些帶兵的將軍啊！這就是被陛下擒獲的緣故。」

劉邦與韓信的對話啓示我們，作為一個企業總經理，不論企業大小，就其地位和職責來說應該是「統率將領」，而不在於直接帶兵；統帥是「帶官」的，不是「帶兵」的。成功者的經驗證明，凡是將企業管理得井井有條，效益蒸蒸日上的總經理，都是「劉邦式」的人物，擅長運籌帷幄，統率將領。他們總是把協調好與部門經理們的關係看得至關重要。

總經理是經理層的第一管理者，更是管理團隊的一員，但畢竟不是一般成員，是這個團隊的領導者。正如駕駛一艘巨輪一樣，沒有大副、二副、三副、機輪長、大管輪、二管輪、三管輪不行，但若只有他們沒有船長更不行。所以總經理必須牢記自己是整體中的一員，更是領導團隊的中心，處於全局的重要位置，對整個領導工作負有重大的責任，對工作的成敗關係十分重大，事實證明，企業有水準較高、能力較強、作風良好的一把手掌舵，工作就會做得比較出色。

一個經理層工作的好環，不僅取決於總經理這個「第一管理者」自身的素質，更重要的是取決於總經理能否充分激起「一班人」的積極性。「第一管理者」只有集思廣益，群策群力，才能把這個領導團隊建設成為一個企業堅強的戰鬥指揮部。

二、總經理的整合協調做法

1. 要深入瞭解問題

瞭解問題是協調的前提。只有對產生問題或矛盾的根源瞭解得全面透徹，對來龍去脈、相互關係瞭解清楚，才能防止協調的片面性。如果對問題只是一知半解，或者聽風就是雨，在這種情況下去協調，就會適得其反，使矛盾更加激化、問題更加複雜；或者，即使表面上看來風平浪靜了，但實際上並沒有真正解決，被協調的對象可能會誤解，積極性不高。

現實中會經常出現這樣的問題，兩個不同職能部門的主管因業務問題鬧糾紛，而總經理又不去做深入地瞭解，簡單地認為二人之間有私人成見，並煞有介事地進行個別談話，告誡兩人要注意團結，結果使二人都互相猜疑對方是不是向總經理告了狀。如此一來，本來只是工作中的矛盾，由於總經理的不正確「協調」，反而使之變成了私人矛盾，使之複雜化了，給以後工作上的相互配合埋下了隱患。

2.要準確判斷是非

對問題的深入瞭解，是總經理進行準確判斷的前提；沒有深入瞭解，當然談不上準確判斷，有了深入的解決不等於就有了準確判斷。企業總經理要能進行準確的判斷，還需講究判斷的方法。

要運用「篩選」的方法。所謂篩選，就是要做去僞存真的工作，把從調查中瞭解到的意見、申訴和反映等進行一番比較，看那些是真的，那些是假的，弄清事實的真相，去掉假的，保留真的。

要運用「剝筍」的方法。所謂剝筍，就是要善於由表及裏地層層剝皮，對問題的分析不停留在表面，要層層深入。要多問幾個「為什麼」，從「為什麼」中一步一步地深入下去，直到找到問題的癥結所在，這樣就可以實事求是地解決問題。

要運用「接線」的方法。所謂接線，就是要善於由此及彼，不孤立地思考問題，而是聯繫有關問題，舉一反三地進行思考。這樣有利於防止總經理在協調中肯定一切或否定一切的簡單化做法。

當然要判斷準確，除了方法之外，還有意識問題，也就是在指導方法上要大公無私、秉公處理、不徇私情、嚴於責己。

3.要果斷地解決問題

當部門間的衝突分清是非以後，總經理就要敢於決斷。是誰的錯誤就應批評誰，是誰的責任就應由誰負責，是多少錯誤就檢討多少，是多少責任就承擔多少。既不擴大也不縮小，不當「和事佬」，也不「各打五十大板」。總經理態度一定要鮮明，問題一定要解決，決不能碰了「釘子」就手軟。弄清了問題而不進行果斷解決，企盼自行消解，採取拖的辦法，其結果是問題越拖越多。遇到問題就拖、推，這樣就會影響團隊間的團結，使總經理的威信越來越低，今後的協調工作也會越來越難做。所以，總經理採取果斷措施是十分必要的。

4.要跟上相應的措施

協調的目的，不僅要解決現有的問題，更要防止今後同類事情的發生。然而怎樣才能做到這一點呢？這就是要求總經理在協調過程中要深入研究一下產生這些矛盾和問題的原因，有什麼問題？在組織機構的設置上有什麼問題？是在管理方式上有什麼問題？還是在規章制度上有什麼問題？如此等等。通過分析與那一方面的問題有關，就要在那一方面採取相應的措施，加以補充修改和完善。

企業總經理不僅要及時發現問題，及時解決問題，而且要徹底解決，不能治標不治本，只做表面文章，必須深入到矛盾或問題的內部，找出問題的根源，對症下藥。通過協調，把企業管理完善，把企業經營活動推進一步；否則，就會使總經理掉進了不斷重覆協調的漩渦之中，使協調變成了「救火」，這是千萬要注意避免的。

總經理要切記，一旦協調整合不成功，總經理就會變成「救火員」，成天在部門間滅火。

5.團結才能產生力量

作為總經理，必須正確處理好同團隊成員的關係。心往一處想，勁往一處使，才能齊心合力，去實現企業的目標。反之互不配合，互不支援，七撬八裂，就會相互抵消和削弱力量，任務的完成就會有落空的危險。一個企業的領導團隊之所以有力量，是因為內部各成員之間、各分工之間是相互協作的，是團結一致的。可以說，團結是力量的源泉，團結是勝利之本。

有 3 類領導團隊：一類是團結一致，各施所長，堅強有力，工作出色；另一類是成員小有分歧，部份能量內耗，工作平平庸庸，這樣的部門維持尚可，進取就難了；再一類是表面一團和氣，內部矛盾重重，互不通氣，甚至自由主義泛濫，單位工作每況愈下，越弄越糟。

怎樣才能團結「一班人」呢？總經理要具有「力量」，就要以平等待人的態度，民主協商的作風，使人感到可親近，遇事好商量，具有一種吸引力；能以真摯地情感，進行溝通交流，使成員產生認識上的共鳴，具有容人的凝聚力；能嚴於律己，寬以待人，以身作則，處處維護領導團隊團結，富有無形的感召力。總經理如果具備這 3 種力量，就一定能團結一班人。不僅要注意處理好總經理與各成員的關係，而且還必須善於處理好領導團隊成員之間的關係，只有這樣，才能真正把「一班人」團結起來。

總經理在處理成員之間關係的問題中，要善觀慎思、明辨是非，做到遇見矛盾不繞道，是非面前不含糊，要有善於溝通、增進瞭解、捕捉時機、化解矛盾的「催化力」，做到有了誤會及時消除，有了疙瘩及時解開，不積累，不擴大。

要有善於引導彼此互相學習、互相諒解、互相支援、取長補短的「融合力」，做到消滅「內耗」，增強整體功能，說到底就是友誼、諒解、支援、相容。領導團隊內不但要講友誼和諒解，而且還要互相支援、協作、相容。因為在一個經理層裏，每個人的素質都不一樣，甚至會出現有的是偏激型，非常偏激；有的是獨尊型，個人意見第一；有的是片面型，認識問題固執己見，愛鑽牛角尖；有的魯莽型，簡單從事，不顧後果。

針對個性差異的客觀存在，「第一管理者」應當允許個性，理解個性，尊重個性並發展「積極個性」。因為個性差異是客觀存在的，在很多情況下，儘管個性差異極大，但往往是殊途同歸，也就是說，應當允許和尊重其他成員以自己的方式方法處理和解決問題。這種允許與尊重是提高領導團隊成員集體心理相容的重要方法。

6.總經理學會「彈鋼琴」

一個優秀的總經理就像樂隊的指揮，指揮著各種樂器(如人才)的適效表現；又要善於從繁雜的工作任務超脫出來，既把握好中心環節，又照顧到一般，主次配合，秩序井然地開展工作，好比彈鋼琴，彈鋼琴要 10 個指頭都動，不能有的動，有的不動，也不能 10 個指頭一起按，否則就不成調子，但老是按一個指頭也不成調子。看來 10 個指頭如何動作，是個藝術性很強的問題。它們在鍵盤上跳動必須有先有後、有輕有重、有急有緩，要有節奏，要相互配合，才能產生出美妙動聽的音樂。

作為「第一管理者」的總經理，是企業生產經營的決策人，對企業發展有舉足輕重的影響，因此作為「第一管理者」要學會「彈鋼琴」。古人說「綱舉目張」，意思是說主要重點抓住了就會帶動全局。俗話說：「牽牛要牽牛鼻子」，說的也是這個道理，重視並處理好局部與全局，預見眼前和長遠的關係。不但要看到部份，而且要著眼於全局；不但要看到眼前，還要預見到將來。

按事情的重要程度安排工作，這個原理是義大利經濟學家巴雷特首先提出來並應用於經濟管理工作中的。經過多年的演變和概括，就成為現在管理界流行的「80/20 原理」——即 80%的價值來自 20%的因素，其餘的 20%來自 80%的因素。這 80%的因素也說明，總經理絕不是可以不過問小事，不做具體工作了。相反要注意分散在局部的小事情，做一些必要的具體工作。以便掌握情況，發現問題，從「點」上突破，取得經驗。

一個總經理要管的事、要做的工作很多，但事情和工作有主次之分，輕重緩急之別，處理好這些，是提高效率的關鍵。這就要求「第一管理者」既要抓好中心工作，同時又要兼顧一般性工作，把中心和一般結合起來。如果丟掉了中心工作，只去忙一些次要的工作，東抓一把，西抓一把，是不可能做好領導工作的。相反，若只抓中心工作，忽略或放棄了對一般性工作的帶動作用，同樣不能起到好的領導作用。要想把中心和一般結合好，就要善於從繁雜的工作中，準確地抓住整個鏈條中的決定環節，及時發現萌芽狀態中的新事物、新問題。事情不管怎樣繁雜，抓住了決定性環節，一切問題就迎刃而解了。

總之，無論是關鍵的少數，還是次要的多數，都需要領導團隊成員分頭去抓。總經理「彈鋼琴」歸根結底是要彈好經理層這部「琴」，彈好每個成員這個「鍵」，就是要善於發揮「領導團隊」成員的積極性，切忌事必躬親，唱「獨角戲」。

7.建立高效團隊

如果創造一個優良的工作環境，是提高經理層整體效益前提條件的話，那麼如何降低「內耗」，則是提高領導團隊整體效益，充分發揮其核心領導作用的重要環節。對於總經理來說，要提高整體效益，就要建立高效團隊。

總經理如何使每個成員的特長發揮到最佳狀態至關重要，要充分瞭解和認識每個人的特長，合理分工，促其在實踐中大膽施展其特長。

假如你手下有 3 位具有較全面領導才能的副總經理，相比之下，你可以讓一位性格豪爽，善於應變、交際的副總經理抓經營工作；讓一位資歷較深，生產經驗豐富的副總經理側重抓生產；讓一位思維敏捷，長於謀劃、善於理財的副總經理側重抓管理和後勤保障工作。

作為總經理首先要在發揮優點和特長的同時，注意彌補缺點和短處，不僅自身要做到，還要積極促使其他成員都來做，形成一個協調相濟、相互補益的風氣，防止和克服以「長」擊「短」、冷眼相視、袖手旁觀的不良傾向。

8.要有正確的主見

這是經理層實施正確領導的基礎，總經理應做到以下「兩要兩不要」，即要集思廣益，不要獨斷專行；要善於擴大正確意見，不要把正確意見據為己有。

所謂的「集思廣益」，就是對重要的事情，要讓大家充分發表意見，暢所欲言，傾聽各種不同的心聲。企業總經理決不能自持高明，草率拍板定音，對不同意見，不論是多數還是少數，都要讓他把話說完，本著堅持真理、修正錯誤，講真理不講面子，開展心平氣和的討論，不武斷地否定一切或肯定一切，真正把大家的智慧集中起來，形成正確的決定。集中正確的意見，不是各種意見的簡單混合，而是要「慎思而明辨」，經過認真、週密的分析比較權衡利弊，擇優而取，獲得比較明晰的結論。總經理切忌自恃高明、獨斷專行、我行我素。

所謂「擴大正確意見」，就是要審慎地對待少數人的意見，做到明者慎微、智者識己，真理在少數人手裏是常有的事。但在實行民主集中制的企業經理層裏，按照少數服從多數的原則，如果真理是在少數人手裏，那麼在情況允許的條件下，就要緩做決定，通過恰當的方式使少數人的正確意見為多數人所接受，這是一個總經理最需要的領導藝術。總經理在集中集體智慧和擴大少數人的正確意見時，不能把正確意見據為己有，而應該做到取有來由、捨有緣故。凡是別人的正確意見和智慧就要歸到其名下，這樣不僅體現了總經理的大家風範，而且有利於激起大家的積極性。

9. 創造和諧環境

總經理要努力創造一個愉快、和諧、利於創新的環境，才能充分激起經理層成員的積極性，發揮領導團隊整體效能。創造這種環境要有民主作風，不搞「一言堂」，使每個人都敢於講話；要支援領導團隊成員的工作，不搞「求全責備」；要超脫「自我」，不嫉賢妒能；要使每個領導團隊成員都敢於冒尖，不怕遭言論；要尊重特長，不「吹毛求疵」，使人盡其才。這樣一個和諧、利於創新的環境就基本形成。相反，若領導團隊中每個人都噤若寒蟬，不能有所作為，平平庸庸，那就說明「良好的工作場所」還沒有形成。

三、敢於面對分歧

總經理在工作中經常面對各種矛盾與分歧，正確解決分歧是管理水準的表現。首先應該正視矛盾，然後才能分析和解決矛盾，避免無用的爭論，減少衝突，盡力化分歧為合作。

由於企業是個相對獨立的單位，所以在日常工作中，企業總經理與下級難免會產生矛盾分歧，分歧發生時，如果認為自己正確的把握比較大，則可以選擇部屬意見的某些弱點提出問題，當對方不能圓滿回答時，再端出自己的全部看法，同時，即便在否定部屬意見和方法時，也要肯定他們的積極性。

與下級的意見分歧時，有兩種情況，一種是下級首先發表意見，總經理不同意；另一種是總經理首先發表了意見，而下級不同意。雖然說到底誰的意見正確最終要取決於實踐的檢驗，但是一個企業總經理在這類爭論中也有必要維護自己的威信。因為一個沒有主見，經常改變看法的企業總經理是無法得到下級尊重的。

1. 下級首先發表意見，總經理不同意

這種情況對於企業總經理來說，是比較容易處理的。下級首先闡述了自己的意見，總經理雖然不同意下級的看法，但是自己的觀點並未暴露，這時下級在明處，自己在暗處，主動權仍然在自己的手裏。在這種情況下，作為總經理，不宜過早擺出自己的看法。總經理應當首先提問，先讓對方將觀點展開論述，舉出論據，然後選擇弱點追問下去。

最後的結果可能有兩種，一種是對方被問得漏洞百出，其論點不攻自破。此時沒有必要具體下結論否定下級的看法，因為下級也有「面子」，顯然他在無力回答提問的同時也就明白自己的錯誤了，所以要網開一面，不要置對方於死地，而應當全盤托出自己的看法，闡述自己的觀點，不要再繼續追究對方。另一種可能的情況是對方對答如流，論據充足，論述嚴謹，無懈可擊。此時總經理若認為自己的觀點同樣無懈可擊，同樣有價值的話，那麼可以在不否定對方觀點的基礎上說出自己的意見，但語氣要比較客氣，謙虛，以商量的口吻，例如：「你的意見很好，但如果從另外一個角度看問題，你看如何？」或者「我有另外一些想法，你看是否也可以考慮一下？」「我原來的想法與你不同，我看是不是可以交換一下意見」。

總之，要擺出兼收並蓄、取長補短、相互切磋、求同存異的姿態。此時如果總經理對自己的觀點是否經得起推敲沒有把握，那麼，聰明的辦法是不要過早地表態，急於肯定對方，而宜採取一些有迴旋餘地

的回答，如：「你的意見有一定道理，我回去考慮一下」，或者「我也有一些想法，但還不成熟，你的意見我參考一下」。這種答覆不會失去主動地位。

2.總經理首先發表意見，下級不同意

這種情況對於企業總經理來說比較難以應付，自己首先暴露了觀點，而下級不同意，提出他自己的看法，這使總經理處於一個相對被動的局面。此時最愚蠢的做法莫過於為了維護自己的觀點而辯解，將自己置於一個「被牽者」的地位，一個答辯者的地位，討論的中心圍繞著自己的觀點，這是「內線作戰」，使自己處於被動的守勢，即便防守嚴密，也難免出現漏洞，為了填補漏洞，又必然出現新的漏洞，於是最後將捉襟見肘，威信掃地。

聰明的辦法是以攻為守，「外線作戰」，將爭議的中心引向對方的觀點。此時，企業總經理可利用自己居高臨下的地位，具體方法與前述一樣，要求對方展開本身的觀點，舉出論據，或讓對方詳細說明反對自己觀點的論據，選擇對方的弱點繼續發問，再根據對方不斷暴露出來的弱點追問下去，以這種方法，化被動為主動。

如果對方在這種發問的攻勢下全線崩潰，則總經理本身的觀點不戰自勝。如果對方防守嚴密，無懈可擊，則總經理在要求對方全面展開不同意自己看法的理由或論據後，宜採取領導者大度的姿態，適當選擇對方善於思索的精神，但不要急於肯定對方的結論，留下迴旋餘地，例如說「你的看法有價值，值得參考」。或者「這個問題還可以繼續深入討論下去」。這類回答一方面表現自己的度量，另一方面又沒有斷絕退路。在經過深思熟慮，聽取各人反對意見之後，如果還認為有必要堅持自己的觀點，仍可以堅持。

作為一個總經理，是吸收多方精華應儘量避免陷入這種被動的境

地，在和部屬討論問題時，宜後發制人而不宜先發制人，應首先傾聽下級的意見，不急於發表自己的意見，使自己時刻處於主動地位。

事實證明，能夠運用各種方法去「戰勝」部屬的不同意見，並證明自己「永遠正確」的企業總經理，充其量也只是一個三流的企業家。而只有那些善於「挖掘」部屬的不同意見，善於從部屬的不同意見中吸取經驗，同時善於運用這些不同意見來增強企業活力的企業總經理，才是真正第一流的企業家。

一流企業家的高明之處，不在於維護人人的威望，而在於維護企業威望，產品的信譽；不在於證明自己永遠正確，而在於能使企業沿著永遠正確的方向前進。

《史記》中有一篇劉邦與韓信的對話：

劉邦問韓信：「你看我能統率多少軍隊？」韓信說：「陛下不過能統率 10 萬。」劉邦又問：「那麼你呢？」韓信答曰：「我是多多益善。」劉邦笑問：「我統兵不過 10 萬，你統兵多多益善，為何反倒被我擒獲了呢？」韓信說：「您雖不善於直接帶兵，可是你很善於駕馭我們這些帶兵的將軍啊！這就是被陛下擒獲的緣故。」

第 11 章

總經理的創新之路

重點工作

在企業發展的漫漫征途上，不僅是那些小公司，就連像 IBM、西爾斯、AT&T 和通用汽車這樣的巨人也會在其發展歷程中「碰壁」。這好像已經成為了所有企業無法逃避的魔咒，究竟是為什麼呢？

難道這些公司逆境的發生全都是因為總經理們的驕傲自滿？事實並非如此。成功的企業總經理們往往能夠戒驕戒躁，面對成功他們能夠保持清醒的頭腦。困擾他們的是一種難以檢測到的不利因素，它深藏在公司曾經最有效的制勝程序中。它到底是什麼呢？

越來越多的總經理會意識到這樣一個痛苦的事實：任何公司，無論規模多大、多有名氣、有多大的市場佔有率，都不能依賴過去成功的經驗生存。持續的成功需要新的競爭優勢，而它來源於不間斷的創新。未來的總經理將會無可迴避地面對一場新的挑戰，同時，他們必須端正心態，把創新當作一種職責。

一、企業要有創新精神

美國斯坦福大學教授經過多年研究發現，下面 5 種屬性是有創新精神的優秀企業所具有，可用來區別其他企業的特徵。

1. 第一個特徵：崇尚行動

雖然優秀的企業在決策過程中可能會進行分析，但是，他們不會被那些現象所麻痹。在許多優秀的公司裏，標準的流程是：先做，再修改，然後再嘗試。

Digital 公司的高級經理人員說：「當碰到大問題時，我們就把 10 個資深人員請到一間辦公室裏，然後關上房門，當他們提出答案後，我們馬上就執行。」

2. 第二個特徵：貼近顧客

優秀的公司善於從顧客身上學習。他們提供無與倫比的高質量、優質的服務和信用卓著、可靠的產品——不但能用，而且還用得很舒服。IBM 的市場部副總經理弗朗西斯· 羅傑斯說：「在許多公司，當顧客受到好的服務時，往往格外驚喜，認為這很特別。」在優秀公司裏情形卻不一樣，每個人都有責任提供最好的產品和服務。很多具有創新精神的公司總是從顧客那裏得到有關產品方面的最好的想法，這是不斷地、有目的地傾聽的結果。

3. 第三個特徵：自主創新

具有創新能力的企業總是通過組織的力量培養領導者和創新人才，他們是所謂的「產品鬥士」的培養地。

3M 公司被描述成「執著於開發創新，以致這個公司的氣氛不像是大企業，而像個由實驗室、小房間連起來的鬆散網狀結構，裏面擠滿了狂熱的發明家和大膽的創業家，在公司裏充分發揮他們的想像力」。他們不限制員工的創造力，支持有實際意義的冒險，支持員工試著去做一些事。他們要求員工：「要有合理的犯錯誤次數。」

4.第四個特徵：超高的生產力

優秀的企業認為，不論是位居高位者還是普通員工，都是提高產品質量和工作生產力的源泉，這類公司中的勞資關係良好。德克薩斯食品公司董事長馬克· 謝潑爾德也說：「每個員工都是創意的來源，他們不僅僅是有一雙手而已。」在他的「人人都參與計劃」裏，9000多名員工中的每一個人，或者說德克薩斯食品公司的品質圈，對公司生產力水準的提高都有相當大的作用。

5.第五個特徵：寬嚴並濟

優秀的企業既是集權又是分權的，他們把權力下放到工廠和產品開發部門。另一方面，對於少數他們看重的核心標準，這些公司又是極端地集權，公司高層牢牢地把握著這些權力。

二、從最初的模仿進展到創新

康柏公司成功的秘訣是什麼呢？康柏公司早期成功的原因在於懂得模仿，而且找對了對象。康柏公司模仿的對象是誰呢？就是當今世界電腦業的霸主 IBM 公司。可以說 IBM 公司每次推出的新產品，都是當代最新技術的成果，代表著電腦未來的發展趨勢。康柏公司正是看中這一點，把目光瞄準了它，緊隨其後，當 IBM 公司推出個人電腦後，康柏公司馬上模仿，並推出功能相同，甚至外形都相同的產品。當 IBM 公司推出手提電腦後，康柏公司也很快地加以仿製，在市場上推出相同的產品，僅第一年，該產品的銷售額就達到 1.1 億美元，這就是模仿策略的功效。

先進產品的模仿，可以為公司節省大額的研究費用，並且可以把產品投資風險降低到最小限度。如此，當新產品上市之時，便會立即成為該領域的先進技術的代表迅速佔領市場。而對此種產品的模仿製造，同樣也會在市場上受歡迎，並且由於沒有那麼一大筆折算在生產成本中的科研費用，此種模仿產品可以更低的價格出售，從而增加與老牌大企業的競爭力。

但是此種模仿並不是一勞永逸的事。要在這種產品上建立永恒的優勢，幾乎是不可能的，所以這種對產品的模仿只能是一時之計，成功之道在於模仿之後，要緊跟執行下一階段的工作——創新。許多人稱中國許多產品是模仿，稱為「山寨現象」，其實早期的台灣，甚至日本，也都是模仿起家的，關鍵之處在於「是否只會一味模仿」，還是「更上一層的創新」。

三、總經理是否注重新產品開發

據德國西門子公司推算，一項新產品每提前一天投產，可使利潤增加 0.3%，提前 5 天則增加 1.6%，提前 10 天便可增加 2.5%，更何況投產的加快還可免去競爭對手提早上市所帶來的行銷風險。經理必須把不斷製造出優質、美觀、實用、高附加值、功能好、價格低廉的產品，作為企業一項緊迫的戰略任務。

美國一家諮詢單位對美國 400 家公司調查結果顯示，進入 80 年代，公司利潤總額的 1/3 來自新產品的銷售，而在 50 年代，這個比例僅為 20%。

德國賓士汽車公司流行的口號是：「以創新求發展。」該公司由於把新的技術不斷應用到汽車上，經常變換車型，其生產的汽車總是暢銷不衰。

美國吉列公司為開發新產品，不惜花費 2 億美元，用 10 年時間研製一種先進的刮鬍刀：刀片承托在高靈敏彈簧上，可隨著人的臉部曲線變化起伏，自動調整角度，達到密貼、順滑、安全的刮鬍效果。此品問世，很快行銷全球，贏利 50 億美元。

德國西門子電器公司創立於 1847 年，經歷一個半世紀，現在是世界上最大的跨國電器企業之一，年營業額超過 150 億美元。該公司取得如此驚人的成就，經驗就是不斷創新。他們一直重視對新產品新技術的開發，使公司總是在同行中處於領先地位。本世紀 70 年代他們研製成功的傳遞電話、訊號系統，使當時西德公司的電話通訊網全部自動化。近 20 多年來，該公司每年用於科學研究的費用除去國家補貼的外，自己的投資就佔到原西德電器行業總研究費的 1/3，僅 1974 年發明和革新就達 2 萬多項。

被稱為世界首富的比爾· 蓋茨，1974 年創辦的軟體公司，經過近 20 年的苦心經營，已發展成為美國最大的個人電腦軟體公司，為全球 90%個人電腦製造 MD-DOS 作業系統，個人資產於 1992 年突破了 70 億美元。他成功的秘訣就是能夠獨具慧眼，甘冒風險去投入大量的人力、物力、財力開發、生產，即使遇到挫折、困難，也在所不惜。

四、根據市場需求調整產品結構

適時對企業產品結構進行調整，也可以保持產品組合的創新改善狀態。產品組合的調整策略主要有以下兩種：

1. 縮減產品組合

遇有以下幾種情況可採用縮減或簡化策略：推行產品標準化；淘汰已進入衰退期的產品；某種產品競爭激烈，企業處於不利地位；產業政策調整或某種不得已的情況，考慮某些產品的停產或轉產。

2. 擴大產品組合

⑴增加產品系列（廣度），擴大業務範圍。例如，某食品工業集團服務有限公司，在其「華豐」麵暢銷市場以後，就根據企業的生產條件和西北、西南、東北等地區消費者的不同愛好，不斷擴大企業的產品線，生產了牛肉麻辣麵、鮮蟹麵、蝦肉麵、三鮮麵，至今佔領了 80% 的東北市場。該公司的麵生產線已從最初的一條發展到將近 40 條，企業日益興旺。

⑵增加產品組合的深度，即增加各大類產品的花色、規格、檔次、式樣，刺激與原產品相關的購買者的需求與購買。

例如，日本在美國銷售的精工錶就有 400 餘種，既有石英電子錶，也有機械錶。在世界範圍內，「精工」製造和銷售的手錶型號總共達 2300 餘種。佳能在照相機行業取得成功，也是圍繞產品多樣化這條主線的，它首先推出 AF-1 型 35 毫米單鏡頭反光相機，成功之後又推出許多不同型號的相機。

產品組合的深度延伸又分三種：

⑴向上延伸，即在產品線中增加更高檔的產品品種，如日本的汽

車、摩托車、收音機和影印機行業都採用了這一方式。整個 60 年代率先打入美國市場的本田公司將其摩托車系列從低於 125CC 延伸到 1000CC，雅馬哈緊跟本田，陸續推出了 500、600、700CC 的摩托車，從而增強了市場的競爭力。

⑵向下延伸，即在產品線中增加較低檔次的產品，利用高檔名牌產品的聲譽，吸引購買力水準較低的顧客，慕名購買這一「名牌」中的低檔廉價產品，但這可能有損於「名牌」商品的信譽，風險較大。

⑶雙向延伸。即向產品線的上下兩個方向延伸，如日本「精工」推出了一系列低價錶，向下滲透這一低檔產品。擴大了市場陣容。同時，它收購了一家瑞士小公司，連續推出了一系列高檔錶，其中一種售價高達 5000 美元的超薄型手錶。直攻最高檔手錶市場——瑞士手錶製造商的世襲領地。

提高產品組合的關聯性，也就是增強各大類產品最終使用、生產條件、銷售方式等方面的密切聯繫。如「金利來」、「皮爾· 卡丹」等時裝公司就推行這種組合策略。日本新力公司以 56 億美元買下哥倫比亞影片公司和哥倫比亞唱片公司，目的是為了在「軟體」方面做好準備，為日後大發展鋪平道路。

五、追求持續不斷的創新

多數商界人士總是沉湎於過去，且耽溺將來。相形之下，成功者則始終不渝地在尋求變革。他們根據自身的遠景和實力檢驗變革的可行性，測量風險，並把變革當作企業發展的機遇。

管理專家彼得· 杜拉克認為，每隔 3 年左右，企業必須對自己業務的方方面面進行一次全方位的嚴格評估，這點至為關鍵。他要求企業仔細檢驗自己的產品、流程、技術、市場、分銷管道的員工活動。然後自問：在現有的市場、客戶、資源的遠景下，我可否達到目前遠景？如果答案是否定的， 那就要停止揮霍自己的資源，轉而繼續尋求變革。

1. 設法結交其他行業中具有創造力者

總經理經常呆在自己的小圈子時，會導致「自我封閉」。需要和飯店老闆一起打打高爾夫球，室內外裝潢設計師則可以邀請工程師共進午餐，盡力廣泛徵求各方建議，然後仔細選擇並加以採納。一旦能夠利用別人的思想激發自己的靈感，你就會驚訝地發現，自己的創造性思維能力大大提高了。

一家醫院吸引不到打算做整形手術的富有患者，醫院主管為此一籌莫展，但當他與從事飯店業的朋友打網球時，卻找到了出路。他聽從那位朋友的建議後，這家醫院很快就佔領了整形外科手術市場。醫院開設了用豪華轎車接送患者的服務，在大門口裝上了天棚並聘用了一名門衛。患者進門，侍者會把患者的行李送到他們的房間。房間裏配有整籃的水果、提供房間服務和最新電影以供患者欣賞，就像住在豪華酒店裏一樣，富人們自然樂於享受這種無微不至的服務。

2. 學習本業之外的知識

擠出時間博覽群書，學習影響你業務的各種知識。正如運動可以增強體質，讀書能開啓心智。開拓思維，掌握你業務的基本技能，如解決問題、決策、談判和員工管理等。

3. 整體觀的管理

把你的企業看作是一個綜合體。質量問題會影響到銷售，管理不善又會降低產量。你的決策和行動看起來只限於解決出現的問題，其實最終會影響到你的顧客，並因此對銷售產生影響。

4.長遠思維對成功不可缺

日本人曾制訂百年商業規劃並對其定期更新，短短 30 年，從戰後的滿目瘡痍，一下子走到世界工商業的前列。

管理一定要看到未來，保持一貫的質量和品格。從錯誤中可吸取到價值不菲的經驗教訓，不要怕犯錯誤。把顧客投訴看成是改進的機遇。用心尋找那些前途光明、能激起你熱情、合乎你的遠景並能發揮你所長的領域，一旦找到就不遺餘力地投身執行。

5.重視客戶不尋常的要求

提出特殊要求的客戶，通常會被拒之門外，千萬不要對這些人置之不理，要和他們交朋友，從他們那裏汲取靈感。他們可能有助於你預測未來的趨勢。如果你不這樣做，自會有別人去做。

追蹤顧客尋找替代產品的要求，找出顧客想要自己卻無法找到的產品。要弄清他們的生活方式和趣味，設計能滿足他們的方式。調整你的工作時間，或者為那些無法在你正常營業時間光顧的忙碌顧客提供特別服務。

6.關注你真正的資產

學校教育提供給你的絕不會是可隨時上手的現成人才。通常，你聘到的都是頗有前途的新手。（如果你夠精明的話，就會聘用肯學會學的人），你不對員工進行培訓，而你的競爭對手卻會，不對員工進行培訓，你就要被競爭淘汰。若打算在商場上站穩腳跟，就必須對寶貴的資源進行投資。

7.清除官僚思想

找出那些浪費時間和精力的工作，例如保存無足輕重的信件、編寫不必要的報表等。隨時留心日常工作。檢查你的工作流程是否高效，你很可能會發現一些純粹是浪費時間的不良習慣。

8. 擁抱失敗

托馬斯· 愛迪生研製燈泡時歷經幾百次失敗，才最終獲得成功。

創新並不神秘。這是一項需要持之以恒的系統性工作。失敗能提醒你認清自己思維和觀念中的偏差。

9. 挖掘創新機會

重新審視你的工作流程，如何完成工作？產品或服務是怎樣提供給顧客的？憑藉工作流程的創新，你可以大大提高企業的效率和利潤，從競爭者中脫穎而出。

並非每個創意都能如願成功，人的創造力如同肌肉一樣，鍛鍊越多，你的創造力就會越強、越能得到發揮。缺少這種優勢和準確性，你的企業就會失去活力，最終滅亡。隨著持續不斷的創新，你一定會使顧客滿意並引來更多的顧客。

六、保持銳意進取的態勢

企業通過技術優勢，可使自己的產品在競爭中居於有利地位，但不可能做到一勞永逸。通過企業努力不懈的技術創新、銳意進取，弱勢企業也可居上，這方面的例子可謂比比皆是。

洛拉爾是法國的一家生產護髮劑與化妝品的公司。過去，它在同行中一直鮮為人知，屬於那種「三流」企業。然而，在公司總經理戴爾的帶領下，「洛拉爾」不懈地進行技術創新，如今已成為世界第三大化妝品製造公司，它的營業額僅次於美國的雅芳和日本的資生堂公司。

洛拉爾公司在研製新產品方面，敢於投入。總經理戴爾是一個思想敏銳，管理嚴謹，作風潑辣的人。為開發新產品，他常常和部下在會議室裏「爭執」。他也經常鼓勵職工要勇於向主管上司提出異議。洛拉爾公司在研究出一種新配方時，先以兔子、老鼠、假髮，甚至手術刀切下的皮膚來做實驗。為了實驗染發劑在世界各地各種氣候條件下的使用效果，他們在實驗大樓內設立了「赤道陽光」、「英國濃霧」、「北極寒冬」等類似環境，來進行產品的「臨床試驗」。像這樣耗費驚人、設備先進、人才一流的研究開發，一般化妝品公司不敢問津，也捨不得投入這麼多資金 「洛拉爾」還採用與美國研究月球地形設備相同的儀器，來研究人類臉部皺紋產生的情形，並且它還將尚未研製出新產品的新配方同時用在其他部門，以拓展自己的市場。

由於洛拉爾公司不斷創新，所以在 20 世紀 80 年代初，它的一種新型染髮劑剛一上市，立即飲譽市場，連最挑剔的美容師也讚不絕口，上市的第一年，其銷售額就達 5000 萬美元。

洛拉爾公司就是靠這種不懈的技術創新來提高其產品的應變力，後來居上，由「三流」企業成了世界一流的化妝品公司。

美國明尼蘇達礦業製造公司，簡稱為 3M 公司。3M 公司便是以其為員工提供創新的環境而著稱，視革新為其成長的方式，視新產品為生命。公司的目標是：每年銷售量的 30%從前 4 年研製的產品中取得。每年，3M 公司都要開發 200 多種新產品。它那傳奇般的注重創新的精神已使 3M 公司連續多年成為美國最受人羨慕的企業之一。在過去 15 年中，著名的《財富》雜誌每年都出版一份美國企業排行榜，其中有 10 年 3M 公司均名列前 10 名。

3M 公司的總經理非常重視在一個名為「創新鬥士」的支援系統中擔當保護者或是緩衝器的角色。由於公司的創新傳統由來已久，總經理們本身必然經歷過發明新產品的鬥士過程，但是如今，身為總經理，他的責任就變成了保護年輕員工並使其成為「創新鬥士」，總經理使這些「創新鬥士」免於公司職員的貿然干擾，適時把這些干擾者清除，以保證創新的順利進行。

「船長在那兒窮饒舌，不到舌頭流血是不會甘休的。」這是海軍用來形容年輕軍官第一次引航指揮大船進入港口的情形；但是在 3M，則是用來形容總經理把開發新產品的重要任務，交給年輕一輩的苦口婆心的過程。

創新鬥士的發明一旦成功，總經理需要做的就是代表公司立刻對其進行英雄式的熱烈款待。現任董事長賴爾自豪地指出：「每年都會有 15~20 個以上行情看好的新產品，突破百萬元銷售大關。你也許會以為這在 3M 公司不會受到什麼注意，那你就錯了。這時鎂光燈、鳴鐘、攝像機全都出籠熱烈表揚這隻企業先鋒隊的成就。」就是在這樣的鼓勵下，3M 公司年輕的工程師勇敢地帶著新構想，跨出象牙塔，到處冒險。

在 3M 公司總經理的價值觀裏，幾乎任何新產品構想，都是可接受的。儘管該公司是以噴漆與砌合工業為主，但它並不排斥其他類別的新產品。一位一線產品生產部門的總經理曾經說過：「只要產品構想合乎該公司財務上的衡量標準，如銷售增長、利潤等，不管它是否屬於該公司從事的主要產業範圍內，3M 公司都樂於接受。」

不可否認，創新鬥士是整個創新過程的重心。然而，他們之所以成功，與總經理從旁支援、頻繁而不拘形式的溝通有著直接的關係。由此我們不得不承認，在 3M 公司中，總經理為公司不斷創新培育了最好的環境與最犀利的創新精神。

心得欄

第 12 章

總經理的經營理念

重點工作

看不見的企業文化——標準、價值、信仰是決定績效的主要激發媒介，企業文化的資訊必須來自資深管理者，因為他們瞭解文化的內涵與力量，也瞭解邁向成功所需的承諾與合作。組織在適應新的競爭環境時，要學習如何領導組織完成改變的過程。

一、重視公司的信仰

20 世紀 80 年代中期，日本小松電工公司的認識到該公司太過短視，以致陷於重重危機。長久以來，該公司的文化就是要和美國的卡特皮勒一較長短，導致對其他事物視而不見。為了開闊視野、刺激成長和激發員工的創造力，公司在「成長、全球化、團隊」的旗幟下，展開了企業文化的改革。此舉不僅改變了企業文化，還使由上至下的系統導向式管理獲得了彈性，這些改變對建築業務的銷售影響極大，4 年裏總銷售從 27%上升至 37%。

或許，最著名的擅長改變企業文化的領導人，是通用電氣公司的首席執行官傑克· 韋爾奇。他帶領通用電氣公司的員工走向「快速、簡單、自信」。在他的領導下，通用電氣公司減少了層級繁複的官僚體系，但領導權得到了擴充。企業文化中原有的控制導向色彩轉淡，變成以個人導向和決策的制定為中心。

英格瓦· 坎普瑞是家庭製品大製造商 IKEA 的創始人，1980 年以個人通訊網絡起家。當時坎普瑞自行指導有關 IKEA 的歷史、價值及信仰的培訓課程。到了 20 世紀 90 年代，共有近 300 名文化大使在 20 個國家進行個人全球網路的資訊搜集與傳播，並在組織內傳佈 IKEA 的價值觀與信仰。

毫無疑問，創立企業文化需要優秀的領導人，而優秀的領導人往往是重視心靈的管理者。

湯姆・卻普和凱蒂・卻普夫妻於 1970 年合創「緬因州的湯姆」，這是一家具有領導地位的天然個人保健產品公司。「緬因州的湯姆」是美國第一家生產無污染的液體清潔劑公司，一開始它的戰略就是尊重人性的尊嚴。公司的任務是只生產天然產品，這種遠見使它在天然個人保健產品中超越群倫。公司致力於尊重人性、大自然與社區。湯姆・卻普把成功歸於夫婦倆的直覺，以及與客戶和員工建立一種特別的「你我關係」。

1975 年該公司生產第一隻天然牙膏，至 1981 年銷售額達 150 萬美元。公司為了追求遠景，展開為期 5 年的成長計劃，至 1986 年銷售額增長到 500 萬美元。儘管如此成功，湯姆・卻普仍覺得似乎還少了什麼。為了尋求更崇高、更艱難的任務，他到哈佛大學求學，探討哲學與倫理。在求學過程中，湯姆開始領略到自己和協助公司營運的 MBA 企管碩士之間的緊張關係，因為他們注重數字，而他重視心靈。

湯姆為了調解數字和感性之間的衝突，於是集合了所有資深主管，與他們一起擬定公司的信念和任務。最後他們一致同意，公司擔負起社會責任並對環境隨時保持警覺，一樣能在財務上有所收穫。

不過，任務實施後的第一年，以男性主導、競爭激烈的企業文化與新任務衝突不斷，造成員工因恐懼而躊躇不前。由於沒有適當的溝通機構，湯姆無法聽到員工要說的話，也不知道大多數員工的感覺，直到一名女性經理說服他。必須「多聽」。

湯姆開始召開集體會議，對所聞提出回應，並將任務制度化，以行動落實：他修繕道路，使員工的車輛免於坑洞之害；發展公司通訊刊物；清掃公司大樓；提供托兒服務。這樣整整經過了二三年的時間，才讓員工真正步入軌道。在此過程中，湯姆認識到，他必須對管理人員信心十足，並信賴他們的決定。

公司全新、清晰的定位和任務對財務助益良好。截至 1992 年，銷售額已增加 31%，利潤則增加 40%並進入新的市場，而舊市場的佔有率也增加了；1995 年，銷售額近 2000 萬美元，利潤破紀錄。因此公司將 10%的稅前利潤，捐贈給非盈利團體以服務社區。

湯姆對於提升心靈方面的事務一直放在心上，於是引進退休儲蓄和利潤分享計劃，提供教育補助、托兒服務，以及對有子女的員工提供額外的假期。公司利用回收資源包裝商品，不使用動物做試驗，這些價值觀更加強化該公司的競爭優勢。緬因州的湯姆不被市場牽著鼻子走，持續創造與客戶有關的產品。1995 年，公司收到美國牙科協會頒發的 3 種受歡迎牙膏的認證印章，這對天然產品業是項創舉。湯姆之所以申請認證印章，是因為這對客戶和牙醫來說都相當重要。

湯姆的遠見幫助員工將產品實現，但沒有經過思考與理性的探討，遠景就無法成真。結構與計劃是不可或缺的，但若沒有預先擬定任務，管理人員永遠無法去搜集有效戰略所需的資訊。深信直覺與創造的力量，更相信有用的創造力是公司成功的關鍵。公司可以接受誠實的錯誤，但員工必須對工作勝任。

二、培養連貫的經營理念

IBM 公司的經營理念是徹底服務精神，IBM 堅持了這樣的原則：我們銷售的不僅僅是機器，還有最佳的服務。

英代爾公司的經營理念是多提問題，深入分析，不斷發現問題的本質，並及時做出決策。英荷殼牌集團的經營理念是獨創精神。米什蘭橡膠輪胎公司的經營理念是追求和保持技術的優勢。該公司是法國最大的橡膠輪胎跨國公司。三星集團的經營理念是人才第一，凡是新進入三星集團的成員，必須接受一個月的培訓，首先熟悉三星傳統、經營思想、禮節和團隊意識，然後到生產現場進行觀察和體驗，最後再分配上崗。

可以看出，這些公司的經營理念是不同的，但有一點是相同的：這些成功的公司都始終在堅持推行自己的經營理念，絕不放棄自己的經營理念。

然而並不是每個企業都能形成自己的經營理念，貫徹自己的經營理念的；有很多企業的總裁沒有找到一個連貫的經營理念，導致企業長時間沒有一個連貫的思想。他們可能很會說，但具體怎麼做沒有指導；可能有理論，而沒有具體實施的方法。員工看不懂理論，又沒有具體的方法，自然形成不了巨大的經濟效益。

吉伯特公司是由艾爾弗雷德・卡爾順・吉伯特創辦的。在1909年創辦時名為米斯托製造公司，專門製造他精通的組合安裝玩具。1916年這家公司變成了A.C.吉伯特公司。他的兒子小吉伯特在1961年成為公司董事長，也是在這一年，老吉伯特仙逝。在玩具行業，小吉伯特是個頗受尊敬的人物，1962~1963年，他當上了美國玩具製造商協會會長。以撒遜先生在1964年6月小吉伯特去世後繼任總裁職務。此時的吉伯特公司已面臨著嚴重的銷售和盈利問題。1965年公司虧損290萬美元。以撒遜於1966年4月挖空心思在金融界籌措了資金以使公司再維持一年。

實際上，吉伯特的問題從1961年以來，已經日益嚴重。為了挽救危局，公司草率從事，倉促地擬定一個計劃，但發現不行後，又加以改正。這就是經營理念不連貫的表現。廣告宣傳不斷改變，無法吸引消費者，新設計出的玩具不科學，品質差勁，讓顧客掃興。「值得尊敬的玩具製造商」的形象已經蕩然無存。公司還取消了對玩具品種的限制，變本加厲地增加新品種。這種混亂的做法只會加速公司的滅亡。

沒有連貫的經營理念，就無法形成自始自終的經營戰略；沒有連貫的經營戰略，往往使企業徘徊、擺動、導致失敗。連貫的經營理念是企業的指導思想，對員工的思想觀念起著巨大的作用，是企業走向成功的必要因素之一。

三、努力施行信譽管理

美國杜克電力公司的宣傳人士曾滿腔興奮地瞭解顧客對該公司的看法。他們倒不在乎顧客喜歡公司與否，只想知道顧客是否認為杜克電力具有商業倫理、誠實無欺；它是否愛護環境，且對顧客有求必應。

杜克電力公司讓顧客根據 18 個企業特質對其進行評定，目的就是想瞭解自己的信譽。杜克電力公司雖處在一個毫無競爭的管制行業中，但為什麼還如此關心信譽？公司副總裁兼交流總監褒曼說道：「因為競爭已經逼近，企業名稱及其創造的信譽是使企業脫穎而出的惟一方法。」

她的話千真萬確。在當今市場，從剃鬚刀到遠端服務，每樣東西都已成為商品。由於各企業之間的產品價格、所採用的技術及產品性能幾乎無差別，因此企業信譽成為決定顧客購買取向的決定性依據。

而改變和提高企業信譽是一種綜合性的努力，應首先始於企業內部，然後才能為外部顧客開展宣傳和行銷活動。實際上，信譽管理必須先從企業內部的員工著手，因為他們比其他任何因素更能影響和維護企業的信譽。

雖然我們可以很輕鬆地說，樹立企業信譽需要企業裏每個人的參與，但最終仍需要有人來負責監督、塑造和影響企業信譽。

美國《信譽管理雜誌》的主編兼督印人保羅建議企業創設一個企業信譽總監職位。由於信譽總監直接向行政總裁彙報，保羅深信此人應能不時提醒企業注意它的各項決策和行動對企業信譽的影響。信譽總監也應進行信譽「審計」，以檢驗企業的資源配置對信譽的影響，並系統探索積累信譽資本的方法。

基於兩年來對其企業信譽的調查，杜克電力公司開始採納保羅的建議，本著積累信譽資本制定公司政策。儘管還沒有任命一位信譽總監，但褒曼說杜克電力公司的宣傳人士密切參與了制定影響企業信譽的商業決策。

例如，杜克公司的調查顯示消費者對關閉他們所在社區的公司辦事處感到失望時，公司通過加強當地的慈善行動來恢復它的信譽。

大衛認為：「太多的企業等到災難臨頭時，才開始考慮自己的信譽問題。如果一家企業確實關心，即牢牢樹立起它的信譽，就必須未雨綢繆，及早找出企業的薄弱環節。正因為它無味無覺而且不會起火，所以並不意味著沒有在醞釀著災難。」

四、堅持不懈

塑造優秀企業文化需要時間、耐心和不懈的努力。它不能一蹴而就獲得成功，它也不是一個「一時衝動的總經理」的策略手段。一家企業要真正實現塑造優秀企業文化，需要五到十年的時間。然而，當人們部署週密，自覺努力，那些企業可能在 3～5 年中就能完成這一轉變。事先計劃的制定能加速塑造優秀企業文化和簡化問題的解決過程。

要認識到，真正完成塑造優秀企業文化，意味著你不再談論塑造，相反，塑造已成為新的辦事方法，成為企業中人們新的生活方式。要記住進步的發生和進步的結果，在塑造過程中的每一年都顯而易見的，然而要達到「自然的生活方式」這一現象，需要 3～5 年的時間，它取決於企業實施塑造的不同力度。

有趣的是，有些企業有時不會明白他們已經達到了這一境地。佛羅里達律師資格保險基金管理會就是一個例子。當公司進入了塑造優秀企業文化過程的第五個年頭，在一次公司高層管理集團的手續聯繫例會上，一些管理者不無憂慮地說，人們現在已不再如他們過去那樣談論文化塑造的問題了。然而管理者們又一致認為情形變得很好：人們做到了對他們的要求，他們正以一個高效的企業團隊的形式在進行工作運轉，來自客戶的資訊回饋總是令人滿意的，順應人們希望的結果，超出了人們原先的期望。那麼還有什麼地方不對呢？沒有。他們實踐了新的文化，新聘員工無從知曉過去的情形不是這樣的。長期的員工們記著這一切，並真正地欣賞到公司內部行為處事的變化。高層管理集團開始徹底地認識到文化塑造與變革已經完成了。

塑造優秀企業文化需要時間、耐心和不懈的努力。它不同於追逐短期迅即收效和季利潤這種自然的企業本能，我們只要稍稍再堅持一下，就能實施一場會帶來具大效用的文化塑造。

當總經理們考慮實施傳統企業文化，向現代企業文化變革，並塑造優秀企業文化戰略的時候，應認真研究企業文化的實施要點。這 12 個要點構成了總經理們塑造優秀企業文化時需要明白的任務框架結構。以下是塑造優秀企業文化的實施要點：

1. 做出決策；
2. 制定計劃；
3. 要求人人參與；
4. 建立團隊；
5. 運用新的觀點與行為；
6. 堅持不懈；
7. 由傳統型文化向團隊型文化轉變；

8. 轉變管理風格；
9. 中層管理者有權變革；
10. 從傳統型員式向團隊型員工轉變；
11. 監控和鞏固優秀的企業文化；
12. 克服深層文化障礙。

案例

松下電器公司是全世界有名的電器公司，松下幸之助是該公司的創辦人和領導人。松下公司是日本第一家用文字明確表達企業精神或精神價值觀的企業。松下精神，是松下及其公司獲得成功的重要因素。

第一，松下精神的形成和內容。松下精神並不是在公司創辦之日一下子產生的，它的形成有一個過程。松下有兩個紀念日：一個是 1918 年 3 月 7 日，這天松下幸之助和他的夫人與內弟一起，開始製造電器雙插座；另一個是 1932 年 5 月，他開始理解到自己的創業使命，所以把這一年稱為「創業使命第一年」，並定為正式的「創業紀念日」。兩個紀念日表明，松下公司的經營觀、思想方法是在創辦企業後的一段時間才形成。直到 1932 年 5 月，在第一次創業紀念儀式上，松下電器公司確認了自己的使命與目標，並以此激發職工奮鬥的熱情與幹勁。

松下幸之助認為，人在思想意志方面，有容易動搖的弱點。為了使松下人為公司的使命和目標而奮鬥的熱情與幹勁能持續下去，應制定一些戒條，以時時提醒和警戒自己。於是，松下電器公司首先於 1933 年 7 月，制定並頒佈了「5 條精神」，其後在 1937 年又議定附加了兩條，形成了松下「7 條精神」，即產業報國的精神、光明正大的精神、團結一致的精神、奮鬥向上的精神、禮儀謙讓的精神、適應形勢的精神、感恩報德的精神。

第二，松下精神的教育訓練。松下電器公司非常重視對員工進行精神價值觀，即松下精神的教育訓練。其教育訓練的方式可以作如下的概括：

一是反覆誦讀和領會。松下幸之助相信，把公司的目標、使命、精神和文化，讓職工反覆誦讀和領會，是把它銘記在心的有效方法，所以每天上午 8 時，松下遍佈日本的 8.7 萬名員工同時誦讀松下 7 條精神，一起唱公司歌。其用意在於，讓全體職工時刻牢記公司的目標和使命，時時鞭策自己，使松下精神持久地發揚下去。

二是所有工作團體成員，每一個人每隔一個月至少要在他所屬的團體中，進行 10 分鐘的演講，說明公司的精神和公司與社會的關係。松下認為，說服別人是說服自己最有效的辦法。在解釋松下精神時，松下有一名言：如果你犯了一個誠實的錯誤，公司非常寬大，把錯誤當作訓練費用，從中學習；但是如果你違反了公司的基本原則，就會受到嚴重的處罰——解僱。

三是隆重舉行新產品的出廠儀式。松下認為，當某個集團完成一項重大任務的時候，每個集團成員都會感到興奮不已，因為從中他們可以看到自身存在的價值，而這時便是對他們進行團結一致教育的良好時機。所以每年正月，松下電器公司都要隆重舉行新產品的出廠慶祝儀式，這一天，職工身著印有公司名稱字樣的衣服大清早來到集合地點。作為公司領導人的松下幸之助，常常即興揮毫書寫清晰而明快的文告，如「新年伊始舉行隆重而意義深遠的慶祝活動，是本年度我們事業蒸蒸日上興旺發達的象徵」。在松下向全體職工發表熱情的演講後，職工分乘各自分派的卡車，滿載著新出廠的產品，分赴各地有交易關係的商店。商店熱情地歡迎和接收公司新產品，公司職工拱手祝願該店繁榮；最後，職工返回公司，舉杯慶祝新產品出廠活動的結束。松下相信，這樣的活動有利於發揚松下精神，統一職工的意志和步伐。

四是「入社」教育。進入松下公司的人都要經過嚴格的篩選，然後由人事部門組織進行公司的「入社」教育。首先要鄭重其事地誦讀、背誦松下宗旨、松下精神，學習公司創辦人松下幸之助的「語錄」，學唱松下公司之歌，參觀公司創業史「展覽」。為了增強員工的適應性，也為了使他們在實際工作中體驗松下精神，新員工往往被輪換分派到許多不同性質的崗位上工作。所有專業人員，都要從基層做起，每個人至少用 3～6 個月時間在裝配線或零售店工作。

五是管理人員的教育指導。松下幸之助常說：「領導者應當給自己的部下以指導和教誨，這是每個領導者不可推卸的職責和義務，也是在培養人才方面的重要工作之一。」與眾不同的是，松下有自己的「哲學」，並且十分重視這種「哲學」的作用。松下哲學既為松下精神奠定思想基礎，又不斷豐富松下精神的內容。按照松下的哲學，企業經營的問題歸根到底是人的問題，人是最為尊貴的，人如同寶石的原礦石一樣，經過磨制，一定會成為發光的寶石。每個人都具有優秀的素質，要從平凡人身上發掘不平凡的品質。

松下公司實行終身僱用制度，認為這樣可以為公司提供一批經過二三十年鍛鍊的管理人員，這是發揚公司傳統的可靠力量。為了用松下精神培養這支骨幹力量，公司每月舉行一次幹部學習會，互相交流，互相激勵，勤勉律己。松下公司以總裁與部門經理通話或面談而聞名，總裁隨時會接觸到部門的重大難題，但並不代替部門作決定，也不會壓抑部門管理的積極性。

六是自我教育。松下公司強調，為了充分激發人的積極性，經營者要具備對他人的信賴之心。公司應該做的事情很多，然而首要一條，則是經營者要給職工以信賴。人在被充分信任的情況下，才能勤奮地工作。從這樣的認識出發，公司把在職工中培育松下精神的基點放在自我教育上，認為教育只有透過受教育者的主動努力才能取得成效。上司要求部屬要根據松下精神自我剖析，確定目標。每個松下人必須提出並回答這樣的問題：「我有什麼缺點？」、「我在學習什麼？」、「我真正想做什麼？」等，從而設置自己的目標，擬定自我發展計劃。有了自我教育的強烈願望和具體計劃，職工就能在工作中自我激勵，思考如何創新，在空餘時間自我反省，自覺學習。為了便於互相啟發，互相學習，公司成立了研究俱樂部、學習俱樂部、讀書會、領導會等業餘學習組織。在這些組織中，人們可以無拘無束地交流學習體會和工作經驗，互相啟發、互相激勵奮發向上的松下精神。

第 13 章

總經理的任用人才

重點工作

總經理應善於、敢於用人，會不會用人成為衡量總經理是否稱職的重要標誌。

管理一個現代企業的工作紛繁複雜，非一人之力可以完成，所以要善於用人，敢於用人，領導效能才會事半功倍。那麼，總經理具體應該遵循什麼樣的選人、用人原則呢？這是善於並敢於用人的關鍵。

作為總經理，不要只看到常與自己交往的那幾個中層管理者，應當把視野擴展到企業所有的中層管理者，甚至整個企業當中，或是公司外部人才，進行全面的比較衡量。如果眼光只盯在經常主動與自己來往的人，這也是常會漏掉人才的。

對於企業總經理而言，在決策、組織等方面的問題解決以後，用人問題便成為影響企業發展的關鍵。無論決策多麼正確，管理機構怎樣完善，如果沒有適當的人選去貫徹執行，將仍是紙上談兵，無法把決策付諸實施，所以總經理必須把選人用人工作做好，並在善於用人方面下功夫。

「造人先於造物」是松下幸之助人才觀的直接反映。他認為，企業是由人組成的，必須強調發揮人的作用，採用物質與精神相結合的方法，使職工緊密聚集在公司內拼命工作，以保證其高效率和高利潤。

「千軍易得，一將難求。」人才是世界上最可貴的財富。

日本豐田汽車公司 1938 年建廠，40 年後成為世界上最大的汽車公司之一，其產品在許多技術經濟指標上超過了歐美先進國家。豐田總經理石田退三的名言是：「事業在於人……任何工作、任何事業，要想大為發展，最要緊的一條就是『造就人才』。」

要想做一名成功的總經理，就必須具有重視人才的戰略眼光。

一、總經理必須依賴人才

在一個企業中，總經理作為最高管理者，雖要懂技術、懂專業，盡可能熟悉各方面的情況，但在實際技術上不一定非要強過總工程師；在核算理財上不一定非要強過總會計師；在計劃經營上不一定要強過總經濟師；在文學寫作上不一定要強過辦公室秘書。總經理必須有超人的用人才幹，使各方面的人才和專家都能各得其所，各盡其能，這樣企業才能取得市場競爭的優勢。

作為領導者的企業總經理，其職責表上可以列出許多條，但是，最重要的項目就是決策和善用好人才。決策是用人的前提，用人是執行決策的保證。能夠帶頭執行決策的是管理者，因為他們是員工中的先進分子；能夠具體組織實施決策的是管理者，因為他們有執行上級決策的權力和責任；能夠獨立地處理決策執行中問題的是管理者，因為他們具有獨立解決問題的才能。離開管理者的組織作用，總經理的決策就會落空，領導作用也就會徒有其名。

可以說，要想成為一名現代總經理，是否具備「人才觀念」，是評判你的第一個標準。一個企業如果擁有第一流的人才，就會有第一流的計劃、第一流的組織、第一流的領導；如果一個企業沒有第一流的人才，不是有沒有計劃、組織和領導的問題，而是計劃、組織和領導者的質量水準高低的問題。說到底，就是一句話：人才狀況如何，是衡量總經理的水準，是評價企業興衰的尺度。也可以說，有了人才就有了企業。

號稱美國「鋼鐵大王」的卡內基曾經說過：「將我所有的工廠、設備、市場、資金全部奪去，但只要保留我的組織、人員，4年之後，我將又是一個鋼鐵大王。」

IBM前任總裁沃森也有句名言：「你可以接收我的工廠，燒掉我的廠房，然而只要留下我的人，我就可以重建IBM。」

這說明，訓練有素的員工和企業管理人員，對一個企業來說多麼重要。

二、人才是企業最重要的資源

企業與企業之間的競爭，也是人才的競爭，國外企業為了獲得人才是捨得花大本錢的。

瑞典一年輕工程師發明了一種「自行筆」。這種筆可以根據接受來自人造衛星的電波脈衝，自動繪製彩色圖像。美國企業打算花大價錢買進這項成果。為了同美國企業競爭，瑞典政府也一再給這位發明人升級加薪，但最後還是被美國企業連人帶筆一塊買走。

美國福特公司的一台馬達壞了，誰也修不好，只好請一個叫斯坦曼斯的行家來修。據說這個人在電機旁躺了 3 天，聽了 3 天，最後在電機的一處地方用粉筆劃了一條線，旁邊寫了幾個字：這裏的線圈多了 16 圈。果然，把這 16 圈線圈拿掉以後，電機馬上運轉正常了。福特公司為此準備高薪聘用他。但斯坦曼斯重義氣，不願離開原公司，福特公司索性把斯坦曼斯所在的公司買了過來。

上例中，為了一項發明買走一個人才，為了一個人才買走一個公司，可見，人才競爭多麼激烈。有一項研究結果表明，美國的產品之所以能出口到全球各地，恰恰是它從世界各處引進人才的結果。

在企業界中，有的總經理並沒有什麼突出的專門知識，也算不上多才多藝；有的總經理原來是種地的農民，既沒有太高的理論文化水準，也談不上辦企業的專業技術，他們事業成功的關鍵因素是精通用人之道。惜才如金，愛才如命，求賢若渴，會挖掘和使用企業內外各方面的人才，把最合適的人才，放到最適合他的崗位上。

現代總經理，要想事業成功，就必須把自己鍛造成為一位懂得擇人用人的原則和藝術、具有賢明豁達和知人善任的管理者。總經理的心得是：替人才開路，為人才壯行，何愁功業不成，企業不興！

三、發現潛在人才

千里馬之所以能在窮鄉僻壤，山路泥濘之中，鹽車重載之下被發現，是因為幸遇善於相馬的伯樂。否則，恐怕要終身困守在槽櫪之中，永無出頭之日。

人才成長的大量事例表明，一個人才當他尚處在功名不就的「潛人才」發展階段時，及時被發現培養，是其成長路上的一個關鍵性的轉折點。因此，總經理對人才的識別與發現，不僅要把那些已做出了創造性貢獻但還未得到社會公認的人才發現出來，更重要是要把那些處在潛人才發展階段的「蟄龍」、「困虎」加以識別與發現，並為其進一步發展提供條件和機會，使他們迅速地由潛人才成長為實在的「顯人才」。也許發現某個人才，正是發現某一人才鏈的啓端。

賢士淳於髡一日內向齊宣王推薦了 7 名賢士，就是收在《戰國策》中的著名例證。常言道：「千里馬常有，而伯樂不常在」。這就要求總經理鼓勵部屬們爭當伯樂，甘做人梯，勇於薦賢舉能。

作為總經理，只要堅持不懈地發現潛人才，企業就必然出現「芳林新葉催陳葉，流水前波讓後波」的可喜局面。

四、挖掘領導人才

用人先要識人，識人就要別具識人慧眼。企業所需要的各種領導人才固然寶貴，但善於發現領導人才的總經理更顯難得。

李克是中國歷史上戰國時代魏文侯手下的一位謀士，一次他在回答魏文侯問話時，談到根據一個人的經歷，可從 5 個方面識別領導人才。

1. 屆視其所親。當一個人懷才不遇時，就看他跟什麼樣的人親密來往。如果他是跟一些同樣不得志的人親密相處，發牢騷、鳴不平，他就是個心胸淺陋的小人物，不值得提拔重用。

2. 富視其所與。當一個人非常富有的時候，要看他把錢往什麼地方用。如果他專走後門，賄賂有權勢的人，或者只會送禮給比自己地位高的人，這個人就不怎麼樣。如果他把錢慷慨地用在培養窮困而有才幹的人身上，或是仗義疏財用於慈善事業，這樣的人就值得提拔。

3. 達視其所舉。當一個人仕途通達，大權在握時，就要看他舉薦拔擢的都是些什麼人。如果舉薦的是無才無能的人，表明他有私心，不為國家著想。如果舉薦的全是睿智、廉潔的人物，表明他絕無私心，一心為社稷著想，這種人是值得賦予重任的。

4. 窮視其所為。如果一個人求取功名不得，仍保持名節，不走歪門邪道，不奴顏婢膝，不投機鑽營，表示他是個可挑大任的人。

5. 貧視其所不取。當一個人窮得難以度日，就要看他是不是貪婪和餓鬼。在窮困時若拍馬屁求好處，就是不可以用的小人物，若是窮不喪志，對有錢人仍然不亢不卑，就是一個非同尋常的大人物。

李克的識人之術，在今天社會不一定完全適用，但他主張對人進行全面觀察的原則，卻是完全正確的。

五、用人要看長處

「人有長短，世無全才」，從這個意義上說，任何所用之才，無一不是有短處之人，又無一不是有長處之人，明白了這個道理，則天下無不可用之人。所謂「善用物者無棄物，善用人者無棄人」，「垃圾是未被利用的財富，庸人是放錯了位置的人才」說的就是這個意思。在化學家眼裏，沒有廢物，因而創造出垃圾發電；在木匠的眼中，木料都是可用之物。

在高明的總經理眼裏，用才之道，在於取長而不苛求，用才各隨其志，人盡其才，人才輩出，才能「八仙過海，各顯其能」。

一位企業家說：「不在於如何減少別人的短處，而在於如何發揮他的長處。」

作為總經理，應最大可能地為人才創造發揮、發展其長處的條件，通過發展人才的優勢，使之不斷地發揚光大，這樣人才的優點就會逐漸多起來，缺點就會少下去。在發展人才長處的同時，總經理本身也獲得成功，那麼，令其困惑不解，不遂人願甚至焦躁苦惱的情形就會大大減少。

1. 瞭解長處

人必有所長，只不過長處各異。有人長處明顯、「鋒芒畢露」，有人性格內向、「金玉其中」，有人長於此處、有人精於彼方，有人在大多數情況下長處能較好地發揮，有人則須在特定的環境中才能顯露。總之，總經理必須明確人有所長，善於發現、挖掘人的長處，才能伯樂識馬，慧眼識才。

唐代柳宗元在《梓人傳》裏說他看到一個木工，連家裏的木床壞了也不會修理，卻聲稱能造房。後來，柳宗元在一個工地上見他發號施令，有條不紊，是一位出色的工程組織者。可見他的長處只有在工程施工這個特定條件下才能顯露出來，也說明知人之長也並非易事。

有些人的長處容易被發現，或者他自己能主動地表現，對這些人用長並不難，難的是有些人的長處要靠用人者去發掘、激起才能發現，這些人就容易被埋沒。就企業來說，「臥虎」、「鳳雛」到處都有，就看總經理有無識才之明。

2. 用其長處

按人才所長委以相應工作，使「好鋼用在刀刃上」。有的人雄才大略，勇於開拓，善於組織，成熟穩重，可用其主持一個單位或一個部門的全面工作；有的人思維敏捷，知識廣博，綜合能力強，熟悉業務，又能秉公執言，最好選入智囊團；有的人作風正派，鐵面無私，辦事認真，聯繫群衆，適合幹審計檢查工作；有的人社交能力強，就可以讓他從事市場開發工作；有的人表達能力強，文采好，就讓他從事宣傳鼓動工作；有的人思路廣闊，勇於創新，就讓他致力於研究和開發工作等等。

用人之長，有益於工作的有效開展，強化了人的正常動機，充分發揮人的智力效應和非智力效應，將人的積極性發揮得淋漓盡致，長處也就展現得生機勃勃，得到了盡情擴展。

六、用人不疑，疑人不用

對總經理來說，如果你使用某一個人，你必須充分地相信他，不能毫無根據地懷疑這個人，放手讓他去工作。如果你覺得這個人這也不行，那也不好，甚至存有戒心，那麼你乾脆就不要任用他。

松下幸之助用人的原則是用而不疑。在西方，發明者對技術都是守口如瓶，視為珍寶。但是，松下卻十分坦率地將秘密技術教給有培養前途的部屬。曾有人告誡他：「把這麼重要的秘密技術都捅出去，當心砸了自己的鍋。」但他卻滿不在乎地回答：「用人的關鍵在於信賴，這種事無關緊要，如果對同僚處處設防、半信半疑，反而會損害事業的發展。」當然，也發生過本公司員工「倒戈」的事件，但是松下幸之助堅持認為：要得心應手地用人，促進事業的發展，就必須信任到底，委以全權，使其儘量施展才能。

總經理對部屬失去了信任，就會對部屬的工作不敢放手，這樣就不利於激起部屬的積極性，束縛部屬的手足；相反，部屬不信任總經理，就會對總經理敬如鬼神而遠之。這樣，受損失的是企業。因而，總經理要培養人才，關鍵的就是要信任部屬，那怕是部屬在工作中犯了一些錯誤，只要他改正了，就應加以信任。

「用人不疑，疑人不用」說起來容易，而實行起來就沒那麼容易了。有的總經理對部屬缺乏信任，往往是用中生疑，疑中使用，久而久之上下級之間失去了起碼的信任、理解和支持，甚至出現上級利用下級、下級應付差事的不正常現象。所以總經理使用部屬必須基於「信」這個前提。

只有總經理信任，部屬才能放心。經驗證明，對部屬的使用，不論是誰介紹的，不管來自何方，都須堅持一條原則：充分信任，量才使用，一視同仁。有了對部屬的充分信任為前提，部屬對總經理才能放心，領導和被領導才能統一於共同事業之中。

對部屬信任的重要表現是放手使用。如果害怕部屬失敗，自己則無法前進。部屬即使失敗了，也要鼓勵他們再向困難挑戰。當他們真的失敗的時候，千萬不要驚惶失措或者責怪他們。對那些雖然失敗了但敢於爬起來繼續前進的部屬，要給予熱情的鼓勵，對他們說：「以前的錯誤我也有責任，不要灰心，繼續好好幹吧！」因為，那些敢於向困難挑戰的部屬，他們將來肯定能成為企業的骨幹。而對於部屬來說，受到信賴，得到全權處理工作的認可，任何人都會無比興奮，產生更加強烈的責任心，自然會竭盡全力去奮鬥。換句話說，受到信任可以使一個人發揮所有的潛在力量。

然而，有些總經理卻不這樣做，他們既要使用某部屬，又總是不稱心、不放心，不敢把重要工作交付給他。更有甚者，竟安排「耳目」去監督其言行。總經理放手，部屬感到自己受到器重和尊重，認識到

「自我」的力量，自覺地樹立和發揚「有人負責我服從，無人負責我負責」的精神。

總經理公正處事，心懷坦蕩地待人，就會贏得部屬對自己的信任。部屬不僅能自覺服從總經理，安心工作，而且還會舉一反三創造性地完成任務。

總經理想不到的他會提醒，總經理遺漏的他會補充。有個總經理遇到這樣一件事；有個部屬很有才幹，但個性倔強，說話生硬，愛給總經理提意見，這位總經理全面瞭解情況後，對他表示了充分信任，把他放在重要崗位上大膽使用，結果他心情舒暢，放手工作，經常深入第一線調查研究，積極出謀劃策，在加強企業管理中做出了突出成績。這說明，當總經理一旦看準了一個人才，就要充分信賴，委以重任，並給予最大限度的支持和鼓勵。只有這樣，才能使部屬「心情舒暢」，即使克服再大的困難，也會把工作做好。

七、總經理能容納超過自己的人才

求才不易，容才更難。總經理是以企業興旺發達為己任，以發現、愛護和使用人才為天職，應當有容才的胸懷、氣魄和度量，應當容下各種人才，做到大度能容難容之士，海量能納難納之言。總經理在容人方面應做到以下幾點。

1. 能容超過自己者

總經理雖為企業最高管理者，但切不可目中無人、惟我獨尊，認為企業中所有的人都不如自己，或者以一幅妒賢嫉能的狹窄心腸，甚至寧用奴才而不用天才。一個企業的總經理，假若對人才採取上述態度，已得人才就會捨你而去，正在歸奔你的人才，就會望而卻步。

要做到發揮別人的優勢，首先要看到別人的優勢，總經理特別要注意挖掘部屬中高於自己的優點。

一個企業總經理倘若能夠發現重用一個或幾個人才，他就有了大建樹；倘若能夠發現和重用比自己更勝一籌的人才，那他就有了更大的建樹。這需要總經理有敢於、善於任用強過自己的人才的雅量。

松下主張要敢於重用強過自己的人。松下認為：「員工某方面的能力強過自己，領導者才有成功的希望。如果都用比自己差的人，那就什麼都甭談了。」

松下更指出：「自己的部屬只要是人才，就該把自己的職位讓給他，要做到這樣徹底才行。」松下認為具有這樣的心態，才是光明正大的精神，才能真正產生人盡其才、才盡其用。嫉妒之心往往產生於兩種人：同輩同級人之間對別人的長處、能力、成就容易產生嫉妒；上級對部屬的才能容易產生嫉妒心，往往以部屬的才能不超過自己為限度。企業總經理只有破除嫉妒之心，才能容人之長。

一個企業總經理，能夠重用比自己聰明的人，首先就意味著他是用人高手，有博大的胸襟，想在事業上取得成就。

重用比自己聰明的人，可以加強自己的長處，彌補可能發生的欠缺。如果總經理認為部屬比自己聰明，就覺得受到威脅，那就太荒謬了。能夠與一個聰明人共事，畢竟表示你自己一定不差。

2.能容不同意見者

作為企業總經理，對部屬的言論不能只聽順耳的。「忠言逆耳利於行」，對部屬員工提出的那些不合自己胃口的意見，要特別注意耐住性子，聽一聽，想一想。往往就是在這些聽起來有點怪的意見中包含著正確的東西，對自己改進工作有很大的幫助。所以要敢於使用講真話、講逆耳之言的人。

一般說來，總經理比較重視正確意見，對錯誤意見，特別是已被證明否定了的意見，往往要給予貶責。這不得不使人們在進諫時因顧忌意見的正確性而不敢暢所欲言。所以，對錯誤意見處理得是否妥當，對納諫具有極大的影響，但若僅僅停留在「不貶責」這一點上，還是很不夠的。因為這樣會給人以「赦免」感，仍會挫傷其自尊心。

作為總經理，在經營活動中，要聽取賢才的各種主張、意見，鼓勵他們講話，尤其能聽取他們講出不合自己意見的話。

大凡人才，都有一定的主見，隨波逐流、見風使舵者斷然稱不上人才。人才不但有自己的真知灼見，常常對自己的見解充滿自信心，對總經理的意見不會隨聲附和，而且大多願意表露和堅持自己的意見。有的人才還往往不懂世故、不顧情面、不分場合、秉公直言，所以對待人才意見的態度，是真愛才和假愛才的分水嶺。「良藥苦口利於病，忠言逆耳利於行。」良藥，只有良醫才能配製；忠言，只有忠直有識之士才能抒發。企業總經理要胸懷坦蕩，加大容才之量，開拓進言之路，對人才的忠直之言，虛心「納諫」。

第二次世界大戰接近尾聲時，一隻由美國科學家和技術專家組成的特種部隊，全力保護戰敗國的科技人才，並把許多國家的著名科學家「搶」到美國，其中包括蜚聲全球的原子專家哈恩和火箭專家馮・布勞恩等。這些人才促進了美國科技、經濟和社會的高速發展。

由於懂得「人才」，美國阿波羅計劃以登上月球為標誌宣告成功，就在人們沉醉在勝利的歡樂中的時候，當時的美國航天局長卻冷靜地說：「人們在電視中看到了美國宇航員在月球上的行動，我看到的卻是德國人的足跡。」

美國航天局長之所以這樣說，是因為，在阿波羅登月行動中具有關鍵作用的，是以馮·布勞恩為首的一批德國火箭技術與通訊技術專家。

心得欄

第 14 章

總經理改善企業組織

重點工作

管理績效的優劣，取決於一名總經理整合並有效運用資源的能力。整合就是將組織中各個人、各個部門的活動綜合並協調一致的過程，也就是巧妙利用有價值的資源，建立效益型組織的一個過程。

企業組織機構設置的合理與否，組織內的人員配備得是否合適，其重要性僅次於該企業總經理的人選。

企業總經理要使領導、指揮等管理工作有效，必須建立起一套健全、精幹、高效的組織機構。大凡有效的總經理，必然都非常注重對組織機構本身的設計及組織中人員的配備。一言以蔽之：領導效能來自於組織效率。

一、企業組織可能的問題

大規模組織中所具有的幾種現象，對企業管理可能產生下列各項問題：

1. 意見交流不易

縱的層次加多，上情不易下達，下情不易上報，且一項意見經過層層轉遞，既費時間，有時還會使原意變質。

2. 決定緩慢

在組織錯綜複雜的情況下，對一項決定，表示意見的人太多，要等大家意見調和之後，才能做最後決定，影響做決定的時效。

3. 操辦費時

一項工作可能涉及很多部門，彼此會操會辦，輾轉遞送，遷延時日。

4. 高層領導工作繁忙

各部門之間意見如不一致，必須由高層領導者為之協調，將許多附屬機構的事集中辦理，使高層領導者不得不為日常事務而繁忙。

5. 手續繁多

在複雜的組織中，工作處理的程序必定複雜，難以簡化。公文旅行、手續繁瑣則成為必然現象。

6. 權責混淆

部門之間，職責重疊，權責難做徹底劃分，尤其委員會或小組的工作，常與正常部門的職責重覆，權責混淆不清。

7. 過分集中影響效率

集中辦的工作過多，顯得頭重腳輕，附屬機構遇事等待總機構辦理，而總機構辦事手續又繁瑣，致使整個工作效率受到嚴重影響。

8. 本位主義

工作聯絡困難，大家只好各行其是，不相為謀，各部門逐漸都走向本位主義。

二、企業組織必須改進的先期徵兆

近來大規模的企業組織，為求增進經濟效益，提高工作效率，將原有的職能組織改為分部組織，這是一個有效的措施。那麼，何時改制最為適宜呢？以下為各種改進的徵兆。

1. 過分集中

在大規模組織中，凡一件較為重要的事件，均須由高層主管核定。其核定方式為先經一個部門的簽辦，再經其他部門的會核，而各部門都是平行的，誰也不能做最後的決定，勢必送到高層主管核判。以至所有問題及決定，都向高層主管集中，形成在整個組織中，只有金字塔的尖端，才有充裕的時間與足夠的眼光，來做有效的決定。

2. 決定緩慢

組織層次日益增多的大規模組織，其所做決定每次都須在各層次間，逐層遞轉，由上至下或由下至上，均須延擱相當長的時間，這使得行動緩慢，效率低下，基層經理人員不願發動工作。

3. 控制困難

管理控制是否有效，要看績效標準能否建立。職能部門的績效標準，難作具體確定，無法達到合理的控制。正如美國某汽車公司總經理所說，在其未改為產品分部組織以前，其所產各類汽車，每類成本若干，盈虧如何，幾乎無從熟悉，又如何能作有效控制呢？

4. 經理才能缺乏

大規模的組織中各部門所管理的業務，僅為一部份的管理，而非全面的管理，難以培植具有通盤管理才能的經理人才，所以在這種組織形態的公司中，總經理常感到其職位缺乏接替人才。

5. 各部門聯絡不易

在大規模組織中，各部門從事的工作，實際上，無一不與公司整個產品有關。換言之，即將與產品有關的各項工作，分散於各部門辦理。各部門所關心的是其自身的工作，反而將整個產品置於腦後。如何加強聯繫配合，使各部門都朝同一目標努力，成為非常重要的事，於是常使總經理耗費甚多的時間與精力，來促進各部門的協調。有時由於聯絡的困難，還要設立許多委員會或工作小組，把有關部門主管放在一起，勢必浪費部門主管很多開會的時間。

總之，凡是大規模組織的企業，碰到上述問題的存在時，即為其組織形態要改制的時期。

三、企業如何改進組織績效

大規模組織的改進，一般包括對組織形式、部門劃分、層次劃分以及委員會的改進。

1. 組織形式的改進

最有效的補救方法，莫過於組織形式的改革。企業原有的組織，多按工作類別，劃分為若干平行的部門，這是職能組織。例如將全部銷售工作，統一由一個高層經理指揮；將所有生產工作，置於一個部門之下，例如採購、會計、法律、總務及人事等，其組織形態如圖 14-1 所示。

圖 14-1　職能組織系統圖

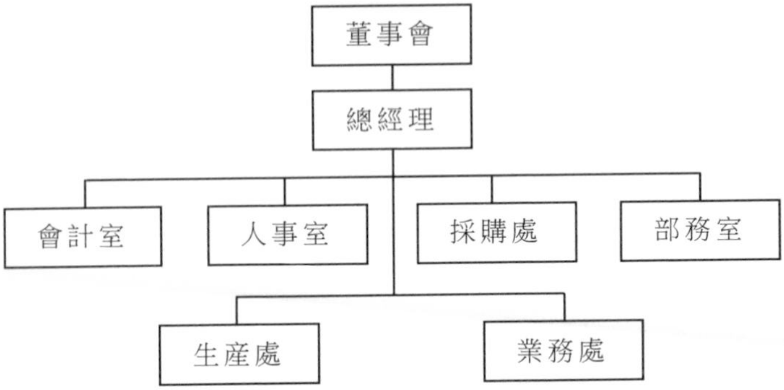

圖 14-1 中各部門除生產及業務兩部門為直線組織外，其餘各部門則為管理組織，均直屬於總經理。在小規模企業中，因所設部門為數不多，故工作聯絡並不十分困難，對業務的進行，尚能爭取時效。但當企業規模擴展時，為求適應其業務的需要，對這些部門也不斷地增設，達 10 個以上者屢見不鮮。許多工作在各部門間會核會辦之下，延時費日，效率日見低落，無法享有小規模經營時職能組織的優勢。

由於職能組織在大規模企業中具有上述的缺點，故現代大規模企業都逐漸將原有的職能組織改為分部組織。

分部組織的方式不一，最普遍的有三種：

⑴將主要直線部門，改為分部組織（如圖 14-2）

⑵按產品類別，劃分為若干分部；

⑶按地區不同，劃分為若干分部。

其主要作用，是使每一分部都能在整個企業組織內各成小型企業，在總經理充分授權的原則下獨立處理其工作，恢復小規模組織的優點，補救大規模組織的缺點。

圖 14-2　分部組織系統圖

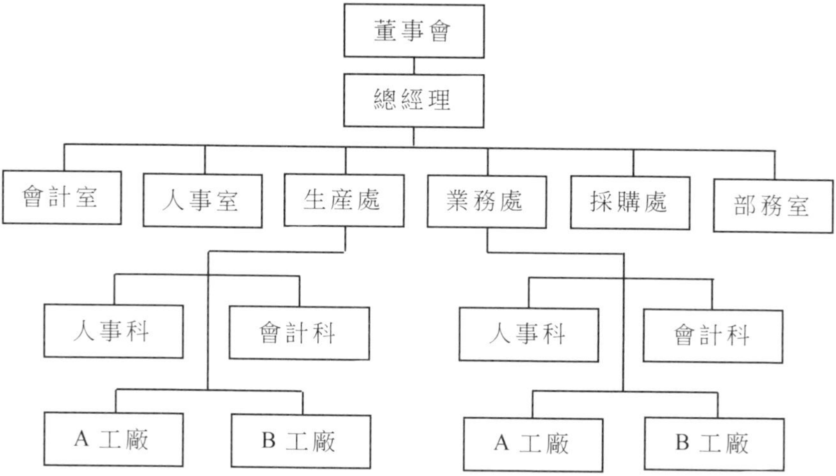

在圖 14-2 中可以明顯地見到，分部組織具有下列各項特徵。

①將原有生產及業務兩直線部門，連同所屬單位，合併成立分部組織，直屬於總經理，其地位仍為公司內部的部門，而非公司的附屬機構。其重要的工作，可由內部主管（通常由助理兼任）直接向總經理請示，不必經過中間的主管部門核轉。這與職能組織系統在公司內部設置主管部門（如業務處、生產處等），外部設置龐大的附屬機構，附屬機構的許多工作需向總公司請示，需經主管部門核轉總經理的形式，大為不同。

②在業務及生產兩分部內，各設有人事及會計兩科，作為該分部的管理單位，使分部能在公司內部成為一個完整的組織，可在公司核定的計劃及預算範圍內，獨立行使其職權，不必再經總公司其他管理部門的會核會辦，事務得到及時處理。

③總經理對各分部的管理，可著重於事前的計劃與事 後的考

核，而將事中工作委托具有獨立組織的分部自行辦理，使總經理擺脫大部份的日常瑣事。

④總公司的人事、會計、採購等部門，可以以專家地位，協助總經理辦理各項計劃與考核的工作，並制訂公司的重要政策，同時對各分部提供必要的建議與服務，不承擔會核會辦各分部的經常性事務。

從以上各點來看，分部組織實為現代企業組織的重大改革，足以供大規模企業借鑑。

2.部門劃分的改進

劃分部門的目的，在於確定企業組織中各項任務的分配與責任的歸屬，以示分工合理，職責分明，有效地獲得企業目標與任務。劃分部門的原則主要有：

⑴組織結構應力求精簡，所設部門，應維持至最少。

⑵組織結構應具有彈性，隨業務需要而增減。

⑶凡必要的職能均需具備，以確保組織達到目標。

⑷凡相同或密切關聯的職能，應由同一部門承擔。

⑸凡一職能與兩個以上部門有關聯者，應將每一部門所負責的部份明確敘述，以免混淆不清。

⑹各部門間應無重疊、重覆或抵觸工作的存在。

⑺各部門職務的指派應達到均衡。

⑻直線與管理的職能應作合理的劃分。

依據以上原則劃分部門，其劃分方式有下列幾項：

①以人數劃分——完全按人數劃分部門，是最原始而最簡單的方式，軍隊中的師、旅、團、營、連、排，即為這種劃分的形態。目前工商企業多未採此方式，是因為生產多以機器代替人力，有賴於不同的技術，無法只以人數為依據。有些生產部門以人數區分為第一班、

第二班、第三班。

②以職能劃分——所謂職能劃分是按各項工作劃分部門，如生產部門、銷售部門、財務部門、會計部門、人事部門等。以職能劃分部門的優點是企業中各部門均能各司其職，充分發揮專業的智能，但在職能劃分部門組織中，直線職權如何避免不受管理部門的干擾，及直線部門如何尊重同事的建議，是極為重要的問題。

③以地區劃分——以地區劃分部門，是為配合地理和環境，其方式有以一部門主管數個地區業務者，也有在某地區中專設一個單位處理該區的業務者。以地區劃分部門的理由，主要為配合地區因素，因為一個地區所需商品及服務的方式，可能與其他地區有所不同。

④以產品劃分——當企業的業務擴大，產品種類增多時，一個部門將無法兼顧到所有產品的製造或推銷，遂按產品劃分其部門，使人員更為專業，而有助於業務的推廣。美國許多大的汽車公司，均以汽車類別來劃分部門。

⑤以客戶劃分——因客戶性質不同，均可用為劃分部門的對象，這種組織特別適用於銷售部門。例如美國許多農業銀行其貸款對象有果農、菜農、畜農等，其部門劃分即以不同客戶為基礎。

⑥以工程程序或設備劃分——這項劃分多應用於生產單位，特別在較低層的生產組織方面為多。其主要目的在於經濟地使用設備，並使材料供應及人力運用更為方便。

以上各項部門劃分方式，可用於總公司，亦可用於分支機構，而不同的階層亦可採用不同的方式，但總的要求是符合分工原則，使機構更能有效地達到目標為準。

對於一個總經理來說，其能力、精力與時間都是有限的，因此，要想建立高效的管理組織，就必須確定合理的管理幅度。

企業總經理要想有效地領導部屬，就必須考慮究竟能有效地管理多少直接部屬的問題，即管理幅度問題。

由於總經理的能力有限，所以，他直接領導的部屬和單位的數目不能超出有效指揮的限度。一個總經理要指揮多少部屬才是最合適的，這並沒有一個固定的答案。一般認為，一個企業總經理的直屬部屬數目為 6～7 人，一般不超過 10 人。現實中，人們已經發現沒有一種最好的、普遍適用的方案，不存在任何教條式的結論，即管理幅度不是一個常數，它有很大彈性。

例如美國管理協會 1951 年對 100 多家大公司調查表明，總經理部屬人數從 1～24 人不等。因此，不應玩數字遊戲，確定管理幅度最有效的方法是隨機制宜，即依據所處的條件而定。

3.管理層次劃分的改進

⑴層次的產生。由於主管與部屬關係的複雜，一個總經理所能有效管轄直接部屬的人數很有限，這就是管轄幅度的限制。美國管理學會曾對美國 100 家規模較大的公司加以調查，發現其總經理所直接管轄人數上 1 人至 24 人不等，其中有 26 家，其人數僅為 6 人或 6 人以下。

一般說來，領導者對其屬員工主要是實施政策性的監督，而中層主管則不然，故中層主管所能有效管轄的人數，較之高層所能管轄的更少。由於每一層所能管轄的人數有一定限制，於是組織之中不得不出現各個層次。

⑵層次的問題。層次的劃分固然可解決管轄的幅度，但因層次的增多，形成成本及管理的問題。

⑶確定層次所應考慮的因素。組織層次的多寡，與主管所能有效管轄的人數有密切的關係。下列六個為影響管轄幅度的主要因素，可

為確定層次的依據：

①訓練：凡受過良好訓練的部屬，不但所需的監督較少，且可減少其與主管接觸的次數。低層人員的工作分工較細，所需技術較易訓練，因此低層主管監督的人數可較多。新發展的工業，所需的技術較新，其領導所能指揮的人數較少，故其組織層次不得不稍予增多。

②授權：適當的授權可減少主管監督的時間及精力，使管轄人數增加。權責的明確劃分，有助於各級人員處事的效率，亦可減少組織所需的層次。

③計劃：事前良好的計劃，其政策較為固定，各階層監督的人數可較多，組織層次亦可較少。

④目標：設置目標標準，使工作人員知道工作要求及努力方向，減少主管指導工作及糾正偏差的時間，可促成層次的簡化。

⑤意見交流：意見有效交流，可使上下距離縮短，主管可採取各項有利於意見交流的措施與技術，來減少組織層次。

⑥接觸方式：主管與部屬接觸方式的改善，亦可使層次減少。例如困難問題以會議、會商方式討論解決，和加強事前書面說明減少事後口頭解釋等，均有助於解決彼此間的誤解，而使管轄人數增多，層次減少。

總之，一個主管所負擔的工作量，應以其能合理處事為範圍；其所轄屬員工的人數，應以能夠監督有效為準，不宜過多亦不宜過少。不過，主管自己處事的方式，會影響其管轄的幅度。主管愈能從事計劃、組織、領導及控制的工作，則其所轄人數就可加多，而組織層次就可相對地減少。層次減少，上層所做決策，可很快地傳達於下層，意見交流較易，凡事都可以迅速行動，促使工作效率提高。

四、總經理改革組織的程序

組織變革的程序雖無一定的規則，然而大致上卻可歸納成下列三種簡單的程序：確定問題；組織診斷；組織變革的執行。

1. 先確定問題

當組織的運轉發生問題或效率低下時，必須研究此問題存在的原因，是暫時、偶發的現象還是經常持續的？從此分析中，應能分離出各種特定的問題，並預估每一確定問題的方向與重要性，接觸每一問題，衡量各問題的相對重要性的程度。

在確定問題的階段，高層經理人員不僅要對正在變化的環境，例如技術與社會的發展給予詳細的評估與瞭解變化的力量，也應注意這種力量與發展對其產業的影響。

2. 組織診斷

當組織已確定外部環境、內部環境的變動對其生存有所影響，並經由確定問題的步驟，分析了各種特定問題的本質後，可借助於許多的工具與技巧，用以診斷該公司的當前情況，是否足以應付環境的變化，也可用以診斷出問題的所在。

借助於組織分析工具，雖可幫助組織變革者瞭解並確定組織的當前缺陷，但卻忽略了非正式組織的許多人際關係，以及意見交流方式與其影響力，因此有時必須補以觀察法或實地研究法，以利於發現問題的癥結。一般常用的診斷工具如下：

(1)組織問卷

說明組織當前情況的第一個步驟，是確定當前人員的職位與其功能，這種組織問卷的內容，不外乎包括各人員的職位、部門作業、責任與職權的大小、工作流程。表 14-1 為一位管理專家所建議的組織問卷內容：

表 14-1　公司主管的組織問卷

AEF 公司主管組織的問卷
1. 你的名字
2. 你的部別
3. 你的科別
4. 你職位的名稱或頭銜。
5. 你的辦公位置所在。
6. 你向誰報告。
7. 你的直接上司名稱或頭銜。
8. 那些向你報告者的名字頭銜或名稱是什麼？
9. 詳細的列出目前所知你的職位責任。
10. 你職權的本質是什麼？
①是設定政策
②是費用支出
③是人員的選取、升遷、退休或辭退與報酬的改變。
④是設立方法與程序。
11. 指出你所歸屬的各種商業團體或公司內任何委員會，假如你是主席則列出你委員會的目的、業務範圍以及完成的事件。
12. 列出你所接受或準備的報表名稱，並指出按日、星期或每月等時間。
13. 列出你保管的各種基本報表。
14. 提列瞭解你的責任與業務的其他方式，包括任何需要特別注意的問題與任何改進的建議或對整個公司組織結構的一般建議。

為取得問卷的資料，可令有關人員填寫後送交研究者，或以觀

察、約談方式來獲取所需的資料，後兩者所費的人力、物力較多，但能獲得較詳細的資料與瞭解，通常三者可同時混合使用，以求其正確性。

⑵職位說明

多數職位說明包括的資料為：工作的名稱、主要的權力、職責、執行此責任的職權，以及此職位與公司其他職位的關係，及與外界人員的關係如何。

⑶組織圖

以圖形方式表示某一時間內的組織直線職權與主要職能。其圖形繁簡不一，但為了組織分析的目的，最好是盡可能地簡化，並能明顯的表示出組織間的縱、橫職權關係。

⑷組織手冊

通常是職位說明與組織圖的綜合，以表示出直線單位的職權與責任，每一職位主要職能及其職權、責任，以及主要職位之間相互的關係。有時組織手冊還包括公司目標與政策的說明。

他們將組織與員工的交互行為視為一種連續性的互動關係。在這種關係中，員工符合了組織的條件，而組織則還要滿足員工需求。這種診斷員工與組織的適當平衡關係，至少應包括：

①智能的契同；

②心理的契同；

③效率的契同；

④道德的契同；

⑤工作的契同。

這五種情況的適當程度，都需通過問卷的方法，要求主管與員工說出每一種契同的情況中他們的需要，然後組織再依員工或主管人員對組織的貢獻，診斷出適當的程度，用以作為調整各種契同的程度的指標。

此外也需對公司的各種計劃、目標、領導職能、管理幅度、職權關係以及授權、分權程度、委員會的性質加以分析，並對控制的標準、衡量的單位、控制的時機等亦需要重新評估，以確定組織效率下降的真正原因。

3.組織變革的執行

在確知問題所在、形成原因後，再來就是如何將診斷的結果，轉換成適當行動的計劃而執行變革行動。這種行動必須依據診斷的結果而產生，才能產生效果。

五、將戰略轉化為行動

戰略實施是把企業戰略計劃轉變成為行動的過程，透過企業各部門、各個員工的共同努力使之實現預期的目標和達到一定的結果。這不僅是總經理的職責，也是整個管理隊伍的工作，總經理對於戰略的成功實施都必須負起責任。

有效推行戰略實施的重點，是以總經理為首的管理層能夠把企業變革的相關事宜向員工進行清晰而具有說服力的傳達，使得企業的各級員工都能夠投入到實施戰略的工作中來。

總經理要成功地引導戰略實施，需要具有一定的激勵和領導技能，主要體現在兩個方面：

第一，戰略實施幾乎涉及企業裏的所有人員和部門，要對如此多而龐雜的管理客體進行協調，需要發揮總經理的領導能力，例如用人的能力，包括怎麼選用合適的人，怎樣和員工交流溝通、激勵員工，怎樣進行員工或部門的合理搭配從而發揮最大的整合效應，怎麼改善人際關係、處理人際衝突，等等。因此，總經理作為戰略實施者，需要制定嚴格的紀律，激勵管理層及員工為了戰略的實施而努力工作，並得到他們最大程度的支持。除此之外，總經理還要善於協調企業的財務、行銷、研究與開發和電腦信息系統等各個部門的活動，使之形成完善而有效的流程。

第二，在戰略實施的過程當中，總經理難以避免會遇到種類繁多的管理問題，例如創造能夠促進變革的企業環境、管理人力資源、將業績和員工報酬相掛鈎、把企業的組織結構和戰略相匹配起來、建立支援經營戰略的企業文化、調整生產作業過程，等等。這都需要總經理充分運用自己的技能來解決。

1. 戰略實施的基本原則

在把戰略轉化為行動的過程中，常常會遇到許多在制定戰略的時候沒有預料到或者不可能完全預料到的問題，此時，總經理必須堅持以下面兩個基本原則作為實施戰略的指導和依據。

總經理堅持統一領導，統一指揮。一般而言，總經理比企業的中下層管理人員以及一般員工掌握的信息要豐富得多，對企業戰略的各個方面的要求以及相互之間的關係瞭解得也更為詳盡，對戰略的意圖也有深刻體會，因此，戰略實施應當確保在總經理的統一領導、統一指揮下進行，才能保證企業結構的調整、資源的分配、企業文化的建設、激勵制度的建立、信息的溝通及控制等方面做到相互協調、保持平衡，才能使整個企業為了實現戰略目標而高效運轉。

其次，堅持適度合理性。由於在制定企業的經營戰略和經營目標的過程當中，難免會受到信息量大小、決策時間多少以及認知能力等種種因素的限制，對於未來發展的預測不可能做到十分準確，因此，制定出來的企業經營戰略也有可能不是最理想的。不僅如此，在把戰略轉化為行動的過程中，由於企業的外部環境以及內部條件都會發生相應的變化，所面臨的情況會變得比較複雜，因此，在戰略實施中，要堅持適度合理性，也就是說，只要在主要的戰略目標上能夠基本達到所制定的戰略預期目標，就可以認為這個戰略的制定以及實施已經成功。

戰略的實施過程不是一個簡單而又機械的執行過程，而是需要總經理不斷地隨著市場的變化而作出適當的修正，並進行大膽創造與革新。因此，戰略實施過程也可以是對戰略的創造過程。

蒙哥馬利·沃德公司是一家老牌企業，創立於19世紀中期。在第二次世界大戰以前，蒙哥馬利·沃德公司一直穩坐美國零售業市場上的頭把交椅。它的主要競爭對手希爾斯公司，雖然一直在不停地對其進行趕超，然而在「二戰」之前卻始終沒有得到打破蒙哥馬利·沃德公司所創造的業界神話的機會。

然而，第二次世界大戰成為一個轉捩點。第二次世界大戰結束以後，蒙哥馬利·沃德公司的新任總裁預測戰後的美國肯定會出現一個大的蕭條期，並自信滿滿地說：「戰後經濟狀況會不斷惡化，這將會使我們對以前所熟悉的一切都感到陌生起來，我們必須謹慎從事，不能進行生產規模的擴大。」在這種相對比較保守的戰略的指導下，蒙哥馬利·沃德公司把數百萬美元的鉅資都存進了銀行。

事實證明，總裁的判斷是錯誤的，這也導致了戰略的根本性錯誤。在運營了一段時間之後，蒙哥馬利·沃德公司已經意識到了戰略的失誤，卻沒有作出有效修正。此時，希爾斯公司則採取了完全相反的競爭策略，利用「二戰」以後美國經濟的快速復蘇以及行業老大所給予的競爭上的「減壓」，迅速佔領了美國市場。蒙哥馬利・沃德公司這一零售業巨頭從此失去了與其主要競爭對手比拼的基礎，最終不得不在 1997 年的時候申請破產，從此退出了歷史舞臺。

在戰略實施的時候，戰略的某些內容或者特徵有可能會發生改變，但是只要不影響總體目標及戰略的實現，就可以認為是合理的。而如果始終刻板地堅持原有戰略，則可能會導致企業走向失敗。

2.戰略實施的模式

除此之外，企業的經營戰略和目標的實現要通過一定的企業機構的分工來完成，也就是說，要把龐大而複雜的總體性戰略分解為相對比較具體、簡單、便於進行管理和控制的問題，由企業各部門以及部門的員工來承擔，並貫徹實施。企業機構是為了適應企業經營戰略的需要而構建起來的，然而，任何組織機構都難免會關注自己所重視的本位利益，由此，在各個部門之間以及部門與企業的整體利益之間就會發生一些矛盾或衝突，為此，總經理要做的工作就是對這些矛盾衝突加以協調，尋求各個部門都能夠接受的解決辦法，而不要離開客觀條件的限制去尋求絕對的合理性。

只要不對總體目標和戰略的實現造成損害，這種矛盾和衝突就是可以容忍的，這也是合理性原則的一種體現。

兩個基本原則保證企業戰略實施的正確方向，在這兩個原則的指導之下，總經理要找到適合自己企業的戰略實施模式，從而因地制宜，促進企業戰略目標的實現。

3.確保獲得戰略預期目標的方法

明確了戰略實施的模式並且作出適合自己企業的選擇以後，總經理就要開始戰略的實施。而在戰略實施的過程中，總經理不可避免地要面臨各種各樣的挑戰，其中最大的挑戰就是在影響戰略實施的各種因素之間建立一系列的匹配關係，因此，作為戰略實施的負責人，總經理必須認真考慮要獲得戰略的預期目標需要採取怎樣的方法。

首先，建設一個高效運轉的組織。能否順利地實施戰略，在一定程度上依賴於企業是否擁有一個高效運轉的組織，這直接決定了企業的運營能力、競爭實力以及效率高低，因此，在實施戰略的過程中，建設一個高效運作的組織是至關重要的事情。

其次，完善支持戰略的政策和程序。運營的指揮方式和各部門及員工的工作流程隨著戰略的發展和變化而變化。然而，讓人們改變已經日益成熟的程序和行為往往會打亂他們原來的節奏，導致抗拒心理的產生。因此，在戰略實施的過程中，要儘早完善支持戰略的政策和程序，減少戰略實施的阻力。

再次，將預算與戰略掛鈎。將預算的分配與戰略需求掛鈎，既能夠促進戰略的實施，但也有可能產生阻礙作用。因此，戰略實施者要深入地參與預算過程，認真仔細地檢查關鍵性組織單位的計劃和預算提案。

最後，建立支援系統。現代化的支援系統不但能夠有效地促進戰略實施活動的開展，而且還能夠增強企業的實力，使其產生足以與對手相抗衡的競爭優勢。

一家有百年歷史的製藥公司，以往的年銷售收入在 2.5 億元左右，但過去幾年中其利潤卻下降了 33%，而在此同時該行業的其他公司利潤卻增長了 77%。

公司請來了製藥業一位老手來解決這一問題。他立即對管理部門進行了徹底檢查，並開展了一場嚴厲削減成本的運動，公司為此毫不猶豫地辭退了十幾名不稱職的高級管理人員。

這位老手還告誡公司董事局：「不稱職的人職位越高，對公司的破壞力越大，處理這類事情必須及時果斷，毫不手軟。」

這個案例告訴我們，要解決利潤下降的問題，就必須削減成本，削減成本首先要從組織結構入手。

心得欄 ----------------------------------

第 15 章

總經理的營運資金週轉

重點工作

資金是企業經營的血液，血液如果不能流通，企業就會衰亡，所以，資金週轉與企業的上上下下都是關係密切的，並不只是財務部門甚至財務總監一個人的事情。只有把資金週轉與其他部門的經營活動結合起來，共同協調為企業服務，才能從整體上增加利潤。

一、要制訂資金週轉計劃

制訂資金週轉計劃是財務總監必做的一項工作，主要是指對一定時期內資金的用途和增減做好計劃。

一般來說，企業的資金週轉情況是非常複雜的，就算是財務總監有超人的記憶力也不可能儲存所有的資金信息。若不制訂資金週轉計劃，財務總監就不會對各種資金的用途有一個清晰的認識，這樣總是會出問題的。

企業要想多賺錢，就需要擴大銷售量，而要擴大銷售量，就要多採購商品，這樣，應付賬款與庫存就會多起來，意味著資金的需要會多起來。因此，非常有必要將週轉資金的籌措、使用安排等各項事宜計劃好。例如，每年年底，為了讓職工過好年，一般企業都得發年終獎金，而且不能將帳面利潤分發給職工，要以現金分發。此外，分發的日期一般都不確定，也需要事先計劃好。

另外，對於一些從事製造業的企業來說，為了增加生產，擴充工廠規模或為了提高競爭能力，可能需要引進新式的機器設備，而這些設備的投資數額一般不會很小。這種用於設備投資的資金也被稱為設備資金。設備資金不可能每月固定發生的，它大都集中在某一時期或某一個月或者一年才發生一次。發生時間沒有一定的規律，金額也大小不一。因此，設備資金的籌措往往是需要精心準備的，若沒有資金週轉計劃，就很難在特定的時期內籌措到適量的資金進行設備投資。若毫無計劃地投入資金，可能會給資金的週轉帶來障礙。

在百忙之中抽出時間，來制訂資金週轉計劃，為資金運作提前做好準備，這樣就不至於事到臨頭，手忙腳亂。

一談到「資金週轉」，大多數人首先想到的就是「借錢」，其實這是片面的想法。向銀行借錢的確是資金週轉的一個重要內容，甚至可以說是主要內容，資金若事先未作任何使用，只是一味放置，不去使用的話，資金只是死的，是不會給企業財務帶來收益的。

因此，資金週轉計劃不等同於借錢計劃，它同時也是安排資金使用，促使資金健康運轉的計劃。需要與購貨計劃、銷售計劃、貨款回收計劃等配合，才能制訂合適的資金週轉計劃。

總之，資金週轉計劃的主要內容是借錢計劃，但它的範圍比借錢計劃大得多。

二、有效掌控企業的現金流

企業管理者都清楚：如果企業的現金流中斷，那麼，即使企業擁有再多的固定資產和庫存也仍然無法生存下去。只有保證良性的現金流，才能使企業健康成長。企業若沒有充足的現金就無法運轉，更無法實現價值最大化。因此，總經理在實際管理工作中，應足夠重視對現金流的掌控。

掌控現金流所希望達到的目的就是在為企業生產經營活動提供充足現金的同時，盡可能節約現金，減少企業的現金持有量，將閒置的現金用於投資，從而獲取更多的投資收益。換句話說，企業應該在降低風險與增加收益之間尋求一個平衡點，從而確定最佳現金流量。

現金流主要包括三大部份：庫存、應收款以及應付款。付款與回款週期對於企業而言有著不同尋常的價值，因此如果能夠很好地對付款與回款加以管理，就能為企業飛速發展提供有效的保障。從廣義上來說，對現金流進行管理，主要包括現金預算管理、現金的流入與流出的管理、現金使用效率管理和現金結算管理等。最主要的是做好預測和控制，如編制短期的現金預算和長期現金流轉預算、加強現金流日常控制、縮短現金回收時間和延緩現金支出時間等。

1. 如何有效掌控現金流

在明確了現金管理的法則之後，總經理就應該在這些法則的指導之下，對企業的現金流進行有效管理，實現現金流的掌控。為了達到這一目標，應該做到以下幾點。

總經理在對現金流進行管理的時候，第一步便是調整自己的觀念。

千萬不要因為自己可能不太喜歡或者不擅長管理流動資產就減弱對它的管理。對流動資產缺少必要的管理，就有可能使整個公司處於危險境地。

在投資之前要三思而後行，在銷售的時候應該要求客戶支付現金。精益的庫存、較少的應收賬款和大量的應付賬款都可以幫助企業保持強健的現金狀況。

作為總經理，應該廣開思路，考慮幾乎一切可以加速現金流入和放緩現金流出的措施。現金還有一種錢上生錢的效果。銀行願意將錢借給現金充足的公司，不願意把錢借給現金不足的公司。

為了保證企業持有的現金適量，總經理應該要求財務部門為下一年作現金預算，以天、週或月為單位都可以。在總經理的預算年曆上，以可能的收款為比照，預測各類花費(稅、保險、薪資、採購等)。把花費和收款並列起來可以揭示什麼時候會出現現金短缺和盈餘。有了預算年曆，企業就可以準備好，為能夠預測到的最大缺口去向銀行申請貸款額度。實際的貸款金額會因公司收款(從而減少額度)和付款(從而增加額度)而變化。

2.特別關注現金賬

現金流管理中，資金結構管理是非常重要的。總經理要注意保證企業資金結構的合理比例以及現金的正常流通。因此，企業最好每個項目都進行單獨建賬，項目預算要盡可能細化。在項目預算階段，要對項目的收支進行詳細的計劃，在計劃中要做好收支的評估，對項目中可能發生的每一筆支出都要認真估算。硬性支出是比較容易處理的，只要實報實銷就可以。但對於那些管理費用、人力資源成本支出、差旅費支出以及各項行政支出等軟性支出的估算一定要做得細。以人力資源成本為例，在什麼時間、從那些部門、抽調人數、調什麼人等都要記錄在案。剛開始的時候會很麻煩，但對項目最終的總結，以及後續項目的預算、評估會有很大的幫助和指導作用。現金的流人流出也自然會清楚明白，有助於企業的管理。

對於企業內部現金流管理而言，非常重要的一點是對應收賬款進行適當的管理，這主要體現在企業內部怎樣去加強信用控制，就是風險管理這一塊，有沒有一套非常完善的控制體系，從而加強事前、事中和事後的控制。現金管理還有一個很重要的方面，就是加強對應付賬款的管理，應付賬款的管理可以採取很多種方式，例如可以透過ERP系統或者其他管理系統把應付賬款的週期控制起來。

盡可能杜絕不良融資行為，所謂不良的融資行為，指的是在本企業不需要資金時進行過量融資，融入資金的期限結構與所對應項目的期限結構不相匹配，融資以後長期閒置等。若企業在融資的時候沒有明確的方向，也不知道企業希望實現的目標是什麼，就開始引進資金，這種行為就是非理性的，很容易將企業拖入泥潭。因此，總經理應該盡可能杜絕不良融資行為，為企業發展解除後顧之憂。

3.制定現金應急預案

現金流一旦出現短缺，就有可能導致企業在很短的時間裏走向覆滅。為了避免這一危急情況的發生，總經理應該為自己的企業制定一個計劃週詳、切實可行的現金應急預案。現金應急預案要保證充足資金的流動性，從而能夠及時而有效地應對突發危急或者意外開支，保證企業的現金流在任何情況下都能夠運轉良好。

如果企業的現金流出現問題，對於企業的影響是致命性的，將會帶來十分嚴重的後果，甚至還有可能使企業核心業務的發展遭到破壞，從而使得企業失去更大的利潤空間。因此，只有有效地掌控現金流，才能把企業做大做強。

三、確保最低利潤的獲得

不管什麼事業，成功的原理都只有一項，那就是「確保最低利潤的獲得」。公司一定要有利潤，才能生存發展。即使是在不景氣的情況下，總經理也要有完全得到應得到利潤的態度。

在這個世界上，大家都希望生活過得愈富裕愈好。無論做什麼工作，適當的收入是必要的。「賺錢」這個字眼，大家聽了可能都沒有好感，幾乎有一種「投機取巧」的味道。可是仔細想一想，錢不是平白就可以賺到的，想賺 100 元，必定要有淨值 100 元以上的東西付給對方。每一個員工都做了 100 元的工作而領 100 元的薪水，公司就非垮不可。賣衣服的人，必須使 100 元的衣服有 120 元的價值，這樣買賣才會成立。因此，賺錢這件事，可以說具有服務的成分，實際上，沒有一個人肯對 80 元的工作，付出 100 元的代價，若是有，那麼他不是瘋了，就是另有不良的企圖。當然通貨膨脹，可能有暴利不尋常例子發生，但一般說來，賺錢應解釋為服務的代價或是報酬。假定有一個人賺了 200 元，我們的反應應該是「他又做了 250 元的工作了」。

可是現在一提起「賺錢」，大家都與「投機取巧」相提並論，這樣一來，經營事業、做生意都成為卑鄙的行為，結果不是一切東西不能正常生產嗎？正當的賺錢是付出服務換來的，這一層認識很重要，否則，經濟活動會日漸衰微，大家都無法過富裕的生活。雙方交易一定要盡最大的誠意，在公平的交易點上競爭，才是正途。隨著國際貿易自由化，輸出的競爭也激烈了起來。其中有些公司甚至於在虧本輸出，這難免令人懷疑，到底有沒有必要這麼做？此外，以這種方式來從事交易，也絕對不可能成功。雙方交易，一定要盡最大的誠意，在公平的立足點上競爭，才是正途。把這個觀念充分溝通，才能展開實際交易的行為。

四、進行有效的成本控制

追逐利潤是企業永恆不變的話題，控制成本卻是企業始終要遵守的法則，企業進行改制也好，改革也罷，最後的落腳點仍然是也只能是更進一步地強化管理，降低成本，賺取利潤。因此，要想使自己的企業在競爭日益激烈的市場上站穩腳跟，挖掘企業內部潛力，降低企業成本費用，是總經理可以採用的一條行之有效的捷徑。

豐田公司一直是成本控制的高手。豐田在公司內部制訂了一個「成本節約計劃」。該計劃中，豐田公司從設計、生產、採購和固定費用四方面大規模壓縮成本。豐田曾促使供應商將 180 個關鍵零件的價格削減了 30%，僅此一項便為豐田節約了 100 億美元。同時，這也使得豐田公司在北美的零件採購成本，比美國通用、福特、克萊斯勒三大汽車公司還低 8%。

豐田公司專管衛生的部門，仔細觀察了公司所有衛生間的抽水馬桶後，得出了這樣一個鮮為人知的結論——抽水馬桶用水過於浪費。為了杜絕這一細微的浪費，他們採用最原始的辦法，在每一個抽水馬桶的貯水箱裏放進三決磚頭，從而出奇制勝地減少出水量，節省了用水開支。

在日本豐田汽車內部，所有信件往來，都是用白紙條貼住原來寫過的信封再接著用。後來，一位總務秘書科的科員覺得用嶄新的白紙條貼用過的信封還是有點奢侈，於是琢磨著：為何不用電腦打字的廢紙來替代嶄新的白紙貼用過的信封呢？這一合理化的建議當即被採用，一年竟為豐田公司節約開支 10 萬日元之多。

可見，從大的流程到小的細節，豐田公司都將控制成本的概念貫徹下去，並且由公司高層到底層員工不遺餘力地貫徹執行，這正是豐田公司不可阻擋的原因之一。「成本節約計劃」這一創新手段也為豐田公司贏得了全面的競爭優勢。

總經理應充分瞭解成本控制的相關原則，並在這些原則的指導之下進行成本控制。那麼，有效控制企業成本，應該採取什麼樣的方法呢？

1. 建立健全成本管理系統

擴大成本管理的範圍，進行全過程成本控制。對於現代企業而言，成本管理的範圍不只是包括生產過程成本的控制，還包括流透過程成本的控制，以及對研究、開發和設計成本進行控制。隨著全球競爭的日益激烈，生產和信息技術的不斷提高，管理者們已經逐漸意識到設計在很大程度上影響著企業的生產、銷售和服務成本，儘管設計成本比較高，卻能帶來產品整個生命週期內的成本節約，同樣，處於下游的銷售、服務成本也是生命週期成本中的重要組成部份，因此，有效的成本管理必須對生產成本以及上、下游成本進行全過程的控制。

運用價值鏈分析，實施全方位的成本管理。由於企業的生產經營過程是為滿足消費者的需要而設計的一系列作業的集合體，因此，總體而言，表現為一條由此及彼、由內及外的「價值鏈」。總經理應該對企業內部價值鏈進行分析，找出企業內部不增值作業、成本與價值不適配的作業，並將其終止或改進從而降低企業的成本。

總經理還應該對競爭對手的價值鏈進行分析，以瞭解競爭對手的成本情況，確定自己企業的成本優勢和劣勢，找出佔據價值鏈的那一部份或那些部份最能體現企業的競爭優勢，使企業能以最低的成本為消費者提供價值。除此之外，還要透過行業價值鏈分析，確定在行業價值鏈中那一部份的耗費較大，企業是否需要前向整合和後向整合的戰略選擇，以尋求降低成本的途徑。一般來說，透過企業後向整合，能夠獲得對購入商的成本控制優勢，而透過前向整合能獲得成本更低的銷售服務。

建立完善的事後責任考核體系。建立一套卓有成效並且縣有可執行性的事後責任考核體系，對企業內部成本管理進行監控，才能夠真正把成本管理落到實處。企業的事後責任考核體系應該包括兩個部份。

2. 注重採用現代科學的成本控制方法

在進行成本控制的時候，可以採用的方法有很多，其中，比較有效的是目標成本控制和提高資金利用率。

首先，目標成本控制。企業的目標成本是根據產品的品質、性能以及消費者所能接受的價格、企業已經達到的生產技術水準，以有效經營為前提，在一定時期裏作為成本管理目標所要實現的成本。目標成本控制就是根據目標成本來控制成本的活動，使實際成本符合目標成本的要求，並不斷降低成本。

目標成本控制的優勢主要體現在：目標成本是按市場價格和目標利潤制定的，考慮了產品在市場上的盈利能力和競爭價格。但這種目標成本並不一定適合本企業的生產經營狀況，這會給企業帶來壓力，總經理只有面對壓力大膽地對現有生產技術及生產步驟進行必要的改進，不斷改革企業的生產方式，全力以赴降低成本，才能贏得市場，實現目標利潤。

其次，提高資金利用率。通常來講，持有資金是企業實力的一種象徵，是企業具有較強的償債能力以及較高信譽的表現。然而，企業擁有的資金並不是越多越好，企業持有過量資金會導致資金閒置，不能使企業資金發揮最大的效益。一般而言，資金週轉率越快越好，這說明資金的使用率高，收回的現金沒有被長期閒置下來，而又被儘快投入到企業的經營之中。

過多的資金如果只是存在銀行賺取低回報的存款利息，就是嚴重的資源浪費。總經理應該主動去尋找更多的投資獲取更大的利潤，讓每一筆資金都能充分發揮自己的效用。總經理還可以在財務部設立專人研究資金的投資方向分析對策，在可控風險範圍內進行適當操作，根據財務穩健性原則，確定資金的最佳持有額度，將分析出的閒置資金用來投資，既不影響企業的正常經營，又能夠提高資金成本的利用率。

3.改進企業成本預算管理，使預算真正發揮作用

怎樣才能使企業沿著規劃的路線可持續性發展？隨著市場環境的變化，預算管理已經成為總經理的必然選擇。在現代企業競爭中，誰能夠取得成本優勢誰就能在競爭中掌握主動權。透過預算管理系統，可以為企業增加收入，降低成本，提高經濟效益。

例如，總經理的公司銷售金額可以這樣分解，材料 45%，直接勞務 8%，製造費用 22%，銷售成本 75%，毛利 25%，推銷 11%，一般和行政管理費用 9%，稅前利潤 5%，假如總經理的企業是一個金屬加工的公司，銷售額分解分析如上所述，那麼顯然該總經理的優先考慮順序應該是：⑴材料（45%）；⑵製造費用（22%）；⑶推銷（11%）；⑷一般和行政管理費用（9%）；⑸直接勞務（8%）。如果企業的成本的每一項都比原來降低 10%，那麼，在盈虧表中，材料費用就會少 4.5 個百分

點(45%×10%)，而製造費用就會少 2.2 個百分點，現在企業主可以清楚地看出為什麼要說優先順序是材料、製造費用，最後是直接勞務的了，因為材料費用降低對你整個成本降低的功勞最大，最後，該企業算得的利潤率是 14.5%，而不是原來的 5%，因而企業成本降低 10%，利潤幾乎達到原來的 3 倍！

許多總經理在確定降低成本優先考慮事項中犯的另一個根本性錯誤是削減購置新裝置和設備的費用。購置新裝置和設備的確能降低或去掉某些成本，但由於折舊費用，也會使製造費用增加很多。如果折舊這部份很大，則抵消購置新裝置和設備的作用也很大；如果根本不是那麼回事，就很明顯能取得節省。在所有其他成本降低選擇用完以後，購置新裝備和設備可以作為最後一個手段。

也許有人會提出通過增加銷售量的途徑來解決增加利潤的問題，如上面剛剛舉的例子，要使利潤額比原來增近兩倍，確切地說是 190%，那麼企業的銷售量必須增加至少 190%，假如毛利率不變的話，而這是令人瞠目結舌的。

不僅如此，預算也是在財務收支預算前提下的延伸和發展，儘管各種預算最終可以表現為財務預算，但預算的基礎是各種業務、投資資金、人力資源、產品設計等，而這些內容並非是財務部門所能確定的。財務部門在預算編制中的作用主要是從財務的角度為各部門、各業務預算提供關於預算編制的原則和方法，並對各種預算進行匯總和分析，而非代替具體的部門去編制預算。所以，成本預算管理需要企業內部各個部門的協調配合和參與。只有在總經理的正確領導下，經過各部門的共同努力，不斷地適應市場變化，才能編制出實現企業資源最優配置的預算方案，進而實現企業的經營目標。

案例

眾所週知，美國的超級市場行業競爭十分激烈，而發展最快的公司當推獅王食品公司。在過去的 20 多年裏，該公司的年銷售額竟以平均 20%的速度激增，被稱為「不可思議的奇蹟」。

獅王食品公司在美國的東南部地上經營著 800 餘家連鎖商場，而且每年還要新開業近 100 家商場。目前，它擁有 3.5 萬餘名僱員，年銷售額超過 40 億美元。

其實，獅王食品公司的成功秘訣眾人皆知，品種全、價格低。但別的公司照此方抓藥卻並不靈驗，總也達不到獅王食品公司的水準，有時甚至血本無歸。這到底是為什麼呢？

獅王食品公司的歷史可上溯到 1957 年 12 月，當時拉爾夫・W・凱特納、布朗・凱特納和威爾森・史密斯三人合夥在北卡羅來納州的索爾茲伯里，開設了一家名為「都市食品」的超級市場。獅王食品公司在創立初期，商場經營狀況完全沒有達到合夥人的期望，在公司成立後的 10 年時間裏，生意一直比較慘澹，他們使出渾身解數卻不見公司發展壯大，這深深刺痛了拉爾夫・凱特納，於是他決意尋找一個從根本上扭轉頹勢的方法。

1967 年，拉爾夫拿著一張拯救公司的藥方：把公司貨架上 3000 餘種商品大幅度削價，因為他計算過，只要銷售額能上升 50%，公司就仍處於盈利狀態。這一場「豪賭」決定著公司生死存亡。

於是，都市食品公司接受了拉爾夫的提議，在商品上貼上印有「LFPINC」字樣的標籤，這是「北卡羅來納州食品最低價」的英文縮寫。這一口號和標誌迅速出現在電視、報紙和大街小巷，人們都知道了都市食品公司以全州最低價出售商品。顧客蜂擁而至，他們都想把握住這個千載難逢的機會，誰都不願與之失之交臂。因為顧客認為這是都市食品公司在關閉前回收資金的大拍賣，僅此一次絕無二回了。

但出乎顧客預料的是，在「大拍賣」後的第一年，都市食品公司仍以北卡羅林納州食品最低價經營著。第二年依然如此。第三年不僅沒有倒閉，反而還購入幾家中小型商店。

漸漸地，都市食品公司踏上了騰飛之路。1977 年，公司成立 20 週年時，名下擁有 55 家商店；而到 1987 年 30 週年時，公司名下商店已多達 475 家。

其實，都市食品公司「天天降價」卻能夠賺錢，究其原因就是節儉，所有員工都在進貨、運輸、管理、經銷等各個環節設法節省開支，把公司的經營費用壓縮到最低點。

後來，都市食品公司改名為獅子食品公司。在以後的經營裏，公司更是節儉，下面就是一個很簡單的例子。

他們看重香蕉包裝紙板箱結實的特點，對其進行重覆利用。將香蕉擺上櫃台後，又利用這些包裝箱去裝載化妝品、保健用具。即使箱子破損了，員工們又用它去裝冷凍魚蝦。最後這些反覆使用多次的包裝箱被集中起來，出售給回收公司。

一般食品公司速凍食品櫃台都是安裝暖氣的，而獅王食品公司卻沒有。寒冷的冬天，員工們就利用冷凍機馬達排出的熱量取暖。

除此之外，獅王公司還打破了傳統的商品庫存與銷售的比例，加大進貨數量，以便從批發商那裏獲得更多一些的優惠折扣，從而使商品成本下降。

美國《商業週刊》曾經報導，通常情況下，美國零售業的經營開銷都要佔銷售額的21%左右，而獅王食品公司的經營費用只佔銷售額的13%左右。

到20世紀80年代末期，獅王食品公司已成為美國零售業中屈指可數的巨頭，憑藉高額純利和龐大的市場佔有率向其他零售業大公司發動爭奪市場的攻勢。

一位名叫史密斯的人是獅王食品公司忠實的員工，他伴隨公司從困頓到繁榮，親身經歷著公司的一切，對公司薄利多銷的政策深得其中三味。他對獅王食品公司的經營宗旨做過一個著名的、一針見血的詮釋：「5個週轉著的1分錢的價值，大於1個閒置著的5分錢。」

獅王食品公司之所以能夠成為美國超級市場的巨頭，奉行節儉的原則，是為了讓資金更高效、更靈活地運轉。透過節儉，節約了企業的資金；透過薄利多銷，加快了資金運轉的速度。資金運轉速度越快，公司就越有活力，「只有轉得快才能賺得快」。

心得欄

第 16 章

總經理的成本管理之道

重點工作

一、消除低效率

在日常生活中，人們都力求勤儉持家。企業經營管理也如此，要想取得更多的利潤，節約每一分錢，實行最低成本原則是非常必要的。著名企業都非常注意降低成本，節省每一分不必要的開支。

企業只要找出低效率的死角，並且消滅它，就能提高效率，並且降低成本。

企業的目標是要找出與其實力最為相宜的市場縫隙。如果缺乏有效的成本信息，找到的就可能是市場縫隙的假象。例如，由於傳統的成本核算系統低估了顧客定做或散單的成本，就會致使這類項目看似盈利豐厚。

發現市場縫隙、找出自身競爭優勢的關鍵，在於熟諳產品及顧客的盈利性。

傳統的成本核算系統很容易使企業偏離這一根本。要加以糾正，需對現有的成本核算及信息系統進行客觀的重新評估，找出曲解的根源及糾正措施。當經理人轉而採用作業成本管理時，成本估算系統就通過預算使之與財務報告掛起鈎來。

僅僅找出低效率所在還不夠，還應該瞭解並通報其產生的原因。由於作業成本管理能夠提供持續有效的結果，因而非常適合用來提供一些重要的統計數據，有利於達到效率的改善和顧客服務等業務目標。

一旦採用作業成本管理系統，企業就不必再苦苦追索低效率的原因。以下是兩種分析及消除低效率的方法。

方法 1：減少工作負荷。把低效率看作是資源的浪費。舉例來說，切割準備和調整每次都會產生一定成本。現在，我們可以看到這種成本了。只要意識到了這種成本，就能設法減少準備和調整的次數，或者減少每次準備和調整的成本。

方法 2：調整生產能力。如果資源少，生產量大，也許就該加速向賣主發貨、加班加點、向外分包部份生產；反之，如果資源過剩，就需考慮如何處置剩餘勞動力和閑置設備、如何應付多餘的原材料庫存所帶來的額外成本。

二、倡導簡樸的工作作風

一位頗有成就的小企業主，正在為如何削減公司內部開支而煩惱。幾年前公司生意紅火，上上下下都不太注重節約。在直線上漲的利潤面前，花點錢根本不算什麼。但現在情況不同了，他不得不開始注意公司的開支問題。

他說：「員工們過慣了高質量的物質生活，再讓他們去過節儉的生活，這個過程簡直太難了。他們根本不重視我提出的節儉政策，他們覺得節儉和他們無關。」

當然，遇到這類問題的人肯定不止他一個。要想在工作習慣、花銷習慣上來個 180 度的轉變，絕不是一件容易的事。而且和許多管理人員希望的一樣，這位企業主既想削減開支，又不想打消員工們的工作積極性，那就更難了。

麥考梅克公司的做法頗值得借鑑：

第一，實行抽查制度。麥考梅克公司在全世界有 67 個辦事處，依靠抽查制度，總裁能時時瞭解全公司資金開支情況。公司有專門的財務人員定期清查各個辦事處的賬目。一旦發現有任何疑點，總裁便立即提請公司管理層注意。總裁還會時常清查一些不太引人注目的項目。許多人往往忽視細小的地方，其實，只要掌握了細小之處，大處也就用不著操心了。

在公司的發展過程中，老闆不可能時刻密切注視整個公司的開支情況。實行了抽查制度後，即使是你身邊的人，也摸不準你對資金情況到底瞭解多少。

第二，用舉例表述觀點。在表述自己觀點的時候可以舉一些例子來說明，這樣的話，你的觀點就更能深入人心。如果你在會議上說「最近公司的開支有點超過標準」，那麼許多人會打著呵欠，心想：「瞧，又開始嘮叨了。」這樣的表述引不起企業員工的重視；而如果在表述觀點的同時，加進具體方法，或是幾個頗能說明問題的例子，效果就截然不同了。

圖 16-1　倡導簡樸的工作作風

一位老闆舉了這樣一個例子，他曾經要求歐洲各辦事處的職員往美國打電話時使用美國直撥線路。只要另外加撥 7 個數字，就能為公司節省不少開支，實行這個制度以後，僅在歐洲網球錦標賽期間，公司就在國際電話費上節省了 800 美元。

這當然是一筆很小的開支。當這位老闆在公司會議上引用這個例子時，不僅使職員瞭解到如何去節省開支，而且也使他們體會到公司大大小小的事情都沒有逃過他的眼睛。

第三，例子多多益善。如果你手頭有 10 個例子，你就要把它們全部用來支持自己的觀點。即使當你講了 3 個例子之後，大家已經領會了你的意思，你還是要用更多的例子來強調一下，以便大家對你所講的內容引起足夠重視。

第四，開展自上而下的檢討。對於出現的問題，在調查解決的時候千萬不能捨本逐末。如果你發現一位低層主管的開支賬目有問題，不要親自去追究低層主管的責任，而是應該去找管理他的高級主管。這樣一來，達到的效果是雙重的。這位又悔又惱的高級主管回到自己部門以後，肯定會更加嚴厲地責成每個部門成員嚴守公司的規定。

要是公司發生超支現象，那麼，首先要確定在那些方面超支；其次，清查每個人的開支狀況，收集足夠的證據；最後，告訴你的職員怎樣做會更好。

如果要推行一項新的節支措施，最好自上而下開始，即首先從你自己開始。自下而上的改革措施成功的機會不像自上而下那麼大。

三、建立嚴格的管理制度

勞埃德公司歷史悠久，人員眾多，為「關係網」的形成和發展提供了條件。20 世紀 70 年代後，該公司的規模又擴大了 3 倍；內部的貪污和舞弊行為激增，這是老一輩人連想都不敢想的。《經濟學家》週刊曾透露這樣一條消息：勞埃德公司 15 年來被保險商和經濟人以種種無法追查的手段竊取了 5 億美元左右的財富，而 2 萬多投資者遭受此種損失卻無計可施。一些海運業保險投資者已經損失了相當於他們投資額 3 倍的財富，而某些人的年盈利率則高達 56%。1982 年的豪頓事件使勞埃德公司內部的貪污事件大白於天下。勞埃德公司聲譽頓下，公司的高層領導者極為惱怒，當即下令辭掉豪頓經紀公司的 5 個主管人員，有關經理也受到應得的懲罰，同時，經過進一步的追查，勞埃德的另幾家聯合體也牽涉在內。可見，勞埃德的「關係網」弊病有多深。

戴維森總經理下決心要整頓內部，強化財務規章制度。公司的第一項措施就是進行嚴明的分工，以取代非正常的「關係網」，同時相應地建立具有革新意義的內部規章制度，並且嚴格驗定保密制度、責任制度、償付能力。今天的勞埃德公司，採用了現代化的經營管理方式，力圖衝破內部的各種阻力，使公司擺脫內部「關係網」的困擾和豪頓事件的負面影響，使公司龐大的保險業務獲得生機。但是戴維森認為，這只是改革的第一階段，下一步的任務是起訴保險商和聯合組織的一些經理人，讓他們為其非法行為承擔刑事責任。他強調，在公司內部想渾水摸魚的人，必將受到嚴懲。

當然勞埃德公司要在第一階段有個結論後才進行下一步的訴訟。英國的一些報刊評論到：「勞埃德還不能鬆一口氣」，「照到這個公司的陽光，究竟能否強到足以消除十幾年來業已形成的濫用職權的惡習，這不能不令人懷疑……」但是，戴維森對改革充滿信心。很多人也相信，只要有戰勝厄運的勇氣和信心，開拓創新，耐心、細緻地分析經濟形勢，找出自身具有的和潛在的優勢，並且採用各種有效的補救措施，勞埃德公司一定能擺脫困境，重振昔日的雄風。

四、省錢就是掙錢

在生活中，人們都力求勤儉持家。工業生產也如此，要想取得更多利潤，節約每一分錢，實行最低成本原則是非常必要的。著名企業都非常注意降低成本，節省每一分不必要的開支。

洛克菲勒是美國的石油大王，他擁有的財富無人可比，但他深深懂得節約的重要性，他曾對部屬說：「省錢就是掙錢。」

洛克菲勒經常到公司的幾個單位悄悄地察看，有時他會突然出現在年輕簿記員面前，熟練地翻閱他們經營的分類賬，指出浪費的問題。又如在視察美孚的一個包裝出口工廠後，確定用 39

滴焊料封5加侖油罐（而不是原先的40滴）的標準規格，也是很著名的實例。

正是洛克菲勒這種始終如一的注意節約，美孚公司才取得了如此輝煌的財富。節約使成本降低，這樣既增加了利潤，也提高了企業的競爭能力。

五、財務數據的三個關鍵

企業每天都被一大堆數字包圍著，例如銷售收入、員工人數、營業績效、市場佔有率……，尤其是目前電腦的普及，各種情報資訊幾乎都已「數字化」了。數字是行為事實在數量化後的資料與情報，每家公司不論規模大小，都必須確實重視「經營數字」，因為數字能直接表現出經營的成效。基本上，企業統計許多數據無非是想解答下列三個問題：

(1)賣了多少？

(2)賺了多少？

(3)潛力如何？

(1)和(2)兩項僅僅是一個簡單的結果，只要把進出資料做個統計，不難求出答案。但是，即使有了答案，仍不能讓管理者安心。原因是，經營企業必須投入大量的人力、財力、物力，這些花費不是在短期內可回收的，企業如果想進一步知道造成今天賣了這麼多，賺了這些錢的真正原因，就必須將上述三個問題做個轉化：

(1)賣了多少？賣多少才能持平，即盈虧平衡銷貨額。

(2)賺了多少？考查不同產品的毛利率，即那種產品或買賣是賺錢的？那種並不賺錢。

⑶潛力如何？

上述兩項有無改進餘地，能否挖潛。另外潛力方面最重要的考慮是資金承載力，即公司的各種資金彙集起來，可以做多少生意？或者可以維持多長時間的發展？我們可以把這三個方面作一些稍微的展開分析：

1. 盈虧平衡銷貨額

盈虧平衡意味著不賠也不賺，即是銷貨額產生的利益與為獲取這部份利益所支出的費用相等。這個數據是管理者最先需要瞭解的，實際上就是我們常講的維持企業運營的最低開銷，這對大企業來說，精確估計是相當困難的，中小型企業就相對容易得多。但無論如何，一定要做到心中有數。

2. 資金承載力

許多企業會失敗，原因並不在不賺錢，而是在業務擴展上沒有節制，導致資金不足，到期的債務無法償付，造成其他債權人失去信心，提前要求還款，於是企業資金週轉不過來，宣佈倒閉。

要知道，資金承載力最有效的指標為流動比率：流動資產與流動負債之比。如果流動比率在 200%以上的話，就表示能健全經營。然而在現實事例中，即使流動比率到達 200%，而其資金操作仍感困難的情形也是相當多的，其原因在於流動資產的品質。流動資產指的是一年內可變現的財產，其內容如下：

⑴現金及存款；

⑵應收賬款及應收票據；

⑶庫存貨物；

⑷雜項流動資產（如暫付款）。

3. 毛利

利潤由收入與成本所構成。所謂成本，包括銷貨成本與營業費用。毛利等於收入減去銷貨成本，而利潤等於收入減去銷貨成本再減去營業費用。顯然，有毛利才開始有利潤。經營活動的財源為毛利。無論做了多少年交易，交易金額有多高，如果毛利太低，可能是賣的越多，虧的越多。要想提高毛利，必須多研究應該銷售何種商品，以及如何降低這種產品的成本，也就是要在可以賺錢的商品上，集中更多的銷售力量。各種產品的毛利是不同的，這是管理者要知道的第三個重要數據。

現金、存款的部份不會有不良的情形，雜項流動資產金額不大，所以大致上不會有問題，有問題的部份應該是應收賬款、票據及存貨。其中若有不良應收款、票據或拒付票據等情形發生，原本可以短期內轉為現金的，如今卻無法兌現。尤其在緊急狀況中發生，必定對資金操作產生影響，而出現週轉不靈的窘境。

存貨的情形也是一樣。若將滯銷產品、廢品、不能使用的原料也計算在存貨中的話，所計算出的流動資產就不正確了。要判斷公司的資金承載力，需要編制現金收支預算表，僅從流動比率判斷是相當危險的。許多企業喜歡憑直覺判斷，抱著船到橋頭自然直的心態，這樣，企業往往已經陷入了財務危機，而管理者竟茫然不知。如果能真實掌握和有效控制這三個最為關鍵的財務數字，企業經營的健康發展就有了一個基本的保障。

六、密切關注成本

美國鋼鐵大王卡內基就曾說過：「密切注意成本，你就不用擔心利潤。」在他的一生中，從未為利潤擔心過，因為他最注重的就是節約成本，省卻每一筆不必要的開支。卡內基在商海中縱橫一生，他從來沒有忘記節約，一輩子堅持最低成本原則。

19 世紀 50 年代，成本會計制開始在美國鐵路公司中最大的賓夕法尼亞公司實行。這種會計制度能保持準確的記錄以便在經營、投資及人事等方面做出決策，核算成本耗費和收入情況，以便判明是否盈利。

卡內基是一個有心人，他認識到這一方法是做生意的一條最基本的要訣。於是，在賓夕法尼亞公司的 7 年中，他學習並熟練掌握了成本核算知識。

在他後來從事鋼鐵業中，成本會計知識得到了最大限度的運用，他也因此獲得了巨大的利潤。在生產中，他靈活地運用成本會計知識，處處以最低成本來衡量，使卡內基鋼鐵廠獲得了不菲的利潤，生產效益也得到了大大提高。他的工廠生產第一噸鋼的成本是 56 美元，到 1990 年時降為 11.5 美元（這年年利潤為 4000 萬美元）。這一切都歸功於他那「密切注意成本，就不用擔心利潤」的經營哲學。

為了降低成本，卡內基可以說是不擇手段，不放過任何一個可以節約的機會。卡內基的努力效果是明顯的，正是由於他掌握了這一原則，才使他在鋼鐵業中超過眾多同行，獲得「鋼鐵大王」的美稱。

七、走出理財的五大偏失

1. 忽視資金週轉

資金是企業的血液。人體要靠血液在週身循環流動，為全身的器官提供營養；企業生產經營的各個環節，也必須有一定的資金作保證，才能維持正常的運行。資金週轉速度緩慢，無疑會給企業的經營運轉帶來很大的波動，直接威脅到企業的生存發展。

有一家配件廠，與另一個組裝汽車的廠家簽訂了供應配件的合約。按成本計算，所供應的 30 多種配件，利潤率可以達到 34%，經濟效益算起來是相當可觀的。但對方要求所訂的配件，須按照組裝汽車的數量分批供應，隨要隨供，要多少供多少。這個條件，看起來並不苛刻，但執行起來，卻給配件廠帶來許多意想不到的問題。

原來對方組裝汽車用的是進口發動機，每次進口的批量不等。進得多，需要的配件量大，配件廠加班突擊生產才能供應得上；進得少，需要的配件量小，配件廠平時生產出來的產品就積壓在庫房裏。結果僅僅不到一年，這些配件的原料和成品長期佔用的資金就高達 1000 多萬元。致使廠內缺乏流動資金，其他生產項目都被迫停了下來，生產經營一度陷入癱瘓狀態。可見，經營者只注意了單項生產的利潤，忽視了資金週轉這個要素，結果給自己造成了非常被動的局面。

2. 不做財務核算

一般總經理通常很少對企業的財務做整體的規劃，也不擬定年度預算和銷售計劃，因此在成本和利潤的控制上往往不得要領。

只重現金的賠賺，忽略實際經營的盈虧，是總經理的一大理財偏失。

例如，有一家電器商場，總經理一直覺得生意很好，每天也的確都有不少現金盈餘，所以每個月都慷慨地發獎金給員工。可是到了年終一結算，卻發現虧損不少。什麼原因呢？原來是管理鬆弛，根本不做財務核算，「只看見魚喝水，卻不知鰓漏水。」錢倒賺了不少，但大都消耗在諸如銀行利息、大量的應收貨款、請客送禮拉關係、業務開支費等方面上去了，而所有這些最主要的一個原因便是沒有做好財務核算工作，忽略了資金週轉，心中無底，致使店面賬款跑、冒、漏無以計數。如此一來，焉有不虧之理？

3.不敢舉債，坐失良機

為了買東西應該先賺夠了錢，然後再去購買，這聽起來不錯，但卻只是部份正確。因為，在有些時候，敢於舉債經營恰是擴展業務的一條捷徑。

例如，經過認真評估和財務諮詢之後，我們胸有成竹地認定，如果買上一台電腦操縱的印刷機，就能大大提高產量，招來新的生意，那麼就不要徘徊觀望，而應儘快購進。如果我們仍然在想攢夠錢再買，那就需要再等上較長一段時間。在這段時間裏，由於對機器的需求得不到滿足，業務可能陷入停滯狀態，這顯然是失大於得。因此，應當毫不猶豫地舉債購進這台印刷機。

總之，「等有錢時再擴大業務」，這聽起來好像很負責任，但實際上卻是不合時宜的想法。為了能讓企業飛速發展，我們一定要在必要時擴展業務，否則就會造成經濟損失。而由於擴展業務通常是需要資本的，當條件一時不具備時，只要看準了的，創造條件也要上。這樣就需要「借雞下蛋」，借助「舉債經營」這個杠杆，使業務得以快速擴展。

4.賒賬過多，無力清欠

最好用現金交易，不宜賒銷。如果賒銷 10000 元的商品，倒不如賣 8000 元現款。這裏所說的現金交易，包括開戶單位和個人利用轉賬方式進行結算。俗話說：「現有小錢 50，勝過以後大錢 100」、「站著放債，跪著討錢」等，說得就是這個道理。

相對而言，現金交易和賒銷，後者較前者利少弊多：一是影響資金週轉；二是減少利潤；三是討債佔用大量人力與財力；四是賒出容易，回收困難；五是往往因人事的變動或對方企業的變化，造成呆賬、瞎賬、亂賬，也許可能永遠也收不回來。

猶太人經商，其發財秘訣之一就是徹底採取「現金主義」。他們認定，惟有現金才能保障他們的生命和生活，以對抗天災人禍。現代商戰說千道萬的訣竅，歸根結底要講現金收入。

八、汽車公司降低成本的方法

福特公司總經理李· 艾柯卡在他的自傳中說：「多掙錢的方法只有兩個，不是多賣，就是降低管理費。」

節約成本開支、降低產品售價，這是提高競爭力、改善經營效益的關鍵所在。艾柯卡在福特公司和克萊斯勒公司都非常重視降低成本。減少開支也是他經營成功的秘訣所在。

艾柯卡剛擔任福特公司總經理時，第一件要辦的事就是召開高級經理會議，確定降低成本的計劃。他提出了「4 個 5000 萬」和「不賠錢」計劃。

「4 個 5000 萬」就是在抓住時機、減少生產混亂、降低設計成本、改革舊式經營方法這 4 個方面，爭取各減 5000 萬元管理費。

以前工廠每年準備轉產時，要花兩個星期的時間，而這期間大多數的工人和機器都閑著。這使一部份人力和物力浪費，長期積累，這也是一筆可觀的損失。

艾柯卡想，如果更好地利用電腦和更週密地計劃，過渡期可以從兩個星期減為一個星期，3 年後，福特公司就能利用一個週末的時間做好轉產準備，這一速度在汽車行業是曠古未有的，它為公司每年減少了幾百萬的成本開支。

3 年後，艾柯卡實現了「4 個 5000 萬」的目標，公司利潤增加 2 億元，也就是在不多賣一輛車的情況下，就增加了 40%的利潤。

一般的大公司，都有幾十項業務是賠錢的，或者說賺錢很少，福特公司也如此。艾柯卡對汽車公司的每項業務都是用利潤率來衡量的。他認為每個廠的經理都應該心中有數：他的廠是在給公司賺錢呢？還是他造的零件成本比外購還貴？

所以，他宣佈：給每個經理 3 年時間，要是他部門還不能賺錢，那就只好把它賣出去算了。

到了 20 世紀 70 年代初，艾柯卡甩掉了將近 20 個賠錢部門，其中有一個是生產洗衣機設備的，這個廠辦廠幾年，沒有賺過一分錢。這就是艾柯卡的「不賠錢」計劃。他通過這種辦法儘量減少公司的負擔，節約原材料、勞動力和機器設備，使公司的相對利潤急劇上升。艾柯卡也因此得到了眾多員工們的一致好評。

「不賠錢」計劃實行了兩年，該賣的工廠都賣掉了，為公司收回了不少資金，也在很大程度上降低了成本。

在克萊斯勒公司，艾柯卡在格林沃爾德、米勒等人的幫助下，裁人減薪，減少勞務成本，並以此為基礎，雙管齊下，即改善庫存管理、改變採購辦法。

他大膽地引進日本「豐田無庫存生產」的庫存管理技術，取代原來的「以防萬一」大量庫存的制度；採用「基本零件一體化，車型品種多樣化」的產品策略，將產品零件由7萬多種減少為不到1萬種，進一步減少進貨與庫存，節約了大量的管理費用。廢止將產品存放在公司的「銷售銀行」待機而售的制度，實行與銷售商訂貨生產的新制度，改變了產品庫存的局面。

經過上述改革，克萊斯勒公司的年庫存額由21億美元下降到12億美元，管理費用也大大下降，為公司節約了一大筆資金。

艾柯卡還從多方面強化成本核算，儘量降低成本。自產零件如果比外購貴，就依靠外購；進口零件較貴的，就不依賴進口而自己生產；各工種的成本預算，必須與同行業中的低成本作比較，而不能「按需編制」。這一切都有效地降低了成本，使企業在競爭中立於不敗之地。

九、建設單純的經營組織

美國的皇冠瓶蓋公司創立於1891年，是製造啤酒及清涼飲料的各種瓶蓋的工廠。該公司現在是美國著名的公司之一，規模足以與世界一流企業相提並論。

皇冠牌瓶蓋公司是由機械工人培恩達創立的，憑藉專利權，公司的業務蒸蒸日上，擴展非常迅速。後來，由於專利權期滿，又由於第二任總經理傑爾斯·麥克曼擴展太快，以致該公司陷入困境，連連虧損，市場佔有率也降至30%。第三任總經理諾克爾力圖重振皇冠牌瓶蓋公司，但毫無起色，虧損連連。這家公司似乎無藥可醫，病入膏肓。約翰・柯納利受命於危難之中，他的上任給皇冠牌瓶蓋公司帶來了無限的希望。

柯納利是靠不斷地收購該公司的股票而上任的，柯納利知道皇冠牌瓶蓋公司的發展潛力和經營管理的動向。他堅信只要由自己經營，公司一定能重振昔日的聲威。

柯納利是一個追求簡單化經營組織的人。他力圖通過部門的簡單化、經營的簡單化、計劃的簡單化和人員的簡單化來拯救這家自從失去專利權保護就一蹶不振的公司。柯納利常說的一句話表明了他對簡單化的信念:「千萬不要裝模作樣地增加複雜性，所謂經營組織，乃是越單純效率越高的。」為了貫徹其經營理念，他提出了如下5項重建決策，並具體地實施：

決策 1：廢除事業部制，使管理與銷售部門一元化，進而削減冗員，使人人專職專責。

決策 2：削減出現赤字的部門，暫停製造塑膠容器及冰箱，集中經費。

決策 3：使生產計劃平衡化，以求得資金的快速週轉，促進生產。

決策 4：調整各部門的人員，以使員工能做適合於自己的工作，激起他們的積極性。

決策 5：對效益好的部門增大投資，促進設備合理化，增加生產和收益。

此外，柯納利又設法激起員工的責任感和工作積極性，力圖一掃過去的那種頹喪不振的氣氛，建立一種生氣勃勃的企業精神。

柯納利成功了，在他就任總經理之後幾個月的時間內，公司的面貌大為改觀：沒人玩撲克牌了，劣質產品也大幅度減少，企業呈現出一派生機盎然的新景象。

1967 年，皇冠牌瓶蓋公司的營業額約 4 億美元，是 1963 年的兩倍，短短的 4 年時間，營業額就增長兩倍。多麼令人驚訝啊！充分證明了柯納利經營理念的正確性：「所謂經營組織，乃是越單純效率越高的。」

豐田公司是世界聞名的大型汽車公司，但鮮為人知的是豐田也曾面臨過危機，在 20 世紀 40 年代，豐田公司面臨倒閉的危機。當時任公司總經理職務的豐田喜一郎登門拜訪，請石田退三接管僅有 2 億日元固定資產的豐田公司，正是石田退三拯救了豐田公司。

石田退三提出了「在豐田消滅倉庫」的口號，在全廠發起「三及時」運動，建立了「三及時」卡片制度，使全廠上下出現了一絲不苟、兢兢業業的新景象，奠定了豐田以後迅速壯大成長的基礎。

1948 年，威望極高的石田退三當上了豐田公司的經理，主管日常工作，人們尊敬地稱之為「老掌櫃」。1950 年，石田退三正式接管豐田喜一郎的職務，出任豐田公司的總經理。當時的豐田公司即將倒閉，為了使公司渡過難關，豐田喜一郎和石田退三持之以恒地去尋求貸款的支持。雖然很多銀行、廠商的董事、總經理和過去的老朋友都避而不見，但是，功夫不負有心人，他們最終還是從日本銀行名古屋分行借到了2億日元，豐田公司的破產危機才得以解除。

然而，解除了破產危機只是走完了第一步。豐田公司還面臨如何走上迅速發展道路的難題。因為石田經常到各車間去觀察現場情況，所以很快就發現豐田汽車廠的真正問題是浪費。於是，石田退三提出了「杜絕一切浪費」的治廠綱領，並明文規定：「凡杜絕浪費的個人可受到表彰、獎勵、提拔、重用；否則，必將受到批評、懲罰。」為了保證這一綱領的實施，石田退三制訂了許多規章制度，用卡片登記的辦法將各種浪費和節約的情況記錄在案。同時，他要求各級主管要形成到現場辦公的作風，以利於解決問題。他要求他們一旦在現場發現浪費，必須刨根問底，追問「15個為什麼」，直至找到最根本的原因，徹底解決為止。另外，石田退三又在全廠推行合理化建議運動，規定凡提出合理化建議的都要受到嘉獎，並在小組、車間之間形成競爭，評出提出的合理建議最多、最好的小組和車間。這一套做法極大地激起了員工的積極性。

更重要的是，石田退三發現過量生產造成的浪費是最核心的問題。它能引起連鎖反應，造成層層浪費，產生惡性循環。為了徹底解決過量生產造成浪費的問題，石田退三提出「在豐田消滅倉庫」這一不可思議的口號。為了使這一口號貫徹到豐田的經營活動中，他又與大野耐一共同提出要在全廠開展「三及時」運動，即上道工序及時給下道工序提供定量、定貨、定時的加工件，這樣就使庫存積壓不存在了，倉庫也就不重要了。石田退三和大野耐一規定，隨加工件要附上可以填寫時間、數量、質量的「傳票卡片」。下道工序可以拒收不符要求的加工件，拒收後果由上道工序負責。很明顯，開始推行「三及時」制度遇到的阻力是非常大的，更有一些人提出了尖銳的批評，而且多數人認為有備件可以防止停產造成的損失，仍是利大於弊的。但是，大野耐一毫不含糊，堅決貫徹「三及時」制度。最終，他們成功了。「三及時」運動在全廠推廣開來，全廠上下出現了生機勃勃的新景象，豐田公司走上了高速發展之路。有人認為，「在豐田消滅倉庫」是豐田打敗美國汽車業的原因之一。

心得欄

第 17 章

總經理的併購運作

重點工作

一、企業併購的動因

市場經濟環境下，企業作為獨立的經濟主體，其一切經濟行為均受到利益動機驅使，併購行為的目的也是為實現其財務目標——股東財富最大化。

同時，企業併購的另一動力來源於市場競爭的巨大壓力。這兩大原始動力在現實經濟生活中以不同的具體形態表現出來，即在多數情況下企業並非僅僅出於某一個目的進行併購，而是將多種因素綜合平衡。這些因素主要包括以下內容。

1. 謀求管理協同效應

如果某企業有一隻高效率的管理隊伍，其管理能力超出管理該企業的需要，但這批人才只能集體實現其效率，企業不能通過解聘釋放能量，那麼該企業就可併購那些由於缺乏管理人才而效率低下的企業，利用這隻管理隊伍通過提高整體效率水準而獲利。

2.謀求經營協同效應

由於經濟的互補性及規模經濟，兩個或兩個以上的企業合併後可提高其生產經營活動的效率，這就是所謂的經營協同效應。獲取經營協同效應的一個重要前提是產業中的確存在規模經濟，且在併購前尚未達到規模經濟。規模經濟效益具體表現在兩個層次：

⑴生產規模經濟

企業通過併購可調整其資源配置使其達到最佳經濟規模的要求，有效解決由專業化引起的生產流程的分離，從而獲得穩定的原材料來源管道，降低生產成本，擴大市場佔有率。

⑵企業規模經濟

通過併購將多個工廠置於同一企業領導之下，可帶來一定規模經濟，表現為節省管理費用，節約行銷費用，集電研究費用，擴大企業規模，增強企業抵禦風險能力等。

3.謀求財務協同效應

企業併購不僅可因經營效率提高而獲利，而且還可在財務方面給企業帶來如下收益：

⑴財務能力提高

一般情況下，合併後企業整體的償債能力比合併前各單個企業的償債能力強，而且還可降低資本成本，並實現資本在併購企業與被併購企業之間低成本的有效再配置。

⑵合理避稅

稅法一般包含虧損遞延條款，允許虧損企業免交當年所得稅，且其虧損可向後遞延以抵消以後年度盈餘。同時一些國家稅法對不同的資產適用不同的稅率，股息收入、利息收入、營業收益、資本收益的稅率也各不相同。企業可利用這些規定，通過併購行為及相應的財務處理合理避稅。

⑶預期效應

預期效應指因併購使股票市場對企業股票評價發生改變而對股票價格的影響。由於預期效應的作用，企業併購往往伴隨著強烈的股價波動，形成股票投機機會。投資者對投機利益的追求反過來又會刺激企業併購的發生。

4.實現戰略重組，開展多元化經營

企業通過經營相關程度較低的不同行業可以分散風險，穩定收入來源，增強企業資產的安全性。多元化經營可以通過內部積累和外部併購兩種途徑實現，但在多數情況下，併購途徑更為有利。尤其是當企業面臨變化了的環境而調整戰略時，併購可以使企業低成本地迅速進入被併購企業所在的增長相對較快的行業，並在很大程度上保持被併購企業的市場佔有率，以及現有的各種資源，從而保證企業持續不斷的盈利能力。

5.獲得特殊資產

企圖獲取某項特殊資產往往是併購的重要動因。特殊資產可能是一些對企業發展至關重要的專門資產。如土地是企業發展的重要資源，一些有實力、有前途的企業往往會由於狹小的空間難以擴展，而另一些經營不善、市場不景氣的企業卻佔有較多的土地和優越的地理位置，這時優勢企業就可能併購劣勢企業以獲取其優越的土地資源。另外，併購還可能是為了得到目標企業所擁有的有效管理隊伍、優秀研究人員或專門人才，以及專有技術、商標、品牌等無形資產。

6. 降低代理成本

在企業的所有權與經營權相分離的情況下，總經理是決策或控制的代理人，而所有者作為委託人成為風險承擔者。由此造成的代理成本包括契約成本、監督成本和剩餘虧損。通過企業內部組織機制安排、報酬安排、總經理市場和股票市場可以在一定程度上緩解代理問題，降低代理成本。但當這些機制均不足以控制代理問題時，併購機制使得接管的威脅始終存在。通過公開收購或代理權爭奪而造成的接管，將會改選現任總經理和董事會成員，從而作為最後的外部控制機制解決代理問題，降低代理成本。

另外，跨國併購還可能具有其他多種特殊的動因，如企業增長，技術，產品優勢與產品差異，政府政策，匯率，政治和經濟穩定性，勞動力成本和生產率差異，多樣化，確保原材料來源、追隨顧客等等。

二、企業的兼併

企業的「兼併」與「收購」合稱為「企業併購」。企業要做大做強，就必須進行資本的運作，例如併購，資本的運作一般至少包括企業的兼併、企業的收購等。

第一種是企業兼併，是資本擴張的重要手段。通過兼併實現資源的優化配置是資本經營的重要功能之一，也是實現資本的低成本、高效率擴張，形成強大規模效應的重要途徑。

1. 企業兼併的含義

企業的兼併，本身也就是一種投資。企業的兼併，就是要進行資本的擴張。

世界上任何有影響的大企業、大公司走過的道路，並不是單純依靠自身辛辛苦苦的積累和自身省吃儉用的再投入實現其規模經營的，而是大多借用了外在的力量，將別人已經形成的生產經營能力並入到自己的企業之中。

1997 年美國《幸福》雜誌公佈的「1996 美國 500 大名企」就有相當一部份是由於幾家上 10 億美元的公司的合併，而使其在排行榜上的位置顯著上升。其中，沃爾特‧ 迪士尼接管大都會 ABC 公司後，名次由第 103 名躍居到第 55 名;大通曼哈頓銀行與化學銀行合併後，排名由第 77 位上升到第 25 位。

這當然不是簡單地追求一種企業排位，而是通過這種排位，我們可以看到企業實力的增強，競爭能力的提高，在市場佔有率中所佔的地位。就是說，在現代市場條件下，企業在市場競爭中的地位，是與資本的兼併分不開的。

企業的兼併，實際上就是將分散的資本相對集中起來，使社會資源的配置不斷優化，以提高生產經營的集約化程度。

資本要想獲得更多的利潤，要想得到更快的增值，就必須通過兼併使企業資本迅速走向聚集和集中。

2. 企業兼併的操作

企業兼併既然是一種市場經濟行為，就一定有行為目的，而這種行為目的，必須有一個明確的戰略目標，否則，是不可能給企業帶來效益的。為著企業兼併的目標的實現而採取的戰略，必然要進行可行性論證。從已經走過兼併的成功之路的企業的經驗來看，需要考慮如下一些基本因素：

⑴分析雙方企業的優勢與劣勢，包括財務、資本運行情況、市場銷售能力、生產能力、新產品開發能力、產品品質、產品銷售量、技術潛力、人員素質等以及整個生產經營的狀況；

⑵分析雙方生產經營的相關性，尤其是在產品和技術上的內在聯繫，未來的發展潛力；

⑶分析雙方可能的優勢互補，兼併方對被兼併方的改造，確定其發展戰略；

⑷兼併是一種市場經濟行為，是要付出代價的，為此，就要充分考慮兼併成本，尤其是被兼併企業的歷史包袱的處理，包括債務的接收和人員的安置；

⑸考慮企業兼併後的體制和運行機制。

3.企業兼併形式

不想吃掉別人而單純依靠自身的發展使資本擴張是不可能的。許多國際性的大資本，總是千方百計地採用各種手段吃掉小資本。所以，他們總是採取多種多樣的企業兼併形式，其中，最主要的有如下五種：

⑴入股式。被兼併企業的債權債務比較簡單，經過協商，被兼併方將其淨資產以股金的形式投入兼併方，兼併方不再承擔其原有的債務。

⑵承擔債務式。被兼併方的企業債務過重，但產品有發展前途，兼併方以承擔該企業債務為條件接收其資產。

⑶購買式。根據兼併前對資產的評估，剔除各種應付款後，其資產的剩餘部份，由兼併方購買下來，同時承擔其債權債務。

⑷採取資本重組的方式，將某一企業的資產和另一企業的資產整體合併，或將兩個企業的資本折成股份合併，其中一個企業作為母公司，另一個企業成為被控的子公司之一。

⑸由出資者授權，將某一企業的資本經營權委託給另一個企業，並由該企業派出人員對資本被授權企業的經營團隊進行「人事參與」。

後兩種形式合併常出於同一出資者的行為。出資者考慮到其中某一企業已經沒有多大的發展前途，需要通過這種資本的合併由另一個企業帶動其發展。也有兩個企業或者兩個以上的企業本來都還不錯，但合併起來會更好，造成所謂「強強聯合」。

三、企業的收購

企業收購，是採用市場行為對某一企業實施兼併（有的兼併公司是非市場行為）的一種方式。是指一家企業出資，購買另一家企業的資產或股權，從而獲得對該企業資本的實際控制權。

一個企業對另一個企業的收購完全是一種經濟行為，並必須按照市場規律辦事。它可以是對全部資產的收購，也可以是通過收購其股票，取得股權上的優勢。這種優勢，包括絕對控股或相對控股。在實現資產的收購後，首先必須對其進行人事改組，包括對董事會的改選，對經理的重新確定，對高級管理人員的重新任命，對所需員工人數的重新確定等等。同時要考慮對企業生產經營發展方向的定位。

在企業收購中，對企業的現有資產進行清理，進行資本評估，都是首先要進行的基本性工作。

對原有企業資產價值的評估，要考慮很多因素，例如原始資本投入時的具體情況，設備的磨損及其折舊，由於物價因素而導致的貶值與增值，設備本身存在的無形損耗等。對於相當一批企業來說，有形資產的評估好做一些，困難的是對無形資產的評估，如企業的知名度，產品的商標、牌號，甚至經營者的社會影響等等。不管怎麼說，對原有企業進行資產價值評估，是就資產本身的價值而言，它所依據的原則，是資本的實物形態本身的凝結，並應按照現價測算，必須遵循商品的價值規律。

對於產權的轉讓，是就所有者所擁有的財產的所有權的讓渡而言。產權的轉讓是面向市場而言，所依據的原則是市場上的供求情況、應按照市場情況隨行就市，必須遵循市場的供求規律。就是說，對於資本的評估一定要實事求是、科學合理，決不能因為要考慮與他人合資或考慮買賣而畸高畸低；對於產權的轉讓，要適應市場的供求情況、購買力情況，應該能高能低，有的可以溢價，有的可以平價，有的可以折價，不應一概要求其只能高不能低。在產權的轉讓中，關鍵是要採用競價的原則，才可以使不同企業的資本在市場上的真實得到體現，才不致使企業資本出現流失的現象。

表 17-1　1998 年世界十大併購案

排名	併購雙方名稱	行業	總額 （億美元）
1	埃克森公司/美孚公司	石油/天然氣	863.55
2	旅行者集團/花旗集團	保險/銀行	725.58
3	SBC通訊公司亞美達科通訊公司	電信	723.57
4	貝爾大西洋公司/通用電話電子公司	電信	708.74
5	美國電報電話公司/英國電信公司	電信/電視	682.50
6	國民銀行/美洲銀行	銀行	616.33
7	英國石油公司/美國石油公司	石油/天然氣	543.33
8	戴姆勒-賓士公司/克萊斯勒公司	汽車	395.13
9	美國家庭用品公司/孟山都公司	醫藥化工	391.35
10	西北銀行公司	銀行	343.52

企業收購的方式很多，依出資者的收購能力和被收購企業的存在

形式而定，但一般來說，企業收購最常見的方式有三種：

1. 通過協商或競價，以支付現款或本公司股票的方式買進某公司的部份或全部資產。

2. 通過購買某公司的股票，對其進行控股，使之成為一個子公司。

3. 通過將本公司的股票發行給另一個企業的資本所有者，以取得對該企業的資產和負債，並使其喪失法人實體的地位。

一個企業是否要收購另一個企業的資產，主要取決於收購方對於被收購方的資產前景的預期、所確定的新產品開發和產品發展戰略、收購方要達到的銷售在市場上的佔有率等三方面的因素。

四、企業併購的類型

企業併購的形式多種多樣，按併購雙方是否友好協商劃分，併購分為善意併購和敵意併購。

1. 善意併購

善意併購指併購公司事先與目標企業協商，得其同意並通過談判達成收購條件的一致意見而完成收購活動的併購方式。善意併購有利於降低併購行動的風險與成本，使併購雙方能夠充分交流、溝通資訊，目標企業主動向併購企業提供必要的資料。同時善意行為還可避免因目標企業抗拒而帶來額外的支出。不過，善意併購也要犧牲自身的部份利益，以換取目標企業的合作，而且漫長的協商、談判過程也可能使併購行動喪失其部份價值。

2. 敵意併購

敵意併購指併購公司在收購目標企業股權時雖然遭到目標企業的抗拒，仍然強行收購，或者併購公司事先並不與目標企業進行協商，而突然直接向目標企業股東開出價格或收購要約的併購行為。敵意併購的優點在於併購企業完全處於主動地位，不用被動權衡各方利益，而且併購行動節奏快、時間短，可有效控制併購成本。但敵意併購通常無法從目標企業獲取其內部實際運營、財務狀況等重要資料，給企業估價帶來困難，同時還會招致目標企業抵抗甚至設置各種障礙。所以，敵意併購的風險較大，要求併購企業制定嚴密的收購行動計劃並嚴格保密，快速實施。另外，由於敵意併購易導致股市的不良波動，甚至影響企業發展的正常秩序，各國政府都對敵意併購予以限制。

五、常見的企業併購戰略

企業併購戰略指併購的目的，以及併購目的實現途徑，內容包括確定併購目的、選擇併購對象等。其併購戰略多種多樣，不同時期、不同狀況、不同環境等都會有不同的併購戰略，要綜合內外的環境制定最適合企業發展的併購戰略。

1. 混合多元化戰略

混合多元化戰略是指增加新事業，而與原有業務不相關的產品或服務的一種投資戰略。這種戰略主要為達到兩個目的，一是充分利用過剩資源(如管理優勢、制度優勢或財務優勢等)；二是降低經營單一行業的投資風險。

混合多元化戰略透過分散投資，降低投資風險，是一種穩中求進的投資戰略。多元化會使力量分散，但是不進行多元化，風險又過於集中。在市場風險如此多的情況下，企業成長的必然結果就是多元化。很多企業發展多元化，界定在幾個主要產業內發展，長期以來即形成幾個核心產品。如果要謀求公司長遠發展，就要考慮採用混合多元化戰略。

2.縱向一體化戰略

縱向一體化也稱垂直一體化，是指生產或經營過程相互銜接、緊密聯繫的企業實現一體化，是一種在產、供銷的兩種不同方向上，擴大企業生產經營規模的增長方式，可分為前向一體化和後向一體化。前向一體化指企業的業務向消費它的產品或服務行業發展；後向一體化指企業向為它目前的產品或服務，提供作為原料的產品或服務的行業擴展。

為加強核心企業對原材料供應、產品製造、分銷和銷售全過程的控制，使企業能在市場競爭中掌握主動，從而達到增加各個業務活動階段的利潤，這是縱向一體化戰略的基本動機。

與德國 Hoechst 公司及 Bayer 公司等競爭者相比，德國 BASF 化學公司更加致力於長期的縱向一體化戰略。在油墨、塑膠、纖維等產品方面，該公司成功的信念都是建立在產品品質上的，由於品質保持上乘水準，公司才能夠進行大量的投資，從初級原料到最終產品出廠，其中的每一個環節，都是自行投資生產。在此策略下，該公司不斷發展，接收和兼併了不少相關工廠。

如果競爭者們是縱向一體化企業，一體化就具有防禦的意義。因為競爭者的廣泛一體化能夠佔有許多供應資源，或者擁有許多稱心的顧客或零售機會。因此，為了防禦的目的，企業應該實施縱向一體化戰略，否則將面臨被排斥的處境。

雖然縱向一體化戰略的優點很明顯，但也要關注它的局限性。

垂直整合也有分散風險到上(下)遊企業的效果，但是常因需大量增加固定成本及資本支出，而愈深人某產業，因而降低未來轉換為其他產業的彈性，因此從另一個角度來看，反而是將風險集中在某一產業。

進行縱向整合時，事前務必經過相當謹慎週密的規劃，千萬不要為了挽救目前的危急局面而貿然行事，有時候最明智的選擇是及時撤退。

許多廠商為控制貨源而收購上游公司，收購後，在管理上因客戶穩定，自然認為成本也應降低，但是在沒有競爭壓力下，反而造成效率降低，使生產成本比市場競爭者高，從而連帶影響母公司產品競爭力。

下游整合也是如此，不可因本身業務難穩定，就把收購來的下游作為犧牲品。此外，上游整合，可能會發生競爭上的衝突，上游整合後若與主要供應商構成競爭，是否有停止供應的危機，值得注意。在市場競爭的情況下，在工業性產品方面，也可能基於技術機密的考慮，而有終止原有商業關係的可能。

3. 水平整合戰略

水平整合就是把幾個不相干，只是有關係，甚至沒有關係的幾個組織，通常是主企業把他們合併到一個較大企業內。這幾個企業可以是互相競爭，也可以是互相協調，也可以是完全沒有關係的。

例如，現在的企業是個紡織廠，現在把食品廠、五金廠、汽車廠、維修廠或者加工廠合併到現在的企業，這樣的想法或者發展方向，就叫做水平整合戰略。

經過併購，可取得被收購公司的現有產品生產線，除了取得現成生產技術，其品牌及行銷管道往往更是公司價值所在。

荷蘭飛利浦公司原已握有德國洛格蘭帝基金公司 25%的股權，後來飛利浦獲得另外 7%的股權，而且，與擁有最大股份的格蘭帝基金公司簽下合約而取得經營控制權，大大增加了飛利浦公司在電子消費市場的力量。

例如，宏基集團收購美國阿圖斯電腦公司，將可使宏基立即跨入迷你電腦市場，而且宏基的電腦可取得新的行銷管道。其實，基於彼此產品線的互補性，宏基正可彌補美國阿圖斯電腦產品的弱點，並可立即擁有發展多人使用電腦系統的研究部門。

水平整合是透過規模經濟形成成本優勢的一條途徑，還可以透過減少兩家企業之間機構的重覆，達到減少費用的目的。

如果水平整合能使企業提供可以捆綁在一起的、範圍更加廣泛的產品，那麼，就有可能增加企業產品所提供的價值。

所謂產品捆綁，就是指客戶提供一組產品，但只收取單一的價格，客戶只需為他們所要的一組產品付一次費用，只與一家企業打交道，他們會賦予成組提供的產品更高的價值。

微軟的 Office 軟體，是一組包括文字處理、試算表及演示文稿製作等的軟體。20 世紀 90 年代初，微軟公司在每個產品類別中排名第二或第三位，微軟公司提供包括三種軟體的套裝軟體，其產品組合迅速獲得了市場 90%以上的比率。

4.同心多元化戰略

同心多元化，又稱「集中多角化」，指企業利用原有技術、特長、經驗，及各種優勢資源，面對新市場，新客戶增加新業務，製造與原產品用途不同的新產品。擴大現有業務經營範圍。如電腦製造商製造電腦，同時也製造手機等電子產品。該戰略有利於企業利用原有優勢來獲得融合優勢。

當企業在業內有較強競爭優勢，而該產業成長性或吸引力逐漸下降時，適宜採用該戰略。

併購確可使公司規模快速成長。德國寶士汽車公司曾接收電子電器製造廠、飛機引擎製造廠。寶士汽車公司收購的目的，即期望這些公司的研究開發成果可使整個集團產生更高的競爭優勢，此即同心式多元併購策略。然而是否此項整合真的在技術能產生綜合效果，在個案上，尚需多考慮到在研究開發的協調性工作所產生的額外成本，可能抵消相當大的技術互補利益。

日本新力公司以 20 億美元收購美國最老唱片公司哥倫比亞唱片公司。新力近年來在唱片相關的事業發展得相當順利，自然收購一家唱片公司是必然成長方向。

總之，同心圓多元化併購，是企業尋求新的收益與利潤的最好途徑，比公司內部發展，或複合接收風險更小。在一個競爭激烈的市場，即使提供本身的行銷、製造、研究開發等支援給新的目標事業，其能否取得相當大的競爭優勢，應在收購前認真考慮權衡。

六、企業併購應注意的問題

併購是企業實施發展戰略的重大舉措，對企業的發展具有重大的意義，但是並非所有的併購都能得到令人滿意的結果。據統計，在美國所完成的收購案中，有 30%～50%是失敗的，在歐洲發生的收購案中也有近一半是敗筆。因此，為保證併購的成功，企業在併購過程中應注意以下幾個方面的問題。

1. 根據企業戰略而選擇目標企業

在併購一個企業之前，必須明確本企業的發展戰略，在此基礎上對目標企業所從事的業務、資源情況進行審查，如果對其收購後，其能夠很好地與本企業的戰略相配合，從而通過對目標企業的收購，增強本企業的實力，提高整個系統的運作效率，最終增強競爭優勢，這樣才可以考慮對目標企業進行收購。反之，如果目標企業與本企業的發展戰略不能很好吻合，即使目標企業十分便宜，也應慎重行事，因為對其收購後，不但不會通過企業之間的協作、資源的共用獲得競爭優勢，反而會分散收購方的力量，降低其競爭能力，最終導致併購失敗。

2. 併購前，應對目標企業進行詳細審查和評估

許多併購的失敗是由於事先沒有能夠很好對目標企業進行詳細審查造成的。在併購過程中，由於資訊的不對稱，買方很難像賣方一樣對目標企業有著充分的瞭解，但是許多收購方在事前都想當然地以為自己已經十分瞭解目標企業，並通過對目標企業良好地運營發揮出更大價值。但是，許多企業在收購程序結束後，才發現事實並不像當初想像中的那樣，目標企業中可能會存在著沒有注意到的重大問題，以前所設想的機會根本不存在，或者雙方的企業文化、管理制度、管理風格很難融合，因此很難將目標企業融合到整個企業運作體系中，從而導致併購的失敗。

3. 從自身的實力出發

在併購過程中，併購方的實力對於併購能否成功有著很大影響，因為在併購中收購方通常要向外支付大量現金，而且要承擔長期的債務負擔，這必須以企業的實力和良好的現金流量作為支撐，否則企業便會導致本身財務狀況的惡化，企業很容易因為沉重的利息負擔或者到期不能歸還本金而導致破產。

4. 重視併購後整合

企業要併購對方，並不困難，困難點在於併購後如何整合雙方資源或優勢，全世界有三分之二併購失敗，其失誤均在此。

目標企業被收購後，很容易形成經營混亂的局面，尤其是在惡意收購的情況下，這時許多管理人員會紛紛離去，客戶流失，生產混亂，因此需要對目標企業進行迅速有效地整合。通過向目標企業派駐高級管理人員穩定目標企業的經營，然後對各個方面進行整合。其中企業文化整合尤其應受到重視，因為許多研究發現：很多併購的失敗都是由於雙方企業文化不能很好融合所造成的。通過對目標企業的整合，使其經營重新步入正軌並與整個企業運作系統的各個部份有效配合，只有這樣才能發揮出併購的應有效果。

諾貝爾經濟學獎獲得者喬治・J・斯蒂格勒曾經說過：

「沒有一個美國大公司不是通過某種程度、某種方式的兼併而成長起來的，幾乎沒有一家大公司主要是靠內部擴張成長起來的。一個企業通過兼併其競爭對手的途徑成為巨型企業，是現代經濟史上一個突出現象。」

世界 500 強的企業，簡直就是活生生的演出企業併購舞台劇，可以說，近代商業歷史的明顯趨勢是一部企業併購操作史，企業經營者只要常讀報紙，一定會同意要穩操勝算、立於不敗之地，必須知悉企業併購知識，甚至於要會操作併購技巧。

第 18 章

總經理的品牌管理

重點工作

一、品牌權益

1997 年，世界十大頂級品牌是（按次序排列）：可口可樂、萬寶路、IBM、麥當勞、迪斯尼、新力、柯達、英特爾、吉列和百威。可口可樂品牌權益為 480 億美元，萬寶路為 470 億美元，IBM 為 240 億美元。

高級的品牌，為公司提供了競爭優勢：

1. 由於其高水準的消費者品牌知曉度和忠誠度，公司營銷成本降低了。

2. 由於顧客希望分銷商與零售商經營這些品牌，這加強了公司對他們的討價還價能力。

3. 由於該品牌有更高的認知品質，公司可比競爭者賣 更高的價格。

4. 由於該品牌有高信譽，公司可容易地開展品牌拓展。

5. 在激烈的價格競爭中，品牌給公司提供了某些保護作用。

品牌名稱需要良好地管理，以致不使它的品牌價值發生損耗。這些權益要不斷維持或改進，包括品牌知曉度、品牌認知質量和功能、積極的品牌聯合等。這些要求不斷的研究與開發投資、有技巧的廣告、出色的交易和顧客服務，以及其他方法。某些公司，例如，加拿大特賴和高露潔，任命了「品牌權益經理」，以指導品牌的形象、聯合和質量，防止短期戰術活動損害該品牌。有些公司會將品牌交給另外的專業公司管理，專業公司只進行品牌的管理而不管其他業務。

二、品牌強化管理工作

1. 確立公司的核心價值取向

什麼是公司有別於競爭對手的經營和計劃的基本原則？什麼是能夠幫助公司獲得成功的「靈魂」？

2. 在經營的各個方面灌輸核心的價值取向

因為是與人交往，價值取向成長於下層，而不是上層。上層可以把價值取向表達出來，但是公司的所有成員都應該擁護同樣的價值取向。

3. 總經理在向全體員工灌輸時，自己能夠把握核心價值取向和品牌

上層需要經常加強和改善價值取向和品牌形象，不至於使它慢慢衰弱。

4. 保證產品符合公司的價值取向和品牌形象

過多地利用某一品牌形象的誘惑，可能導致產生出的新產品與該品牌關係不大，甚至可能削弱品牌的影響。

5. 支持拓展品牌的冒險

不要把積極對公司品牌的管理行為和固執的保守傾向混為一談。如果一種新產品有助於強化品牌，應該開發生產，即使最初看起來與現有的產品有很大的距離。

6. 持續不斷的推動強化品牌工作

⑴開發創造性的廣告。

⑵贊助衆所週知的事件。如 IBM 贊助藝術展覽，AT&T 贊助高爾夫球賽。

⑶邀請你的顧客參加俱樂部。如雀巢俱樂部，哈雷· 戴維森的 HOG 機車俱樂部。

⑷邀請顧客參加你的工廠或辦公室。

⑸創建自己的零售機構。如耐克城和新力。

⑹提供良好的公衆服務。如貝利亞的健身訓練。

⑺對某些社會機構給予援助。博迪商店為無家可歸者提供援助，本· 傑裏把 7.5%的利潤捐給慈善機構。

⑻成為價值領袖。如宜家（IKEA）百貨。

⑼樹立一個代表公司的強用力的發言人或形象代言人。

三、品牌管理

在進行品牌管理時，總經理需要自問的問題是：為了美好未來的到來，我們怎樣決定今天的工作？

1. 為了使品牌比以前更加堅強有力，我上週（月、季、年）做了些什麼？

2. 為了提高組織對品牌與客戶關係的瞭解和洞察能力，我做了些什麼？

3. 是否由於缺乏特殊性，使得品牌——客戶的關係正在減弱？

4. 為了增強對競爭品牌的理解，我做了些什麼？

5. 我們的公司文化有利於創造性思維嗎？

當公司和產品的印象相同並完全一致時，總經理最主要的職責就是進行品牌管理。

總經理對品牌的管理必須從具體部門開始，始終參與廣告的有關決策，不只是像其他許多公司一樣，簡單地在完成設計的產品上簽字，還積極參與年報的編寫，甚至撰寫許多人認為是別人寫好送來的通訊稿件，因為品牌管理是保證公司核心價值取向被展現和保護的關鍵。

儘管總經理對外部世界來說是品牌的代表，但是在公司內部，必須作為品牌的管理者，保證公司文化和品牌形象在各個層次得到保護和維持。在某些公司新的員工一走進大門，就要對他們進行公司經營哲學和前景的教育。為強化這種訓練，並定期責令新員工檢查其對公司原有的印象，促使他們「儘早上路」。

在成功的以知識為基礎的公司，由於在世界範圍內產品銷售和生產不斷波動，其總經理們越來越成為全球性的品牌經理。不論是銷售童裝還是半導體，總經理都要保持和擴大自己公司堅定、清晰的形象。作為品牌經理，總經理同樣能夠經營一些世界上最為成功的技術公司。微軟的締造者比爾· 蓋茨，就是為了贏得市場的支配地位和技術優勢而不斷向前的軟件公司的具體體現。如果沒有蓋茨對產品符合公司品牌形象的認可，微軟就不能推出任何主要產品。在英特爾，總經理安德魯· 格羅夫已將「Intel Inside」商標變成了半導體工業高品質、一流技術的同意語。這樣的品牌管理，反過來，又幫助英特爾成為世界上經營利潤最高的公司。

如果總經理不能成為一名全球品牌經理，雖然公司的發展並非總是受阻，但是肯定對成功有一些不好的影響。例如蘋果電腦，由於各種原因，這些年經受了許多挫折，這家一度非常興旺的公司沒有一名總經理長期堅持在國際市場樹立公司的品牌，這是構成蘋果電腦在 20 世紀 90 年代的大部份時間，不能遏制市場佔有率逐步萎縮的主要原因。

「力士(Lux)」是當今世界著名的香皂品牌，該品牌之所以風靡全球，經久不衰，除了大量用著名影星做廣告樹立國際形象外，它典雅高貴的名稱也為其發展起了很大的推動作用。甚至可以說，初期的力士能成功，完全依賴於它傑出的命名創意。

1900 年，聯合利華公司在利物浦的一位專利代理人，為這種香皂取了一個令人耳目一新的品牌名稱「Lux」，立即得到了公司董事會的同意。名稱更換後，產品銷量頓時大增，並很快風靡世界。

雖然香皂本身並無多大的改進，但「Lux」這一全新的品牌名稱確實給商品帶來了巨大的利益，因此，可以說力士的成功很大程度上應該歸功於品牌的重新命名。

直至今日，業內人士仍然認為「Lux」是一個近乎完美的品牌名稱，因為它幾乎涵蓋了優秀品牌名稱的所有優點。第一，它只有三個字母，易讀易記，簡潔醒目，在所有國家的語言中發音基本一致，易於在全世界傳播；第二，它來自古典語言「Luxc」，是典雅、高貴之意，它在拉丁語中是「陽光」之意，它的讀音和拼寫令人很自然地聯想到另外兩個英文單詞 Lucky(幸運)和 Luxury(華貴)。

無論作何種解釋，這個品牌名稱都對該產品起到了很好的宣傳作用，因為它本身就是一句絕妙的廣告詞。

心得欄

第 19 章

總經理的制度化

重點工作

一、企業需要制度化

《韓非子· 難一篇》講過這樣一個故事：

古時國山下的農民，因地界鬧糾紛，舜帝就到那裏去同農民一起種地，過了一年就把田界劃清了。黃河邊上的漁民因爭奪捕魚區發生糾紛，舜到那裏去同漁民一起捕魚，一年後就使漁民能互相謙讓有秩序地捕魚了。

孔子很讚揚舜這種「躬耕處苦而民從之」的做法，說這是「聖人之德化」。但韓非子卻認為不可取，他說，舜制止一個過錯用了整整一年，「舜有盡，壽有盡，天下過無已者。以有盡逐無已，所止者寡矣」。如果立下法規，定下制度，頒佈於天下，要求老百姓必須執行，並下令：「做事符合法規制度者有賞，違反者受罰。」

此令早晨公佈，到晚上風氣就會改變；晚上公佈，第二天早上風氣就會改變，只需 10 天，全國問題就可以全部解決，那裏需要等上一年呢？

韓非子對舜帝行為的評說是有道理的，企業總經理也需要親自帶頭做事，為下級排憂解難，但是必須在先確立了法規制度的情況下帶頭，而排憂解難的最終目的是通過這一行為確定出今後解決這類問題的工作程序，為下一步建立法規制度做準備。所以，從企業總經理的角度看，立法規、定制度，比事事親力親為重要得多。

現代化的企業，如果沒有制度做保證，就很難實行科學化管理，很難維持企業組織的正常運轉。

在制度化管理中，職務是職業，不再是個人的身份，所有管理行為都來自規章、制度的規定，管理權威集中於規章和制度，而不是控制在某些個人的手中。在規章制度面前，每個員工都享有同等地位，從而排除了個人偏好或專斷的影響。

制度好像是一位看不見但員工都能感覺到它在起「組織」作用的「領導者」，因為制度能憑藉自己的強制性力量促使員工按照一定的標準、程序和要求，在一定的限制條件下進行有效的活動。

企業就好比一台龐大、精密、複雜的機器，要使之正常運轉，除了動力傳動、工作等系統要求精密完整外，還要加注符合標準的「潤滑劑」。企業總經理，依據其企業生產經營活動中的內在規律和要求，運用一系列科學文明的制度來加以適時地調整和控制，就能使企業這台機器高速協調地運轉。由此可見，制度又是一種「潤滑劑」。總經理必須注意企業管理制度的建設和運用。

二、企業的人治與法治

所謂「人治」，就是不注意或不善於發揮制度的作用，管理中出現的所有問題，都依靠領導者的個人經驗與判斷，臨事、臨時處理。這種「人治」的領導方式，處理問題沒有統一的規定和標準，造成辦事無章可循，無法可依。企業員工在處理日常事物時只能依據以往的習慣、直覺、個人經驗及情感因素，具有很大的隨意性。常常是「一朝天子一朝臣，一個君主一道令」，對同一個問題，兩個部屬處理方式往往不一致，即使是同一個部屬處理類似的問題，由於主觀隨意性作用，也往往發生不一致，其結果是這邊處理了一個問題，那邊又可能引起其他問題；前面的問題處理了，後面又可能出現新的麻煩。

企業由於缺乏制度，部屬沒有處理問題的統一規範和標準，常發生遇事推諉、不負責任、相互扯皮的現象，只能惟總經理的指示而動，這就使企業的運轉失掉了「自動性」，每個問題都需要總經理躬親，這就難免會使總經理陷入「四面楚歌」而不能自救，勢必造成工作的混亂而招致企業運行的低效。

此外，「人治」往往容易使總經理將個人的意志強加於人，獎親罰疏，任人唯親，因人設位。在選擇安排員工時，以私人關係遠近和私人親情親疏而定。以總經理為中心，那些接近權力中心者往往有較大權力，他們共同構成一利益群體，是造成組織機構臃腫、職位交叉的主要原因。

當然，制度化管理也並非十全十美，它缺乏人間溫情，傾向於把管理過程和企業組織設計為一架精確、完美無缺的機器。它只講規律，只講科學，只講理性，而不考慮人性。而企業是由員工組成的集團，員工不是機器，不可能像機器一樣準確、穩定、節律有制，員工有感情、有情緒、有追求、有本能，在此意義上，完美的制度化管理只是一種抽象。再者，企業也不能變成一台設計完美的機器，它是環境中生存和發展的生物體，隨環境變化調節自身是它的基本生存方式之一。儘管如此，它與「人治」的管理方式相比要優越得多，先進得多。現代化企業的生命力，就是通過制度化管理維持的。

部門之間有時會發生「踢皮球」的現象，一件事在部門之間踢來踢去沒完沒了，讓人乾著急。這種情況一方面說明部門之間的協同意識淡薄，需要批評教育；另一方面說明領導者沒有明確各部門協調的責任。因此，企業總經理在明確部門工作性質和範圍的同時，還必須明確各自與有關部門協調的責任，也就是說建立一些協調制度。

協調制度制訂好後，調解矛盾若能做到有法可依、有章可循，那麼很多矛盾調解起來將簡單得多。局部利益矛盾和感情衝突往往正是因無章可循而導致扯皮引起的。若有了規章制度，這種矛盾可以事先預防，避免發生。就算有了矛盾需要仲裁，只要拿制度一卡，無需多費口舌，即可果斷解決問題。同時，依法辦事會使總經理的公正性和權威性更高，不會有偏袒之嫌，而且總經理也可以採取強硬手段命令矛盾雙方執行仲裁，而不必在一些細枝末節的問題上過多地週旋。

三、企業管理制度的內容

1. 執行範圍

企業的生產經營活動可以分解為若干方面，就規章制度來說，有的適用於全廠範圍的，但多數是針對生產經營活動某一方面的情況需要而制訂的。因此，在制訂制度時，一定要明確它的執行範圍。否則，規章制度不明確由誰來執行，可以約束那些人，豈不成了一紙空文。

2.執行時間

企業的內部情況和外部情況是在不斷發展變化的，雖然規章制度不可變動得太頻太快，須保持相對的穩定，但總要隨著客觀現實的發展而變化。因此，任何規章制度都必須有時間說明，即從什麼時間開始，到什麼時間結束。

有一個檢查組到一家企業去檢查安全工作，該企業竟拿出了一本8年前制訂的安全制度，該制度內許多條文都與現在的有關規定相違背。出現這種不應有的情況，其責任不是在制度的執行者，而是在制度的制訂者。

3.具體細則

具體細則是企業規章制度的主要組成部份，應明確規定執行者該做什麼工作，通過什麼方法、手段去完成；應當做到什麼程度，在數量、質量上有什麼要求；應行使那些權力，承擔什麼責任等。這部份內容制訂得越細、越具體，執行起來才越容易、越有力，否則就會出現漏洞。

4.監督考核

企業中各個子系統的性質不一，各個崗位的要求千差萬別，監督考核的具體方法不能千篇一律，必須針對各系統各崗位的不同要求而制訂。不僅要明確規定出此項監督的具體形式，如由誰監督、怎樣監督等，還要明確規定出此項考核的具體標準，包括數量標準和質量標準。監督考核又是彌補各種規章制度中不完善之處的重要措施。有些規章制度不可能一下子那麼完善，需要在實踐中不斷改進，而監督考核可以及時發現問題，採取對策，依照一定程序修改、補充已有的規章制度，使之日臻完善。

5. 賞罰辦法

獎賞和懲罰是保證企業規章制度有效實施的動力。如果一項制度沒有明確的賞罰規定，執行不執行無人過問，執行得好與不好也沒有任何區別對待，這樣的規章制度顯然只是一種形式，不能產生約束、激勵作用。所以規章制度中一定不能缺少賞罰條款，對認真履行職責、貢獻極大的員工要給予獎賞；對於不負責任、玩忽職守、違章犯規者，要給予懲罰。這就要求總經理還要善於搞「回馬槍」，深入下去，掌握情況，發現問題，提出對策。同時賞罰的標準、方式等條款要寫得清清楚楚。

四、管理制度的關鍵在於實施

制訂出的制度要正確執行才會發揮作用，如果把制度當成擺設品，或者在執行中主觀隨意，再好的制度也不會發生作用。現實中就有許多企業費時耗力寫了幾十萬字的制度，甚至幾易其稿，內容也比較完善科學，但卻束之高閣，並不實行。

1. 令出如山，還需引導員工正確執行

令出如山，促使員工一絲不苟地遵守制度，是企業總經理運用制度的重要環節。但是，這必須建立在引導員工自覺地執行制度的基礎之上。制度對人們的要求只是一般標準，若員工以消極的態度執行制度，片面地、不負責任地執行制度。雖然表面上看並沒有違反制度，但是往往會出現極壞的結果。

某消防中隊在救人中有一人身受重傷，緊急送到某醫院後，值班的兩名女護士看著燒傷的患者，冷冰冰地問道：「掛號了嗎？」病人回答：「我們是從火場上下來的，身上沒有帶錢。」「不掛號

怎麼看病呀？那我們的制度怎麼辦？」在這裏，良好的制度反倒成了壞事的「擋箭牌」。

企業裏，有些員工在制度的約束下，不但沒有收斂起自己不正確的行為，反倒學會了如何擺脫制度束縛的辦法，專門鑽制度的空子，而表面上又不違反制度。所以，企業總經理在執行制度中，不可放鬆教育工作，要引導員工自覺地執行制度，正確地執行制度。

不過，企業制度也要及時修訂。制度是人制訂的，卻可能回過頭把人套住。制度被訂時，是人絞盡腦汁想出來的，但經過一段時間後就與生產經營實際脫節，產生種種缺陷。如果墨守成規，不加以改善，往往會引起意想不到的糾紛。作為總經理，應該拿出魄力，不畏艱難，加以改革。

2. 法要明示，先謹防中層失職

制度一定要明示——要讓員工明白，國有國法，家有家規。企業的「法」既有利於企業整體目標的實現，又顧及了絕大多數人的利益。

制度不是總經理隨便擺弄部屬的「胡蘿蔔」，更不是威脅部屬必須服從統治的「大棒」，而是大多數員工共同利益的「保護神」。使員工清楚那些行為是符合企業利益的，會受到鼓勵；那些行為又是不允許的，違犯會受到批評；使員工明白應該做什麼，怎麼做。如果命令不明確，規定模棱兩可，則員工必然不知所從。因此企業中的各項規定，必須在執行前明白無誤地轉達給員工。

制度不能貫徹是中層幹部的失職——中層幹部的主要任務是接受經理層的指示而加以執行，並作為上下溝通的橋梁。因此對於企業經理層的各種規定，中層幹部有責任轉達給所轄員工，並指導大家準確地依照規定完成任務。中層幹部如果不能完成這個任務，即是失職。有這麼一個故事：

天冷得出奇，年邁的富翁坐在爐火旁豪華的坐椅上取暖，熊熊的火焰照亮了富翁肥胖的臉龐，漸漸地富翁覺得身上發燥，臉上發燒，爐火太旺了。

富翁環顧四週：「怎麼四個傭人只來了三個？」

那三個傭人告訴富翁：「另外一個傭人跟管家請假了。」

富翁沒有吭聲，他繼續坐在豪華的坐椅上烤著爐火。要吃午飯了，富翁頭暈得怎麼也站不起來。醫生趕來，富翁高燒達 39.4℃！醫生說：「這都是爐火溫度過高造成的。」

高燒引起的併發症非常嚴重，在富翁彌留之際，醫生問富翁：「這麼多傭人為什麼不把坐椅往後挪一挪，離爐火遠點？」

富翁艱難地告訴醫生：「不能怪他們，他們都是有分工的，今天負責把椅子往後挪的傭人請假沒來。」醫生無奈地看著奄奄一息的富翁感慨萬千。

制度的作用在於讓人各司其職。然而管理的真正內涵恰恰在制度之外，也就是對異常的應變。而應變的標準應是始終把握住企業的根本利益與核心目標。

3.以身作則，嚴於律己

古人講：「其身正，不令而行，其身不正；雖令不從」。諸葛亮錯用馬謖，而使街亭失守，諸葛亮自貶 3 級；曹操馬踏青苗則割髮代首，這些古人嚴於律己的故事是家喻戶曉的。

在企業裏，企業總經理以身作則、嚴於律己，是執行制度的前提，是對自己是否具備領導者素質的檢驗。這樣才具有說服力和感召力。這是因為總經理在執行制度中，扮演著組織指揮的角色，總經理的言行對部屬有著直接而重要的影響。

作為一名企業總經理要有這麼幾點認識：

第一，總經理帶頭是落實制度的關鍵。帶頭守法、執法必將促進自己領導工作的順利開展。俗話說：「打鐵首先自身硬」。總經理的行為就是無聲的命令，對於促使部屬遵守規章制度是一個有力的推動。同時，從總經理做起，也有利於制度的實施，大大減少執行中的阻力，減少攀比、扯皮現象。

第二，不能以言代法。一位明智的總經理，不僅要像普通士兵那樣認真按照規章制度的要求去做，不搞特殊化，而且要注意不能用自己的權力去進一步影響制度的執行，不能根據個人的意志，隨心所欲地說獎就獎，說罰就罰，不能淩駕於制度之上。

第三，要注意到自己言行的客觀影響力。注意在其他場合言行不能與制度相抵觸、相矛盾。「楚王好細腰，宮中多餓死。」總經理的好惡，絕不是你個人的事，是對部屬的行為有重大影響力的。因而，企業總經理要善於運用這一點，用自己的言行來推動制度的貫徹落實。

4.威之以法，還要注重「感情投資」

企業制度具有嚴肅性、強制性和不可打折扣的剛性。即制度的基本點，在實踐中必須著意堅持。但是，制度是企業員工意志的反映，它的作用對象又是全體員工。企業中的人與其他因素相比有一個顯著特點，即人際間具有感情。歷史上諸葛亮揮淚斬馬謖，淚為何流？一個字，情。如果一個企業中人與人的感情淡漠或者對抗，人際關係緊張，則制度的實施就失掉了自動性。雖然憑藉制度的強制力可以維持企業的正常秩序，但狀況不會持久。再者，現實中的事情千奇百怪、紛紜複雜、富有彈性，而作為規範事情「框架」的制度卻是剛性的，硬要套上去也很難十分地合情合理。這就出現了執法中的靈活性和彈性問題。

企業總經理切不可把制度當成「尚方寶劍」，當成根治百病的「靈丹妙藥」，動輒就制度衡量，制度從事，使人與人之間的感情淡漠以至產生對抗。而要一方面勇於執法，一方面又要善於執法，要辨證施治，不可一招「殺手鐧」舞到底。

當然企業總經理也不能以情代法，要注意 3 個方面，一是不能因與己有私情而姑息遷就。總經理要跳出個人感情的小圈子，處理問題公平公正，方可服人，樹立威信。二是不能因違紀有因而感情用事。為了確立規章制度的嚴肅性和權威性，總經理既要分析找出違紀的原因，並採取相應的措施加以解決，又要堅決執法，以達到教育人的目的。三是不因與己有私怨而妄加施法。不可因有私情而放縱，亦不能因有惡而濫用。否則，必然導致假公行私，打擊報復，這是以情代法的反面行為，是應力避出現的情形。

領導方法沒有什麼定則，制度也不是包醫百病的靈丹妙藥。過分依賴它，反而容易掩蓋企業管理中的問題，不依賴它又不可能維護企業運轉的秩序。如果員工久已困於嚴法，那麼寬鬆一下或許能使人感到舒坦自在，從而提高工作效率；反之，如果管理渙散，那麼，一套嚴格的管理制度，反而勢在必行。

五、業務流程要標準化

只有流程標準化的作法，對業務流程加以控制，才有可能得到快速的複製和推廣，戴爾、沃爾瑪、麥當勞等跨國企業的成功，都得益於此，高度統一的標準化管理加上其先進的資訊技術的應用，為其標準化提供了強有力的支援，大大加快了其擴張速度，降低了運營成本，佔據了市場的主導地位。

1. 什麼是業務流程標準化

業務流程是為達到特定的價值目標而由不同的人分別共同完成的一系列活動。

⑴流程管理要解決的問題

①管理授權陷入兩難；

②工作目標失控；

③工作銜接不協調，造成瓶頸或死角；

④工作主輔不分；

⑤企業內部工作目標模糊；

⑥工作秩序混亂。

⑵流程管理的九個特徵

①強調企業經營活動的中心只是服務於客戶價值；

②強調管理者與被管理者的平等；

③內部職責分工不再僵化；

④強調企業是一個有機系統、是一個無邊界組織；

⑤強調打破塊塊、條條，按照團隊形式組織企業運行；

⑥企業內部所有活動的目標，明確指向客戶價值的滿足和企業價值的增殖；

⑦沒有人擁有絕對不變的權力，每個人所服從的僅僅是由客戶價值創造和企業價值的增殖目標主導的流程；

⑧影響改變人們意志行為的方式主要是社會群體獎勵，經濟福利獎勵主要落在團隊集體中。

⑨這裏不再有龐大的中間管理階層。

戰略大師邁克爾· 哈默指出，沒有流程管理的企業運營有著驚人的低效率：在一般企業的正常工作中，有 85%的人沒有為企業發展創造價值。其中：5%的人看不出來是在工作；25%的人似乎正在等待什麼；30%的人只是在為庫存而工作，即為增加庫存而工作；最後還有25%的人，是以低效率的方法和標準在工作。

業務流程標準化主要體現在三個方面：規範化、檔化、相對固定。業務流程標準化是企業發展的必然趨勢，業務流程標準化設計的目標有：

①簡化工作手續；

②減少管理層級，消除重疊機構和重覆業務；

③打破部門界限；

④跨部門業務合作；

⑤許多工作平行處理；

⑥縮短工作週期。

企業的業務流程標準化為企業建立了一種柔性的業務流程，使得整個企業像一條生產線一樣，迅速的適應用戶的需求，使整個企業生產運營過程機動、靈活，能夠根據企業市場戰略的調整而迅速改變，能夠及時應對突發事件，能夠以最大效率最小成本完成企業各項活動。

2. 業務流程標準化是企業做大做強的關鍵

標準化經營管理就是在企業管理中，針對經營管理中的每一個環節、每一個部門、每一個崗位，以人本為核心，制定細而又細的科學化、量化的標準，按標準進行管理。更重要的是標準化經營與管理能使企業在連鎖和兼併中，成功地進行「複製」，使企業的經營管理模式在擴張中不走樣，不變味，使企業以最少的投入獲得最大的經濟效益。

隨著企業規模的不斷發展，僅憑手工方式和人腦不可能做到，而且標準化的目的之一就是最大限度地排除人為因素和不確定因素的干擾，這些都必須通過資訊技術手段的應用來實現。在一定程度上，標準化管理實際上就是一種基於資訊技術規範化的現代化管理。

管理的標準化是為了便於進行自身發展過程中快速複製，而這需要一個過程，它包含著企業發展戰略、流程、服務等貫穿企業全程管理的一項複雜的系統工程。

邁克爾· 哈默教授的著名論斷，「任何流程都比沒有流程強，好流程比壞流程強，但是，即便是好流程也需要改善。」

企業的業務流程以客戶需求以及資源投入為起點，以滿足客戶需要、為企業創造有價值的產品或服務為終點，它決定企業資源的運行效率和效果。業務流程是連接輸入、輸出一系列環節的活動要素，包括活動間的連接方式、承擔人及完成活動的方式。

一套科學完善的管理流程，可以使企業更加高效順暢的運轉，可以使企業各職能部門分工明確、職責清晰、監控有力、處置及時，可以充分激發全體企業人的積極性和創造力，可以使企業統一協調、目標明確、鼓勵創新、團結高效，可以引導企業走向新的輝煌。

企業業務流程標準化是衡量一個企業管理水準的重要標誌，是保證企業各項作業順利進行的前提，也是企業做大做強的必由之路。

3.業務流程標準化操作的案例

世界聞名的麥當勞公司，標準化業務流程是它成功的關鍵。麥當勞為了保證食品的衛生，制定了規範的員工洗手方法：將手洗淨並用水將肥皂洗滌乾淨後，撮取一小劑麥當勞特製的清潔消毒劑，放在手心，雙手揉擦 20 秒鐘，然後再用清水沖淨。兩手徹底清洗後，再用烘乾機烘乾雙手，不能用毛巾擦乾。

麥當勞為了方便顧客外帶食品且避免在路上傾倒或溢出來，

會事先把準備賣給乘客的漢堡包和炸薯條裝進塑膠盒或紙袋，將塑膠刀、叉、匙、餐巾紙、吸管等用紙袋包好，隨同食物一起交給乘客。而且在飲料杯蓋上，也預先劃好十字口，以便顧客插入吸管。

《麥當勞手冊》包含了麥當勞所有服務的每個過程和細節，例如「一定要轉動漢堡包，而不要翻動漢堡包」，或者「如果巨無霸做好後10分鐘內沒有人買，法國薯條做好7分鐘後沒人買就一定要扔掉。」、「收款員一定要與顧客保持眼神的交流並保持微笑」等等，甚至詳細規定了賣奶昔的時候應該怎樣拿杯子、開關機器、裝奶昔直到賣出的所有程序步驟。

早期的麥當勞非常希望自己的一線員工具備很強的算術能力，因為當時的資訊化結算程度很低，櫃台的銷售人員每天都需要面對大量的顧客，進行不同類型的產品組合，所以需要他們能夠快速準確的計算出顧客所購買產品的價格。而如今，麥當勞的員工不需要知道產品的價格，不需要具備算術能力，只要認識字，甚至只要認識圖片，就能夠很輕鬆的滿足顧客需要，並且服務效率大幅度的提升。由於麥當勞嚴密的業務流程和詳盡的規章制度，使餐飲企業頭痛的「統一」問題輕鬆解決了。

另一個業務流程標準化成功的典型例子是戴爾公司。

據調查，戴爾公司的銷售系統已經完全實現了標準化、流程化。戴爾面向中小企業與個人用戶的銷售以電話銷售為主，電話銷售員足不出戶，稱之為Inside Sales（內部銷售）。

客戶從各種宣傳媒體得到Dell的產品配置、價格、促銷資訊後，打800電話到Dell諮詢。Dell的內部系統Call Center（呼叫中心）會根據一定的規則自動把電話分配到某一個電話銷售員座席。電話銷售員先輸入客戶的名字、所在地等資訊，這時候 IT 系統就發揮智慧作用了。如果在 Dell 的內部數據庫已經有了該用戶，電話銷售員就能立即在電腦螢幕上看到該用戶以前曾經買過什麼型號、數量多少、折扣多少，以前出過什麼問題、投訴什麼、如何解決等資訊。只要電話銷售員在螢幕上的下拉式功能表中選擇用戶需要的型號，就可以立即在電腦螢幕上看到該型號詳細配置、功能、定位、優點，電話銷售員只需要照著螢幕念就行了。對於該型號常見的問題，電腦數據庫也有標準的 Q&A（問與答），電話銷售員也只需要照念就行。

電腦銷售管理系統自動生成該銷售員的業績：接聽電話數量、成交率、平均處理時間、銷售額等等。當然，電話銷售員的線上狀態、出去了幾次（包括上廁所）等資料系統都會自動記錄。Dell 電話銷售的主要業務是 Income Call（呼入電話）。

業務流程標準化，可以使企業從上到下有一個統一的標準，形成統一的思想和行動；可以提高產品質量和勞動效率，減少資源浪費；有利於提高服務質量，樹立企業形象。業務流程標準化成了企業發展的趨勢和潮流。

根據《史記·孫子列傳》記載，孫子寫了 13 篇兵法後，吳王闔閭就從宮中挑選了 180 名美女，讓他演習一下帶兵的方法。孫子把她們分為兩隊，又挑選了兩位吳王最寵愛的妃子分別擔任兩隊的隊長。演習中，這些宮女不但沒有依照規定去做，反而嘻嘻哈哈大笑。他一再三令五申地把命令轉達給這兩隊宮女，但是，宮女們仍不把他的命令當回事。於是孫子大聲吼道：「命令下達不夠清楚是我的過失，但我一再重新下達過命令，大家還是不遵守，這是隊長沒有把隊伍帶好。」於是就下令把兩位隊長推出去砍頭。吳王見孫子要處死兩位愛妃，就趕快下令阻止。孫子回答說：「臣既以受令為將，將在外，君命有所不受！」於是這兩位妃子就這樣被孫子推出去殺了頭。繼而又選出兩位宮女出任隊長，然後重新下令，無一敢違抗命令。於是孫子向吳王報告：「臣幫您訓練的這些兵已經可以調用了，即使是赴湯蹈火，她們都會為您效命。」

心得欄

第 20 章

總經理的危機

重點工作

在企業經營中，出現不景氣的狀況是經常發生的。如將失敗歸咎於單獨一項或某種顯著的外在原因，例如競爭者研發出了新產品、採用了新技術或經濟管制等，雖是習以為常，但不切實際。企業經營失敗常起源於企業內部，並且是由管理者的行為所引發的。

失敗的症候，並非只是隨機出現或偶然聚集，而是有其因果關係：許多基本的因素在導致第二級症候發展時，扮演了極為重要的角色。例如，一位嫉賢妒能且專權的總經理，既忙於干涉部屬的例行事務，則當面臨重大問題時，所剩餘的時間只夠做「應接不暇式的管理」；其結果是公司的策略模糊不清以及短期規劃所包含的範圍不切實際。

一、企業衰敗症候

造成企業衰敗的症候，有「盲目向前衝」、「停滯的官僚作風」、「缺乏領導」、「資源耗盡」四種症候。

1. 盲目向前衝症候

假如企業要繼續打破過去的成長紀錄，企業的業務需快速擴展。為了成長，必須冒險。首先是抓住機會，然後再求穩固。

「盲目向前衝」症候的企業，之所以經營失敗，是因為有一個專權的總經理，策略野心過大，並且漠視外在環境中某些重要的特性所致。

當企業由一位有強烈決策傾向的總經理統治時，他提出富有野心的計劃，並且具有做非常大膽決策的強烈傾向。結果這些企業常處於急速擴張的過程中；他們所追尋的策略，是以發展新生產線及拓展新市場來達成內部的成長，因此成長的幅度必然超過該企業的財務及管理資源所能支應的程度。

因此，這種企業很自然地便會產生一種弱點：由於成長及產品種類的增加，常促使該企業需要一種基礎更廣泛、包羅更豐富的情報系統。然而當企業成長時，情報系統常遠遠落在其後，並且隨著時間的推移而愈發脫節。最後，這一類企業演變成總經理一個人唱獨角戲的局面。

一般而言，當企業擴張，提高其營運的複雜性時，授權變得愈發迫切。然而這一類企業的董事會因不情願授權且不屑與中層經理人員協商，以致個人的負擔過重，他被迫只有採取「席不暇暖」式的風格來管理企業；長期規劃及策略不受重視，而企業亦無法控制新的子企業或新的單位。

如圖 20-1，箭頭所指的方向代表假設的因果關係：問題的根源常可自圖的左方發現，而其症候則在右方。為使企業扭轉局勢，只有盡力將問題的根源消滅。

圖 20-1　盲目向前衝症候

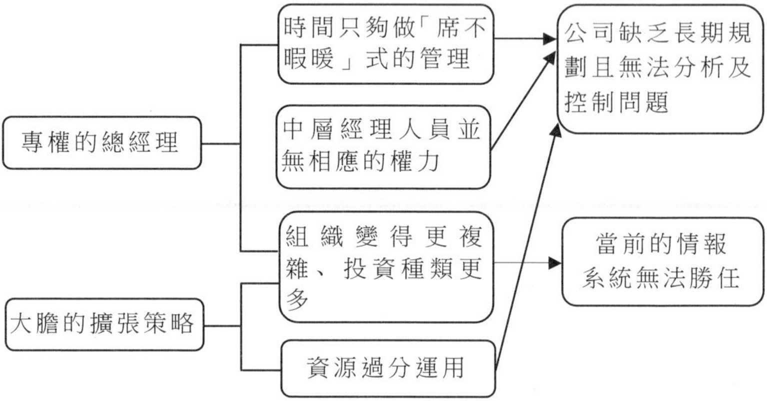

2.停滯的官僚作風

「停滯的官僚作風症候」也是由一位專權的總經理統治，然而其與「盲目向前衝」症候的企業有重大的區別。因為此類的企業之所以經營失敗，有部份原因是由於這些企業忽視顧客、競爭者及有關營運技術方面的發展。同時這些企業也強烈地反對變革，即使在低、中層經理人促請高層人員注意一項威脅，或一項可獲利的機會時，亦受忽視。

此類企業，長久處於未發生變革的平靜環境中，在這段期間內，凡致力於變革的種種努力，均一致認為毫無必要。總經理多年來已習慣於在穩定的環境中營運，因此拒絕承認這種情況已變。

由於總經理掌握大權，並且不願意求變革，使得部屬很難進行必需的改革，結果常造成他們士氣低落；然而更常見的是，低層管理者無法充分瞭解變革的必要性。這種企業的結構並不鼓勵進行市場研究及分析；同時，傳達企業各部門所搜集的情報可能更受限制，因為各部門之間很少共同探討問題。

對於此類企業而言，採用官僚作風的方式來管理是很常見的現象。這就是說，這種企業各種職能的運行都是自動自發的。因所有的職能均被過去的政策、有形的規章及標準作業程序與方案所限制，同時企業的注意力也多集中於正式的「層層報告關係」。此類企業，其症候阻止企業進行必要的變革：

⑴總經理深信以往處事之道卓有績效；

⑵在企業的管理上，官僚作風具有自動性——只強調例行性職能的執行，凡未建制的事務均被忽略。

這種企業已將其與外在環境隔絕，只會在自己內部打轉。圖 20-2 代表此類企業的症候：

圖 20-2　停滯的官僚作風症候

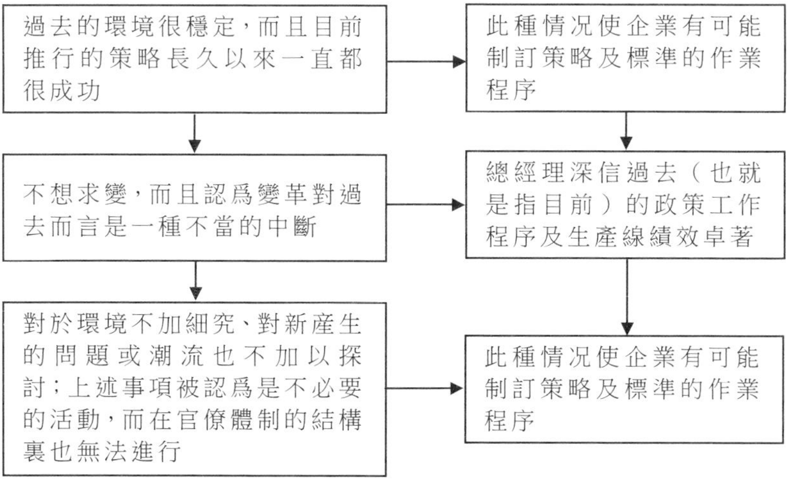

3. 缺乏領導

「缺乏領導」症候的企業型態，由於缺乏領導而造成企業產生一種真空的狀態，結果企業的策略不明確，企業被期望能自己統治自己——換言之，企業是被置於自動導航器上。總經理通常扮演一種有名無實的角色，並且不會主動設定長期目標；同時，他對於企業是否能適應激烈競爭的威脅，是否能攫取有利的機會，都不會過於憂慮。更重要的是，他對於企業內部各單位及各部門的努力無法加以協調。這一領導上的差距，不僅造成一種完全模糊的策略，並且促成營運效率日漸低落。

這類企業有兩種特性在因果關係上很引人注意。這些企業通常規模大、投資種類多，然而市場情況已有重大變化。例如，競爭者數量以及消費者購買行為，已愈來愈富有挑戰性——這種特性使總經理感到格外痛苦。由於企業規模大、投資種類多，除非有一位強有力的掌舵者，否則就會盲目地隨波逐流。這種毫無方向的情況，在面臨重大的新威脅時，倍感危險。

軟弱無力的領導者，其產生的後果是：產品的創新很少、很久才能適應變化中的環境、沒有明確的計劃或策略、各部門所做的決策可能彼此衝突。

4. 資源耗盡的衝刺

為扭轉企業的情況，必須冒險；必須儘快改善營運的弱點，並以健全的新方式在新的環境中前進。在某種情況下，這種取向實在應該讚美。只要一個企業基礎穩固，擁有豐富的財源及管理人才，並且需要新的生產線，則這種策略可能很有用。但不幸的是，力爭上游症候的企業，通常是經歷一段相當長的時間後，資源幾乎耗盡，市場佔有早已飽受損失，並且工廠與設備由於疏忽以致落伍，這種企業若採取力爭上游、資源耗盡的策略，通常反成為其致命傷。

事實上，此類企業早已陷入重大的困境中；也許這些企業已有很長一段時間，處於前面三種衰敗症候企業的情況中。企圖扭轉局勢者雖知主要癥結所在，然而一般而言均不願處理這些問題。總經理通常都是新接任者，並未具備瞭解該企業及該產業所需的知識。同時也有一種傾向：即企圖憑藉自己或借助於他進入該企業時所帶來的少數助手，以實現局勢的扭轉。這一新團體常常不信任原有的管理者——這些人可能便是造成經營失敗的原因。所以他們很難獲得老幹部的合作，以改善該企業；而員工亦拒絕提供種種消息，以供他們做出明智的決策。

總經理過分擴展企業，企圖在頃刻之間百廢俱興，並且過分運用企業原已耗用殆盡的資源；而更嚴重的是所有的決策都是衝動的、方向是錯誤的。由於高層缺乏經驗，無法得到其餘管理者的合作，以及希望採取重大而冒險的計劃等，常造成無法彌補的損失。事實上這類企業的破產率高於其他類型的企業。圖 20-3 可以簡要地將問題予以說明。

在商業社會中，總經理若多一些危機意識，就能夠更好地把握機會並贏得競爭優勢。然而，如果安於現狀或者盲目樂觀，就會很容易在安逸的環境中漸漸失去危機感和緊迫感，最終導致事業上的失敗。

使員工意識到企業時刻都有可能遭遇危機，這是一種企業文化。

圖 20-3 缺乏領導的症候

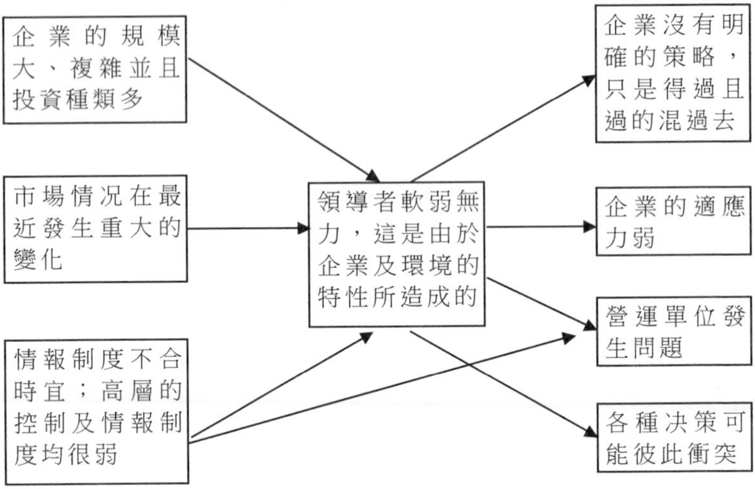

作為企業的一員，員工也必須意識到危機的存在，並為避免危機而努力。總經理要讓員工明白：企業與自己是「一榮俱榮，一損俱損」的關係。如果一家企業的員工都安於現狀，裹足不前，那麼，這家企業就會失去創新的活力，在危機面前也會變得不堪一擊，總有一天會被歷史淘汰。

讓員工意識到自己在企業裏也時刻會面臨危機，這是一種管理手段。在管理學上有一個著名的「鯰魚效應」。

挪威人非常喜歡吃沙丁魚，尤其是活的。因此漁民們總是想盡辦法讓沙丁魚能夠活著回到漁港。雖然經過許多努力，絕大部份的沙丁魚還是在運回的途中因為窒息而死亡。但是，有一條漁船總能帶回大量活著的沙丁魚。原來，船長在裝滿沙丁魚的魚槽裏放入一條以沙丁魚為主要食物的鯰魚。沙丁魚正是由於受了鯰魚的刺激和壓力才保持了生機和活力。

員工相當於「沙丁魚」，總經理要使員工時刻存在著壓力和危機感，促使他們不斷努力，主動學習，並且把企業的前途與自己的前途結合起來，樹立團隊精神，與企業休戚與共。

其實，危機並不可怕，沒有危機才是最大的危機。總經理一定要使自己的企業從上到下都樹立危機意識，才能使企業走上健康的、可持續發展之路。

二、早點確知企業危險信號

有人應朋友邀請前去做客，他們邊走邊聊來到主人的庭院，他抬頭看見主人家廚房的灶台煙囪是直的，旁邊又有很多木材。

他馬上告訴主人說：「煙囪要改曲，木材須移去，它們這樣近距離的接觸，將來可能會導致廚房火災。」

主人聽了不以為然，沒有做任何表示，只是淡淡地說：「你真是杞人憂天，它們又不會自己生火，怎麼就會起火災呢！」

他見主人這樣說了，自己也不好再說什麼。

不久這戶人家廚房果然失火，四週的鄰居趕緊跑來救火，最後火被撲滅了，於是主人烹羊宰牛，宴請四鄰，以酬謝他們救火的功勞，可是唯獨沒有請當初建議他將木材移走、煙囪改曲的善於思考的人。

這時有客人說：「你怎麼沒有請上次提醒你會失火的人呢！」

「我為什麼要請他呢。」這家主人說。

「如果當初你聽了那位先生的話，也不會出現這場火災了，今天也不用準備筵席了，而且沒有火災的損失。所以，你今天宴請幫忙救火的，首先應宴請原先給你提建議的人，可是，你卻把救火的人當做座上客，真是讓人想不明白啊！」

這家主人一拍手說：「對呀，要是我早聽他的話，也不會有今天這樣的事情發生。」

於是他起身去請當初曾給他建議的客人來自己家一起參加宴席。

一般人認為，能夠解決企業經營過程中各種棘手問題的人，就是優秀的管理者，其實這是有待商確的。俗話說：「預防重於治療」，能防患於未然，更勝於治亂於已然。企業問題的預防者，其實是優於企業問題的解決者。

習以為常的生活方式，也許是最具危險性的生活方式。因為習慣了的東西很難改變，而當你覺醒時，往往是回天乏術了。

可運用下列檢核表顯示一個企業可能正走向危險的境地。總經理可以用「是」或「否」的方式回答下列的查核項目。

在查核項目之下，列有一連串的問題，有助於總經理們診斷企業，然後再提出試驗性的建議，以便採取措施。

表 20-1　企業衰敗檢核表

1. 企業是否由一位專權的投資者所統治？所有的決策是否均出自於一位或兩位害怕授權的領導者？
2. 企業的成長策略是否過分激進？這就是說其銷售及事業擴張的範圍是否成長過速？管理上的複雜性是否由於合併及投資種類過多的策略而加速？
3. 財務的過分擴張是否由於過度的杠杆措施或銀行債務所造成？現有的管理人才是否由於迅速擴張而顯得不足？
4. 是否有愈來愈多的證據顯示，高層的決策反應出對行業的無知？各單位及附屬企業突然發生的危機，是否完全出乎高層經理的意外？這些危險是否經常出現？總經理們是否忙忙碌碌地在解救前述危機，而同時又去解救另

一項危機。

5. 企業是否幾乎未曾從事策略性的規劃？企業是否並無明確的市場策略，而顯得樣樣業務都是其發展方向？

6. 企業受老產品、市場及做事方法等的限制的傾向是否很強烈？市場範圍是否已明確劃定，有無足夠創新及適應的餘地？競爭者是否借更多新奇產品、服務、生產技術或交易技術而取得佔有率？

7. 企業有無詳盡的標準作業程序？有無廣泛的、形成文件的正式政策？企業的注意力是否均集中於正式的報告制度、層級控制及身份地位？是否種種的政策、方案及程序均明顯地在反對變遷？

8. 有無領導者真空的徵兆？例如，所有決策是否均出於較低的管理階層？所有策略是否均屬盲無目的、得過且過，致使企業毫無明確的發展方向？總經理是否僅扮演一種有名無實的角色？並且漠視重要的決策？

9. 企業某一部門的決策是否與另一部門的決策彼此發生衝突矛盾？例如，不同部門生產的新產品彼此是否相互競爭？是否有證據顯示出各部門及各單位所做的決策，雖有益於各部門及單位，然而卻犧牲了整個企業的利益？

10. 企業是否長久以來即已遭遇前述的某一種症候？是否嚴重地缺乏財務的、管理的，或物質方面的資源？

11. 企業是否有一批新進的但缺乏經驗的經理人，他們是否企圖扭轉企業的局面？要得到較有經驗的經理人的合作有無問題？

12. 扭轉企業局面的策略是否過分運用企業的資源？是否會在太短的時間內牽涉太多的變革？

若對 1、2、3、4、5 類中各問題的答覆屬於肯定者居多，則該企業有可能是處於盲目向前衝的，或停滯的官僚作風的症候中。如果實際情況確實如此，則該企業必須建立較為健全的情報制度，降低擴張率，弄清各項策略，擴大授權，運用中層管理人才。

若對 1、4、6 及 7 類中各題的答覆多數均屬肯定，則停滯的官僚作風的症候已在侵襲該企業。如對競爭者的策略及消費者的嗜好均能掌握，則可望獲得改善。倘非採用這種方式，則進行專案投資，以求在市場上獲取有利的地位、推出新產品及服務、運用新技術等也有莫大的幫助。但最重要的，是管理階層要更能接納變革的建議，同時要在一種連續的基礎上，盡力建立一種較佳的企業內部溝通網，以適應市場的需要。如能採用這種方式，則各種有關重要趨勢的情報，就可流傳到有關的決策單位。

將權力授予中層管理者，對於情報的流通很有幫助（但如授權與低層的經理人，則情報的流通不會很遠）。同時，非正式的溝通程序也有很大的幫助。各團體可在極短的時間內聚集在一起做決策，而且彼此可以坦白陳述。雖然政策及方案扮演的角色很重要，但我們必需承認二者常可加以改變，而且也必須予以改變。最後，對執行人員工作的指派過重，有時會遏止其創造力，而改進的建議也無法產生。

若對第 4、5、8 及 9 類問題的答覆屬肯定者居多數，則該企業可能呈現缺乏領導者的症候。該企業迫切需要的是強力領導者，以便將各單位的各種取向予以統一。擁有一位強有力的總經理，此人又精通企業的主要業務，則對該企業將很有幫助；此人應由一位部屬協助其控制各部門業務的進行。同時，企業的管理部門也需要與各部門的經理人，共同制訂全盤的策略，以使各部門得以和諧地並肩工作，向彼此均重視的目標前進，而整個企業也能因此獲益。

若對第 10、11、12 類問題的答覆均屬肯定，則該企業顯示具有資源耗盡的症候。這種情況也許最難處理，因為資源極端缺乏。若有可能，則依據企業的優點，建立「慢」的策略可能較佳。首先應予強調的是，僅處理最具危險性的問題，而後停止虧損的業務，並僱用更多專家。瞭解情況後應立刻採取行動，新進的管理者應懇求原有的管理者給予幫助，因為他們可能洞悉所需要者究竟為何。此外，應強調公開的溝通及協同的努力，以便發現最迫切需要變革的項目。

還應予注意的，即對於前述某些問題持有肯定的答覆，未必就顯示已有嚴重的麻煩；只有當這種肯定的答覆在某一類症候中有次序地排列時，才有意義。這種情況顯示，企業的種種弱點彼此相互增強，或前後因素之間以錯誤的類型出現，因此而造成嚴重的威脅。簡短的改進建議，顯然可能只是粗略的、暫時性的。重要的是，總經理發現該企業顯現危險信號時，應立即分析這種症候，並著手執行廣泛的改進方案，借此不僅可以根除該項問題的症候，還消除了其基本原因。

三、面對危機不要亂方寸

總經理的頭腦必須在任何時候都冷靜，才能沉著應對危機。

一旦面臨危機、遭受失敗，無論影響有多麼嚴重，領導都要正視現實。應該說，危機與失敗對人的心理衝擊往往是很強烈的。總經理面對危機與失敗的第一個考驗就是對心理衝擊的承受力的考驗。據心理學家分析，人在遭受挫折打擊的時候，常見的心理包括：震驚、恐懼、憤怒、羞恥、絕望等。這些都是極為不利的心理因素，如果陷於心理挫傷的泥坑裏面而不能自拔，那就會在失敗中越陷越深，以至走向毀滅。所以，要警惕這些失敗心理的影響。面對危機與失敗，要有正確的認識和健康的心態。

面對危機最重要的是要保持沉著冷靜，處變不驚，「安靜則治，暴疚則亂」。如果心裏先慌了，那麼行動必然要亂。只有冷靜沉著，才有可能化險為夷，轉危為安。

在印度一家豪華的餐廳裏，突然鑽進一條毒蛇。當這條毒蛇從餐桌下游到一個女士的腳背上時，這女士雖然感到了是一條蛇，但她未慌亂，而是一動不動地讓那條蛇爬了過去。然後她叫身邊的侍童端來一盆牛奶放到了開著玻璃門的陽台上。一位一起用餐的男士見此情景大吃一驚。他知道，在印度把牛奶放在陽台上，只能是引誘一條毒蛇。他意識到餐廳中有蛇，便抬眼向房頂和四週搜尋，沒有發現。他斷定蛇肯定在桌子下面。但他沒有驚叫著跳起來，也沒有警告大家注意毒蛇，而是沉著冷靜地對大家說：「我和大家打個賭，考一考大家的自制力。我數 300 下，這期間你們如能做到一動不動，我將輸給你們 50 比索。否則，誰動了，誰就輸掉 50 比索。」頓時，大家都一動不動了，當他數到 280 個數時，一條眼鏡毒蛇向陽台那盆牛奶游去。他大喊一聲撲上去，迅速把蛇關在玻璃門外。客人們見此情景都驚呼起來，而後紛紛誇讚這位男士的冷靜與智慧，如果不是這一招，此間肯定有不少的腳要亂動，只要碰撞到眼鏡蛇，後果便可想而知了。他笑著指指那位女士說：「她才是最沉著機智的人。」

這個故事中的女士和男士很值得總經理學習。當企業面臨危局的時刻，同樣需要這種沉著冷靜的心理品質。人在危急時容易恐懼、緊張、行為失措。而一旦冷靜下來，你的智慧就會「活轉」過來，幫你尋找到擺脫危機的辦法。

要做到沉著冷靜，就要擺脫和消除面對危機而產生的急躁不安、焦慮、緊張的情緒。混亂和捉摸不定以及缺乏駕馭局面的自信心，是引發焦躁的原因。所以，要擺脫焦躁的方法就是認清危機情勢，找到解決辦法，強化心理素質。

四、處理危機的原則

1. 危機管理中要時刻注意把握三個原則

第一原則：當危機發生時，將公眾的利益置於首位，控制危機時更多地關注消費者的利益，而不僅僅是公司的短期利益。

· 關心你所聽到的問題，要避免使用利已的語言；

· 不要低估客戶憤怒的力量和深度；

· 當你錯了，你要承認錯並真誠道歉；

· 你的行為要比你所標榜的東西重要得多。

第二原則：當危機發生時，局部利益要服從組織全局的利益，危機可能由局部產生，但危機的影響卻是全局性的。

· 從長遠的角度來考慮問題和採取行動；人手一份危機處理操作過程的全面文件，註明危機控制小組的構成情況，以及責任分佈情況，每一個人都需要清楚自己的職責；

· 有明確的指令發佈政策。人人都需要明確涉及授權發言人的規則，明白倘若他們並非授權發言人，他們什麼都不應該說；

· 讓公司內儘量多的人知道主要利害攸關者的位址、電話和傳真號碼等聯繫方法。

第三原則：當危機發生時，公司應立即成為第一消息來源，掌握對外發佈信息的主動權。如果作為第二或第三消息來源，則會陷入被動。

· 確定信息傳播所需針對的重要的外部公眾；

· 準備好背景材料，並不斷根據最新情況予以充實；

· 建立新聞辦公室，作為新聞發佈會和媒介索取最新材料的場所；

· 確保危機期間電話總機人員能知道誰可能會打來電話，應接通至何部門；

· 確保公司內部有足夠的訓練有素的人員來應付媒介及其他外部公眾打來的電話；

· 準備一份應急新聞稿，並留出空白，以便危機發生時可直接補充並發出。

如果在危機出現時不能貫穿這三個原則，小事便會變為大事，給公司帶來沉重的打擊。

2. 針對不同對象的對策

危機事件的發生對不同的公眾產生的影響也不同，因此必須對症下藥。根據公眾的心理和行為特點、受影響的不同程度，針對不同對象採取不同的應對措施。針對公司內部員工的對策：　在穩定情緒、穩定秩序的基礎上向員工告知事故真相和公司採取的措施，使員工同心協力，共渡難關；　收集和瞭解員工的建議和意見，做好說明解釋工作；　如有傷亡損失，做好搶救治療和撫恤工作，通知家屬或親屬，做好慰問及善後處理工作；　制定挽回影響和完善公司形象的工作方案與措施。

針對受害者的對策：

受害者是危機處理的第一公眾對象，公司應認真制定針對受害者的切實可行的應對措施：　設專人與受害者接觸；　確定關於責任方面的承諾內容與方式；　制定損失賠償方案，包括補償方法與標準；　制訂善後工作方案，不合格產品引起的惡性事故，要立即收回不合格產品，組織檢修或檢查，停止銷售，追查原因、改進工作；　確定向公眾致歉、安慰公眾心理的方式、方法。

針對新聞界的對策：

要特別注意處理好與新聞媒介的關係，具體對策包括：　確定配合新聞媒介工作的方式；　向新聞媒介及時通報危機事件的調查情況和處理方面的動態信息，公司應通過新聞媒介不斷提供公眾所關心的消息，如善後處理、補償辦法等；　確定與新聞媒介保持聯繫、溝通的方式，何時何地召開新聞發佈會應事先通報新聞媒介；　確定對待不利於公司的新聞報導和惡意記者的基本態度。除新聞報導外，公司可在有關報刊發表致歉公告，向公眾說明事實真相，向有關公眾表示道歉及承擔責任，使社會感到公司的誠意。

針對上級有關部門的對策：

危機發生後，公司要與政府及上級有關部門保持密切聯繫以求得指導和幫助。公司要及時地、實事求是地彙報情況，不隱瞞、不歪曲事實真相、處理措施、解決辦法和防範措施。

針對其他公眾的對策：

公司應根據具體情況，向同行、社區公眾、社會機構、政府部門通報危機事件和處理危機事件的措施等情況。

五、成功處理危機的六個步驟

在商業活動中，危機就像普通的感冒病毒一樣，種類繁多，令人防不勝防。每一次危機既包含了導致失敗的根源，又蘊藏著成功的種子。發現、培育進而收穫潛在的成功機會，就是危機管理的精髓；而錯誤地估計形勢，並令事態進一步惡化，則是不良危機管理的典型特徵。那麼，怎樣才能成功地進行危機管理呢？

1. 避免危機

危機管理計劃一開始就強調危機預防，令人奇怪的是許多人往往忽視了這一既簡便又經濟的辦法。

危機管理計劃已將所有可能會對商業活動造成麻煩的事件一一列舉出來，考慮其可能的後果，並且估計預防所需的花費。這樣做可能很費事——因為公司內數以千計的僱員中的任何一人都可能因為失誤或疏忽使整個公司陷入困境——但卻很管用。

謹慎和保密對於防範某些商業危機至關重要，危機管理計劃特別強調培養員工對商業秘密的守口如瓶的意識，以避免由於在敏感的談判中洩密而引起的危機。

1993 年馬丁-瑪麗埃塔公司與通用電氣宇航公司通過多輪磋商終於達成了 30 億美元的收購案，這一秘密消息在高度緊張的日子中被保持了 27 天，結果卻在預定宣佈前兩小時洩露給了媒體，帶給公司麻煩。

要想保守秘密，就必須儘量使接觸到它的人減到最少，並且只限於那些完全可以依賴且行事謹慎的人；應當要求每一位參與者都簽署一份保密協定；要盡可能快地完成談判；最後，在談判過程中盡可能多地加入一些不確定因素，這會使竊密者真假難辨。即使做了這些，也應當有所準備，因為任何秘密都有洩露的可能。

2. 對危機做好準備

大多數總經理滿腦子考慮的都是當前的市場壓力，很少會有精力考慮將來可能發生的危機。然而，危機就像納稅一樣是管理工作中不可避免的，所以必須為危機做好準備，危機管理計劃包含著行動計劃、通訊計劃、消防演練及建立重要關係等相關內容。大多數航空公司都設有準備就緒的危機處理隊伍，還有專用的無線電通訊設備以及詳細的應急方案。今天，幾乎所有的公司都有備用的電腦系統，以防自然或其他災害打亂他們的核心系統。

另外，在為危機做準備時，特別注意那些細節，將是非常有益的。危機的影響是多方面的，忽略它們任一方面的代價都很大。

例如，1992 年安德魯颶風過後，電話公司發現，它們在南加利福尼亞州短缺的不是電線杆、電線或開關，而是日間托兒中心。許多電話公司的野外工作人員都有孩子，需要日問托兒服務。當颶風將托兒中心摧毀之後，必須有人在家照看孩子，使可工作的員工減少，這一問題的最終解決，是招募一些退休人員開辦臨時托兒中心，從而將父母們解脫出來，投入到電話網絡的恢復工作中去。

3.確認危機的存在

這個階段危機管理的問題，是感覺真的會變成現實，公眾的感覺往往是引起危機的根源。

1994 年的英代爾公司奔騰晶片的危機事件為例，引發這場危機的根本原因，是英代爾將一個公共關係問題當成一個技術問題來處理了。隨之而來的媒體報導簡直是毀滅性的，不久之後，英代爾在其收益中損失了 4.75 億美元。

這個階段的危機管理通常是最富有挑戰性的，但執行起來卻不那麼容易。經驗告訴我們，在尋找危機發生的信息時，管理人員最好聽聽公司中各種人的看法，並與自己的看法相互印證。

4.儘量控制危機

這個階段的危機管理，需要根據不同情況確定工作的優先次序。危機管理計劃證明確定優先秩序的一些原則：

首先，專門從事危機的控制工作，讓其他人繼續公司的正常經營工作，是一種非常明智的做法。也就是說，在總經理領導的危機管理小組與一位勝任的高級經營人員領導的經營管理小組之間，應當建立一座「防火牆」。

其次，應當指定一人作為公司自己的組織成員，包括客戶、擁有者、僱員、供應商以及所在的社區通報信息，而不要等到他們自己從公眾媒體上獲取有關公司的消息。管理層即使在面臨著必須對新聞做出反應的巨大壓力時，也不能忽視這些對公司消息特別關心的人群。事實上人們感興趣往往是管理層對事情的態度而非事情本身。

總而言之，要想取得長遠利益，公司在控制危機時就應更多地關注消費者的利益，而不僅僅是公司的短期利益，這也是危機管理計劃中特別強調的一點。

5.解決危機

在這個階段，速度是關鍵，危機不等人。美國連鎖超市雄獅食品公司突然間受到公眾矚目，原因是美國某電視台的直播節目指控它出售變質肉製品。結果公司股價暴跌。但是，雄獅食品公司果斷採取措施，他們邀請公眾參觀店堂，在肉製品製作區豎起玻璃牆供公眾監督，改善照明條件，給工人換新制服，加強員工的培訓，並大幅打折，通過這些措施將客戶重新吸引回來。最終，食品與藥品管理局對它的檢測結果是「優秀」。此後，銷售額很快恢復到正常水準。

6.扭轉危機

危機管理的最後一個階段其實就是總結經驗教訓。如果一個公司在危機管理的前五個階段處理得完美無缺的話，第六個階段就可以提供一個至少能彌補部份損失和糾正混亂的機會。

如果危機處理得當，公司反而能因禍得福。其實，公眾對商業公司的預期並不高，有時，公司做了一件本應當做的事，及時扭轉了危機，就會受到熱情洋溢的稱讚。

六、導致總經理失敗的原因

有關總經理的傳聞，大多集中在他們成功的秘訣上，而不是失敗的原因上。事實上，導致總經理失敗的概率遠比成功的可能性大得多，使總經理受挫折的原因如下：

表 20-2　總經理失敗的原因

導致失敗的原因	具體表現狀況
缺乏管理經驗	總經理對關鍵性的管理知識掌握不夠
財務計劃不週	總經理低估了開辦企業所需的資金
企業選址不當	開辦企業時選址不當
內部控制不善	總經理未能把握住關鍵的經營機會
花錢大手大腳	開辦企業時缺乏精打細算，一下子購進許多本可在以後逐步添置的東西，導致開銷過大
應收賬款管理不當	對應收賬款未能予以足夠的重視，導致企業資金流動困難
缺乏獻身精神	總經理低估了為經營一家企業所應投入的時間和精力
盲目發展	總經理在準備不足的情況下盲目擴大企業經營規模

七、總經理要自我修煉

總經理的成功因素有很多，除經濟環境良好、市場需求旺盛、產品或服務具有特殊性、競爭不易取代性等這些客觀因素外，總經理本身獨具慧眼，能掌握市場動向而做出正確決策更為重要。

總經理的這種獨具慧眼，來自其遠見，來自其不斷地進行自我修煉，自我提升。

1. 自我心態調整

總經理的謙虛與低姿態，往往能讓部屬廣進良言；相反，一個自以為是，自我滿足的總經理，往往會固步自封，從他人之處得到的恐怕不是中肯的良言，而是諂言媚語。這樣的總經理，在競爭激烈的市場中終究是要失敗的。因此總經理必須自我調整心態，保持永遠謙虛與低姿態，這是自我修煉、自我提升的首要條件。

2. 多看好書

書有好書與壞書之分，一本好書不但框架完整、文筆流暢，而且能對總經理的經營理念與層次有所啓迪與提升。因此，通過幕僚或專家學者的推薦，閱讀這類好書相當有必要。若總經理實在太忙，在這種情況下，聽其讀書心得，也可收到良好的效果。

3. 有效的教育培訓

教育培訓有針對高層主管者、中層主管者與基層主管者之分，總經理可選擇適合自己的培訓內容。在教育培訓過程中，總經理還可趁此機會認識其他公司的老闆或高層主管，並且做多方交流。一些讀過高層主管教育培訓課程的學員表示：他們從同學之中所學到的，與從老師身上所學到的一樣多。

4. 請教專家學者

有些總經理實在忙得沒辦法接受系統的教育培訓，他們的變通方式是：請教專家學者。

聘請顧問定期輔導公司經營是其中一種方式。一有問題便請教附近的專家學者是第二種方式。第三種方式則是：遇到外邊的專家學者來到便趕快前往請教。這些專家學者如能兼具理論與實務背景，則能幫企業提供更具體更具遠見的建議。

5. 與員工溝通

與員工加強溝通，可以幫助總經理瞭解企業目前是否正常營運或員工之間的合作關係是否良好。選擇關鍵性員工作為主要溝通對象，往往能收到事半功倍的效果。所謂關鍵性的員工包括：第一線的服務人員（最瞭解顧客需求與反應）、業務部門人員（最瞭解市場趨勢）、低層主管（最瞭解策略情形）與非正式組織的領袖（最能反應員工真正的需求與心聲）。

心得欄

魏文王問名醫扁鵲說：「你們家兄弟三人，都精於醫術，到底那一位最好呢？」

扁鵲答說：「大哥最好，二哥次之，我最差。」

文王再問：「那麼為什麼你最出名呢？」

扁鵲答說：「我大哥治病，是治病於病情發作之前。由於一般人不知道他事先能剷除病因，所以他的名氣無法傳出去，只有我們家的人才知道。我二哥治病，是治病於病情初起之時。一般人以為他只能治輕微的小病，所以他的名氣只及於本鄉裏。而我扁鵲治病，是治病於病情嚴重之時。一般人都看到我在經脈上穿針管來放血、在皮膚上敷藥等大手術，所以以為我的醫術高明，名氣因此響遍全國。」

「防患於未然」，危機管理的功夫首先在於預防。對於企業而言，明智之舉是不使這種「火災」發生，及早發現危機的某些早期徵兆，將危機消除在萌芽狀態。優秀的企業都有很強的危機預防意識、危機消除對策。

149	展覽會行銷技巧	360 元
150	企業流程管理技巧	360 元
152	向西點軍校學管理	360 元
154	領導你的成功團隊	360 元
155	頂尖傳銷術	360 元
160	各部門編制預算工作	360 元
163	只為成功找方法，不為失敗找藉口	360 元
167	網路商店管理手冊	360 元
168	生氣不如爭氣	360 元
170	模仿就能成功	350 元
176	每天進步一點點	350 元
181	速度是贏利關鍵	360 元
183	如何識別人才	360 元
184	找方法解決問題	360 元
185	不景氣時期，如何降低成本	360 元
186	營業管理疑難雜症與對策	360 元
187	廠商掌握零售賣場的竅門	360 元
188	推銷之神傳世技巧	360 元
189	企業經營案例解析	360 元
191	豐田汽車管理模式	360 元
192	企業執行力（技巧篇）	360 元
193	領導魅力	360 元
198	銷售說服技巧	360 元
199	促銷工具疑難雜症與對策	360 元
200	如何推動目標管理(第三版)	390 元
201	網路行銷技巧	360 元
204	客戶服務部工作流程	360 元
206	如何鞏固客戶（增訂二版）	360 元
208	經濟大崩潰	360 元
215	行銷計劃書的撰寫與執行	360 元
216	內部控制實務與案例	360 元
217	透視財務分析內幕	360 元
219	總經理如何管理公司	360 元
222	確保新產品銷售成功	360 元
223	品牌成功關鍵步驟	360 元
224	客戶服務部門績效量化指標	360 元
226	商業網站成功密碼	360 元
228	經營分析	360 元
229	產品經理手冊	360 元

230	診斷改善你的企業	360 元
232	電子郵件成功技巧	360 元
234	銷售通路管理實務〈增訂二版〉	360 元
235	求職面試一定成功	360 元
236	客戶管理操作實務〈增訂二版〉	360 元
237	總經理如何領導成功團隊	360 元
238	總經理如何熟悉財務控制	360 元
239	總經理如何靈活調動資金	360 元
240	有趣的生活經濟學	360 元
241	業務員經營轄區市場（增訂二版）	360 元
242	搜索引擎行銷	360 元
243	如何推動利潤中心制度（增訂二版）	360 元
244	經營智慧	360 元
245	企業危機應對實戰技巧	360 元
246	行銷總監工作指引	360 元
247	行銷總監實戰案例	360 元
248	企業戰略執行手冊	360 元
249	大客戶搖錢樹	360 元
250	企業經營計劃〈增訂二版〉	360 元
252	營業管理實務（增訂二版）	360 元
253	銷售部門績效考核量化指標	360 元
254	員工招聘操作手冊	360 元
256	有效溝通技巧	360 元
257	會議手冊	360 元
258	如何處理員工離職問題	360 元
259	提高工作效率	360 元
261	員工招聘性向測試方法	360 元
262	解決問題	360 元
263	微利時代制勝法寶	360 元
264	如何拿到 VC（風險投資）的錢	360 元
267	促銷管理實務〈增訂五版〉	360 元
268	顧客情報管理技巧	360 元
269	如何改善企業組織績效〈增訂二版〉	360 元
270	低調才是大智慧	360 元
272	主管必備的授權技巧	360 元

275	主管如何激勵部屬	360 元
276	輕鬆擁有幽默口才	360 元
277	各部門年度計劃工作（增訂二版）	360 元
278	面試主考官工作實務	360 元
279	總經理重點工作（增訂二版）	360 元
282	如何提高市場佔有率（增訂二版）	360 元
283	財務部流程規範化管理（增訂二版）	360 元
284	時間管理手冊	360 元
285	人事經理操作手冊（增訂二版）	360 元
286	贏得競爭優勢的模仿戰略	360 元
287	電話推銷培訓教材（增訂三版）	360 元
288	贏在細節管理（增訂二版）	360 元
289	企業識別系統 CIS（增訂二版）	360 元
290	部門主管手冊（增訂五版）	360 元
291	財務查帳技巧（增訂二版）	360 元
292	商業簡報技巧	360 元
293	業務員疑難雜症與對策（增訂二版）	360 元
294	內部控制規範手冊	360 元
295	哈佛領導力課程	360 元
296	如何診斷企業財務狀況	360 元
297	營業部轄區管理規範工具書	360 元
298	售後服務手冊	360 元
299	業績倍增的銷售技巧	400 元
300	行政部流程規範化管理（增訂二版）	400 元
301	如何撰寫商業計畫書	400 元
302	行銷部流程規範化管理（增訂二版）	400 元
303	人力資源部流程規範化管理（增訂四版）	420 元
304	生產部流程規範化管理（增訂二版）	400 元
305	績效考核手冊(增訂二版)	400 元
306	經銷商管理手冊(增訂四版)	420 元
307	招聘作業規範手冊	420 元
308	喬・吉拉德銷售智慧	400 元
309	商品鋪貨規範工具書	400 元
310	企業併購案例精華(增訂二版)	420 元
311	客戶抱怨手冊	400 元
312	如何撰寫職位說明書(增訂二版)	400 元
313	總務部門重點工作（增訂三版）	400 元
314	客戶拒絕就是銷售成功的開始	400 元
315	如何選人、育人、用人、留人、辭人	400 元
316	危機管理案例精華	400 元
317	節約的都是利潤	400 元
318	企業盈利模式	400 元
319	應收帳款的管理與催收	420 元
320	總經理手冊	420 元

《商店叢書》

18	店員推銷技巧	360 元
30	特許連鎖業經營技巧	360 元
35	商店標準操作流程	360 元
36	商店導購口才專業培訓	360 元
37	速食店操作手冊〈增訂二版〉	360 元
38	網路商店創業手冊〈增訂二版〉	360 元
40	商店診斷實務	360 元
41	店鋪商品管理手冊	360 元
42	店員操作手冊（增訂三版）	360 元
43	如何撰寫連鎖業營運手冊〈增訂二版〉	360 元
44	店長如何提升業績〈增訂二版〉	360 元
45	向肯德基學習連鎖經營〈增訂二版〉	360 元
47	賣場如何經營會員制俱樂部	360 元
48	賣場銷量神奇交叉分析	360 元
49	商場促銷法寶	360 元
53	餐飲業工作規範	360 元
54	有效的店員銷售技巧	360 元

55	如何開創連鎖體系〈增訂三版〉	360 元
56	開一家穩賺不賠的網路商店	360 元
57	連鎖業開店複製流程	360 元
58	商鋪業績提升技巧	360 元
59	店員工作規範（增訂二版）	400 元
60	連鎖業加盟合約	400 元
61	架設強大的連鎖總部	400 元
62	餐飲業經營技巧	400 元
63	連鎖店操作手冊(增訂五版)	420 元
64	賣場管理督導手冊	420 元
65	連鎖店督導師手冊（增訂二版）	420 元
66	店長操作手冊（增訂六版）	420 元
67	店長數據化管理技巧	420 元
68	開店創業手冊〈增訂四版〉	420 元
69	連鎖業商品開發與物流配送	420 元
70	連鎖業加盟招商與培訓作法	420 元

《工廠叢書》

15	工廠設備維護手冊	380 元
16	品管圈活動指南	380 元
17	品管圈推動實務	380 元
20	如何推動提案制度	380 元
24	六西格瑪管理手冊	380 元
30	生產績效診斷與評估	380 元
32	如何藉助 IE 提升業績	380 元
35	目視管理案例大全	380 元
38	目視管理操作技巧(增訂二版)	380 元
46	降低生產成本	380 元
47	物流配送績效管理	380 元
51	透視流程改善技巧	380 元
55	企業標準化的創建與推動	380 元
56	精細化生產管理	380 元
57	品質管制手法〈增訂二版〉	380 元
58	如何改善生產績效〈增訂二版〉	380 元
68	打造一流的生產作業廠區	380 元
70	如何控制不良品〈增訂二版〉	380 元
71	全面消除生產浪費	380 元
72	現場工程改善應用手冊	380 元
75	生產計劃的規劃與執行	380 元
77	確保新產品開發成功（增訂四版）	380 元
79	6S 管理運作技巧	380 元
80	工廠管理標準作業流程〈增訂二版〉	380 元
83	品管部經理操作規範〈增訂二版〉	380 元
84	供應商管理手冊	380 元
85	採購管理工作細則〈增訂二版〉	380 元
87	物料管理控制實務〈增訂二版〉	380 元
88	豐田現場管理技巧	380 元
89	生產現場管理實戰案例〈增訂三版〉	380 元
90	如何推動 5S 管理（增訂五版）	420 元
92	生產主管操作手冊(增訂五版)	420 元
93	機器設備維護管理工具書	420 元
94	如何解決工廠問題	420 元
95	採購談判與議價技巧〈增訂二版〉	420 元
96	生產訂單運作方式與變更管理	420 元
97	商品管理流程控制(增訂四版)	420 元
98	採購管理實務〈增訂六版〉	420 元
99	如何管理倉庫〈增訂八版〉	420 元
100	部門績效考核的量化管理（增訂六版）	420 元
101	如何預防採購舞弊	420 元

《醫學保健叢書》

1	9 週加強免疫能力	320 元
3	如何克服失眠	320 元
4	美麗肌膚有妙方	320 元
5	減肥瘦身一定成功	360 元
6	輕鬆懷孕手冊	360 元
7	育兒保健手冊	360 元
8	輕鬆坐月子	360 元
11	排毒養生方法	360 元
13	排除體內毒素	360 元
14	排除便秘困擾	360 元

15	維生素保健全書	360 元
16	腎臟病患者的治療與保健	360 元
17	肝病患者的治療與保健	360 元
18	糖尿病患者的治療與保健	360 元
19	高血壓患者的治療與保健	360 元
22	給老爸老媽的保健全書	360 元
23	如何降低高血壓	360 元
24	如何治療糖尿病	360 元
25	如何降低膽固醇	360 元
26	人體器官使用說明書	360 元
27	這樣喝水最健康	360 元
28	輕鬆排毒方法	360 元
29	中醫養生手冊	360 元
30	孕婦手冊	360 元
31	育兒手冊	360 元
32	幾千年的中醫養生方法	360 元
34	糖尿病治療全書	360 元
35	活到 120 歲的飲食方法	360 元
36	7 天克服便秘	360 元
37	為長壽做準備	360 元
39	拒絕三高有方法	360 元
40	一定要懷孕	360 元
41	提高免疫力可抵抗癌症	360 元
42	生男生女有技巧〈增訂三版〉	360 元

《培訓叢書》

11	培訓師的現場培訓技巧	360 元
12	培訓師的演講技巧	360 元
15	戶外培訓活動實施技巧	360 元
17	針對部門主管的培訓遊戲	360 元
20	銷售部門培訓遊戲	360 元
21	培訓部門經理操作手冊（增訂三版）	360 元
23	培訓部門流程規範化管理	360 元
24	領導技巧培訓遊戲	360 元
26	提升服務品質培訓遊戲	360 元
27	執行能力培訓遊戲	360 元
28	企業如何培訓內部講師	360 元
29	培訓師手冊（增訂五版）	420 元
30	團隊合作培訓遊戲(增訂三版)	420 元
31	激勵員工培訓遊戲	420 元
32	企業培訓活動的破冰遊戲（增訂二版）	420 元
33	解決問題能力培訓遊戲	420 元
34	情緒管理培訓遊戲	420 元
35	企業培訓遊戲大全(增訂四版)	420 元

《傳銷叢書》

4	傳銷致富	360 元
5	傳銷培訓課程	360 元
10	頂尖傳銷術	360 元
12	現在輪到你成功	350 元
13	鑽石傳銷商培訓手冊	350 元
14	傳銷皇帝的激勵技巧	360 元
15	傳銷皇帝的溝通技巧	360 元
19	傳銷分享會運作範例	360 元
20	傳銷成功技巧（增訂五版）	400 元
21	傳銷領袖（增訂二版）	400 元
22	傳銷話術	400 元
23	如何傳銷邀約	400 元

《幼兒培育叢書》

1	如何培育傑出子女	360 元
2	培育財富子女	360 元
3	如何激發孩子的學習潛能	360 元
4	鼓勵孩子	360 元
5	別溺愛孩子	360 元
6	孩子考第一名	360 元
7	父母要如何與孩子溝通	360 元
8	父母要如何培養孩子的好習慣	360 元
9	父母要如何激發孩子學習潛能	360 元
10	如何讓孩子變得堅強自信	360 元

《成功叢書》

1	猶太富翁經商智慧	360 元
2	致富鑽石法則	360 元
3	發現財富密碼	360 元

《企業傳記叢書》

1	零售巨人沃爾瑪	360 元
2	大型企業失敗啟示錄	360 元
3	企業併購始祖洛克菲勒	360 元
4	透視戴爾經營技巧	360 元
5	亞馬遜網路書店傳奇	360 元
6	動物智慧的企業競爭啟示	320 元

7	CEO 拯救企業	360 元
8	世界首富　宜家王國	360 元
9	航空巨人波音傳奇	360 元
10	傳媒併購大亨	360 元

《智慧叢書》

1	禪的智慧	360 元
2	生活禪	360 元
3	易經的智慧	360 元
4	禪的管理大智慧	360 元
5	改變命運的人生智慧	360 元
6	如何吸取中庸智慧	360 元
7	如何吸取老子智慧	360 元
8	如何吸取易經智慧	360 元
9	經濟大崩潰	360 元
10	有趣的生活經濟學	360 元
11	低調才是大智慧	360 元

《DIY 叢書》

1	居家節約竅門 DIY	360 元
2	愛護汽車 DIY	360 元
3	現代居家風水 DIY	360 元
4	居家收納整理 DIY	360 元
5	廚房竅門 DIY	360 元
6	家庭裝修 DIY	360 元
7	省油大作戰	360 元

《財務管理叢書》

1	如何編制部門年度預算	360 元
2	財務查帳技巧	360 元
3	財務經理手冊	360 元
4	財務診斷技巧	360 元
5	內部控制實務	360 元
6	財務管理制度化	360 元
8	財務部流程規範化管理	360 元
9	如何推動利潤中心制度	360 元

為方便讀者選購，本公司將一部分上述圖書又加以專門分類如下：

《主管叢書》

1	部門主管手冊（增訂五版）	360 元
2	總經理手冊	420 元
4	生產主管操作手冊（增訂五版）	420 元
5	店長操作手冊（增訂六版）	420 元
6	財務經理手冊	360 元
7	人事經理操作手冊	360 元
8	行銷總監工作指引	360 元
9	行銷總監實戰案例	360 元

《總經理叢書》

1	總經理如何經營公司(增訂二版)	360 元
2	總經理如何管理公司	360 元
3	總經理如何領導成功團隊	360 元
4	總經理如何熟悉財務控制	360 元
5	總經理如何靈活調動資金	360 元
6	總經理手冊	420 元

《人事管理叢書》

1	人事經理操作手冊	360 元
2	員工招聘操作手冊	360 元
3	員工招聘性向測試方法	360 元
5	總務部門重點工作	360 元
6	如何識別人才	360 元
7	如何處理員工離職問題	360 元
8	人力資源部流程規範化管理（增訂四版）	420 元
9	面試主考官工作實務	360 元
10	主管如何激勵部屬	360 元
11	主管必備的授權技巧	360 元
12	部門主管手冊（增訂五版）	360 元

《理財叢書》

1	巴菲特股票投資忠告	360 元
2	受益一生的投資理財	360 元
3	終身理財計劃	360 元
4	如何投資黃金	360 元
5	巴菲特投資必贏技巧	360 元
6	投資基金賺錢方法	360 元
7	索羅斯的基金投資必贏忠告	360 元
8	巴菲特為何投資比亞迪	360 元

《網路行銷叢書》

1	網路商店創業手冊〈增訂二版〉	360 元
2	網路商店管理手冊	360 元
3	網路行銷技巧	360 元
4	商業網站成功密碼	360 元

經營顧問叢書 (320)　　售價：420 元

總經理手冊

西元二〇一六年九月　　初版一刷

編著：黃憲仁

策劃：麥可國際出版有限公司（新加坡）

編輯：蕭玲

校對：劉飛娟

發行人：黃憲仁

發行所：憲業企管顧問有限公司

電話：(02) 2762-2241　(03) 9310960　0930872873

電子郵件聯絡信箱：huang2838@yahoo.com.tw

銀行 ATM 轉帳：合作金庫銀行　帳號：5034-717-347447

郵政劃撥：18410591　憲業企管顧問有限公司

登記證：行政業新聞局版台業字第 6380 號

圖書編號 ISBN：978-986-369-048-1